食品安全预警
理论与实践

生吉萍 ◎ 著

中国农业科学技术出版社

图书在版编目（CIP）数据

食品安全预警理论与实践／生吉萍著．—北京：中国农业科学技术出版社，2020.6
ISBN 978-7-5116-4767-2

Ⅰ．①食…　Ⅱ．①生…　Ⅲ．①食品安全–预警系统–研究　Ⅳ．①TS201.6

中国版本图书馆 CIP 数据核字（2020）第 086144 号

责任编辑　史咏竹
责任校对　贾海霞

出 版 者　中国农业科学技术出版社
　　　　　北京市中关村南大街 12 号　邮编：100081
电　　话　（010）82105169（编辑室）　　（010）82109702（发行部）
　　　　　（010）82109709（读者服务部）
传　　真　（010）82106626
网　　址　http：//www.castp.cn
经 销 者　各地新华书店
印 刷 者　北京建宏印刷有限公司
开　　本　787 mm×1 092 mm　1/16
印　　张　17.25
字　　数　416 千字
版　　次　2020 年 6 月第 1 版　2020 年 6 月第 1 次印刷
定　　价　78.00 元

———— 版权所有·翻印必究 ————

前　言

　　民以食为天，食以安为先。食品安全关系到千家万户，是百姓关注的大事。党的十八大以来，习近平总书记高度重视人民健康，在不同场合多次强调保障食品安全的重要性。食品安全又是一个复杂的问题，从农产品的生产、原材料的加工，到产品的流通和消费，各个环节都非常重要，与此同时，在互联网时代，各个环节都会产生大量的数据，有效地利用互联网技术从数据中提取更多的信息，为食品安全问题的治理提供了新的重要途径。为了在"互联网+"时代达到食品安全战略的要求，建设与应用一套科学高效的国家食品安全预警体系十分必要。

　　国家食品安全预警体系，即通过对可能的食品安全风险因素进行及时有效地监测、评估与预警通报，以降低食品危害源的危害。当前国内外学者关于食品安全预警的研究，旨在设计指标，完善预测模型以强化预警的针对性。同时，还应关注食品安全预警信息对公众的影响程度，即以公众作为主体、探讨预警信息有效性的研究。国家食品安全预警体系中对接公众的部分主要是国家食品安全预警信息管理，公众对于国家食品安全预警交流信息的信任水平将直接影响到整个预警体系的效果，对我国食品安全风险治理至关重要。本书系统地介绍了食品安全预警的基本概念、原理与应用，还介绍了其他国家和地区的食品安全预警系统，以及我国食品安全预警体系建设的现状和消费者的满意度、信任与期待调查的研究结果。

　　本书内容共分六章。第一章为绪言，介绍食品安全的广义内涵，引出目前全球及我国食品安全问题和监管案例与现状。第二章主要介绍食品安全预警基本概念与基本理论，重点对逻辑预警理论、系统预警理论、风险分析预警理论、信号预警理论四种基本理论进行介绍和梳理。第三章主要介绍食品安全预警理论的方法与应用，通过结合食品安全预警分析方法和食品安全风险状态评价理论，建立典型的食品安全总体状况评价的逻辑预警设计。第四章主要介绍国外食品安全预警体系，重点介绍了国际食品安全当局网络、欧盟、美国、加拿大、英国、荷兰与日本等国际组织、地区和国家的食品安全预警体系建设。第五章介绍中国食品安全预警体系建设，除了阐述我国整体食品安全预警体系建设之外，还特别介绍了我国香港和台湾的情况。第六章介绍了我国食品安全预警体系的满意度、信任与期待——基于消费者调研，结合理论阐述和实地调研，基于公众对国家食品安全预警信息认知调查、公众对国家食品安全预警信息的信任水平及影响因素研究，以及利用微信平台对公众科普消费提示的效果评估，最终提出政策建议。

　　本书得到了中国人民大学科学研究基金重大项目"基于实验经济学理论及风险分析的生鲜农产品网络消费行为研究（18XNL011）"的经费支持。在国家层面，食品安全风险与预警也是重要的支持领域。2016 年，国家食品药品监督管理总局委托我们完成了"消费者视角下国家食品安全预警系统"项目；科技部 2018 年发布的食品安全重点专项中，"食品安全风险分级和智慧监管"是重要的支持项目，我们有幸承担了其中"食品安全风险分级及预警"的课题。本书也吸纳了这些课题的部分研究成果。项目组的教授和研究生们精诚团结，克服困难，共同查阅资料、实地走访，在学习和调研中，项目组成员不断思考，提升认识，凝练成果。本书从思路形成到出版经历了 5 个春秋，期间有 5 届研究生参与研究，也经历了国家管理机构的调整和发展变化。本书理论联系实际，对国内外食品安全预警体系进行了详细的梳理和介绍，并且结合大量消费者调研数据，阐述食品安全预警的理论与发展趋势，为食品风险控制、质量提升和监管部门的有效管理提供依据。其中的一些发现，对国家食品安全监管部门与相关单位具有重要的借鉴意义。我们的工作很多都是站在巨人的肩膀之上获得的成果，是集体智慧的结晶。我们要感谢那些关注食品安全问题、致力于保障我国食品安全的人！感谢为食品安全预警系统的理论研究、实践开发利用作出卓越贡献的同行们！感谢参与调研、整理资料的老师们、同学们！感谢为本书出版付出努力的每一个人！

本研究项目的咨询专家有中国人民大学农业与农村发展学院唐晓纯教授、国家风险评估中心肖革新处长、贵州科学院谭红院长、中国农业大学申琳教授、原国家食品药品监督管理总局郝明虹处长等。课题组的主要成员有许晓岚、徐心怡、闻亦赞、叶舟舟、刁梦瑶、张靖宇、李松函、徐慧馨、李苗苗、宿文凡、高笑歌等。

本书是一本综合的关于食品安全预警体系建设研究的专业书籍，既可以作为该专业领域的培训教材，也可作为研究人员及学生的参考书。致力于参与食品安全预警体系开发、应用等相关工作的人士，均可参考本书。我们也希望与各位同仁多多合作、共同努力，一起为实现"互联网+"时代的食品安全战略贡献力量！受知识和经验的限制，本书存在诸多不足之处，敬请各位读者与同行批评指正！

生吉萍
2020 年 1 月于中国人民大学明德主楼

目　　录

第一章　绪　言

第一节　研究背景与意义

食物是人类赖以生存的物质基础，人们一直很关注食物的食用安全性，对其选择也十分谨慎。无论是原始社会还是高度进化文明的今天，每一种食物都是在经过试验、检验被共识的基础上得以推广和发展的。"国以民为本，民以食为天"，保障食品安全是维护国民健康、社会稳定的客观要求。当前，世界各地食品安全问题频发。例如，2011年9月，美国28个州的消费者受到"甜瓜污染"的影响，其中32人死亡；2013年2月，欧洲出现了"马肉风波"，重创食品业。解决食品安全问题，已经成为世界各国政府的重要工作内容。我国政府在"十三五"规划中首次提出"健康中国"的概念，将食品安全治理上升到战略高度，要求进一步完善食品安全治理体系。2015年年初发布的政府工作报告，李克强总理首次提出"互联网+"的行动计划，要求把大数据、互联网同各行各业结合起来，在新的领域创造一种新的生态。

食品安全是一个复杂的问题，从农产品的生产、原材料的加工，到产品的流通，各个部分都会产生大量的数据，有效地利用互联网技术从数据中提取更多的信息，是治理食品安全问题的重要途径。我国应该把握"互联网+"时代带来的发展契机，不断融合历史与时下数据、挖掘潜在线索与模式、分析多种数据间的关联性、判定和调控态势与效应，以提高食品安全形势的感知、风险隐患的识别、食品的溯源、病因食品间的关联等综合分析能力，加强国家对于食品安全风险管理能力，提升政府对于专业和权威信息的科普服务能力，推动整个食品安全行业的健康发展。所以，在"互联网+"时代真正实现食品安全战略的要求，应该建设与应用一套科学高效的国家食品安全预警体系。

国家食品安全预警体系，即通过对可能的食品安全风险因素进行及时有效地监测、评估与预警通报，以降低食品危害源的危害。然而，当前国内外学者关于食品安全预警的研究，都旨在不断设计指标，完善预测模型以强化预警的针对性，忽略了食品安全预警信息对公众的影响程度，即缺乏以公众作为主体，探讨预警信息有效性的研究。国家食品安全预警体系中对接公众就是国家食品安全预警信息管理，公众对于国家风险预警交流信息的信任水平将直接影响到整个预警体系的效果，对我国食品安全风险治理至关重要。

从20世纪末至21世纪初，随着经济全球化时代的到来，信息化的发展和科学技术的进步使得商品的贸易手段和交流方式发生了很大的变化，食品的数量、特性也发生着前所未有的改变。例如，转基因技术大大增加了大豆、玉米及其加工品的数量。食品的季节性、地域性的特征也在一些食品种类中逐渐地淡化、模糊，大棚技术使得人们冬季也可以食用到新鲜的夏季果蔬，太空技术使搭载的物种产生了原本没有的特性，北方干旱地区的商场里照样能够交易各种各样的南方水果，大山、小镇居民的菜篮子里也可以采购到海鲜等。改革开放以来，我国实现了从计划经济向市场经济的转型，经济增长速度持续良性发展，自 2000 年至今，每年的国内生产总值（GDP）增长率均呈单向递增，2004 年以来更是以超过 10% 的两位数增长，2007 年持续高速增长达到 11.4%，比 2005 年加快 0.3 个百分点。随着我国经济的快速发展，人们的物质生活水平也在不断提高，改善生活质量和对食物健康需求的期望也在提升，因而，对食品的食用价值产生了新的理解和要求，食品的安全性问题就摆在我们的面前。

尤其是近年来不断发生的世界性的食品安全问题，更引发了我们对食品安全问题的深刻思考。例如，20 世纪后期发生的二噁英事件，当时仅比利时的"二噁英鸡"就造成了约亿万欧元的巨大损失，而且几乎导致全球贸易崩溃。此外，英国被可怕的疯牛病折磨时，为了赔付养殖农户的损失，政府大约补贴了 300 亿美元。亚洲和欧洲爆发的口蹄疫，2003 年中国和亚洲其他地区流行的 SARS，以及至今还没有完全控制的禽流感等，这些重大安全事件无一不与食物有关，无一不是食物安全问题，不仅成为发生国家或地区的公共安全问题，而且也成为世界性的安全问题。

我国作为发展中国家，人口数量的基数极大，虽然已基本解决食品数量的供给问题，但是对食品数量的需求仍然还在上升。同时，随着我国经济的快速发展，国民收入水平的逐年增加，膳食结构正进行着调整和改善。我国地域辽阔，带来了地区经济发展的不平衡，例如我国沿海地区和西部欠发达地区之间存在着显著的差异。同时，由于生态环境和资源的可持续发展问题，对自然资源的过度利用，以及环境恶化导致的水、空气和土壤等不同程度的污染，致使显见和潜在的多重安全隐患产生，使食物安全问题更加凸显。因此，我们面临着食物供应的保障和长期稳定问题，面临着食品安全监管的新挑战。

食品安全问题的不断发生，重大食品安全事件以及重大公共安全卫生的突发事件，对一个国家或者一个地区的食品安全防控能力构成了新的挑战。世界经济的发展和贸易全球化趋势的加快，又使这些食品安全问题更进一步恶化。可以说，食品安全已成为21 世纪全世界都面临的重要而紧迫的问题。

人们在解决重大安全问题的过程中逐渐清晰了一个思路，那就是预防和控制远远强于事后的处理，对食品安全问题的预警研究就成为世界各国重视和开始建设的重大课题。我国作为发展中国家，需要建立适合我国国情的食品安全预警系统，提高我国预防和控制食品安全卫生的能力。

一、研究背景

我国的食品安全管理以 2018 年 12 月 29 日修正的《中华人民共和国食品安全法》

作为法律依据。具体治理上，最初采取由原卫生部①、国家质检总局②、国家食品药品监督管理总局③、农业部④等参与的多部门联合管理模式。2013 年国务院颁布"三定方案"⑤，设立国家食品药品监督管理总局，在食品安全监管部分进一步完善了体制，理顺了食品安全管理环节的职能划分，与此同时，国家食品药品监督管理总局各省（区、市）机构，国务院各部委、各直属机构，在不同管辖范围内开展不同的食品安全管理工作。2018 年，第十三届全国人民代表大会审议通过国务院机构改革方案的议案，成立国家市场监督管理总局，进一步推进市场监管综合执法、加强产品质量安全监管，让人民买得放心、用得放心，吃得放心。自此食品流入市场后的监管工作由国家市场监督管理总局承担。食品安全管理中的重要部分是进行食品安全风险的有效防范，而食品安全风险的有效防范又依赖于食品安全预警工作的开展。

食品安全预警以风险监测、风险评估作为基础，以风险交流与预警信息的发布作为重点。《国家食品药品监督管理总局主要职责内设机构和人员编制规定》指出，国家食品药品监督管理总局及其下辖的各级政府建设的相关机构"负责制定食品药品安全科技发展规划并组织实施，推动食品药品检验检测体系、电子监管追溯体系和信息化建设""负责开展食品药品安全宣传、教育培训、国际交流与合作"，为国家食品安全预警管理工作提供了法律依据。2012 年以来，我国的食品安全预警工作不断完善，存在两个显著特点：一是开始启动食品安全预警信息发布的相关工作。国家食品药品监督管理总局网站有 3 个预警板块，分别为食品安全预警交流、食品示范城市创建和曝光栏，涉及食品安全风险解析和食品安全消费提示两大类信息，综合运用国务院客户端、移动客户端、中国食药监微博、中国食药监微信、移动客户端"食安查"五大传播媒介。例如，国家质检总局在网站上会公开发布由学者或疾病预防控制中心研究员等执笔的消费提示，或者针对食品药品监管部门对于近期产品检测中发现的风险成分进行的风险解析，如介绍速冻水饺的食品安全的关键因素，减肥类产品中的"盐酸西布曲明"和"酚酞"的违法添加，以提高公众的食用常识。二是相关项目带动预警能力提升，我国从"十二五"科技支撑计划《食品安全溯源控制及预警技术研究与推广示范》项目实施开始，广泛利用互联网信息，增强追溯能力，优化预警系统，效果显著。

---

① 中华人民共和国卫生部，全书简称卫生部。2013 年和 2018 年国务院机构改革，卫生部不再保留，其职能已整合至中华人民共和国国家卫生健康委员会（全书简称国家卫生健康委员会）与中华人民共和国国家医疗保障局。

② 中华人民共和国国家质量监督检验检疫总局，全书简称国家质检总局，2018 年国务院机构改革，将其职责整合，组建国家市场监督管理总局。

③ 中华人民共和国国家食品药品监督管理总局，全书简称国家食品药品监督管理总局，2018 年国务院机构改革，将其职责整合，组建国家市场监督管理总局。

④ 中华人民共和国农业部，全书简称农业部，2018 年国务院机构改革，将其职责整合，组建中华人民共和国农业农村部（全书简称农业农村部）。

⑤ "三定"规定是中央机构编制委员会办公室（简称中央编办）为深化行政管理体制改革而对国务院所属各部门的主要职责、内设机构和人员编制等所作规定的简称。

二、食品安全的内涵

由于现代文明的高度发展，对于因为充饥而形成的食品供应问题，已经得到了一定解决，我们在此不作为重点讨论了。但是，我们却面临着在保障营养价值的基础上食品无毒性的问题，面临着经济发展、人口增加对食物的需求供给可持续问题，面临着保障和提高健康水平所产生的食物结构和营养价值取向的新问题，面临着技术进步双面刃的效应影响问题等。由此也就产生了我们所说的食品安全问题。

世界卫生组织（WHO）1996年对"食品安全"给出的定义为：对食品按其原定用途进行制作和食用时不会使消费者受害的一种担保，它主要是指在食品的生产和消费过程中没有达到危害程度的一定剂量的有毒、有害物质或因素的加入，从而保证人体按正常剂量和以正确方式摄入这样的食品时不会受到急性或慢性的危害，这种危害包括对摄入者本身及其后代的不良影响。

2003年5月7日国务院第七次常务会议通过的《突发公共卫生事件应急条例》中界定的"食品安全"是指：食品中不应包含有可能损坏或威胁人体健康的有毒、有害物质或不安全因素。不可导致消费者急性慢性中毒或感染疾病，不能产生危及消费者及其后代健康的隐患。2005年颁布的《中华人民共和国食品安全法》中，对"食品安全"进行了如下定义：食品安全指食品无毒、无害，符合应当有的营养要求，对人体健康不造成任何急性、亚急性或者慢性危害。

对于食品安全的定义，无论是以加工食品为对象，还是以广义的食物为对象，虽然表述不同，但其核心都是指食品的营养价值和卫生质量，由于老百姓对卫生质量问题有最直接的感受，所以，通常我们所说的食品安全问题，也多是指食品的卫生质量安全问题。例如，2006年2月发布的《国家重大食品安全事故应急预案》就明确，食品安全范围涉及食品数量安全、食品质量安全、食品卫生安全，预案主要针对的则是食品质量卫生安全。

由于现代生活水平的提高，食物结构的变化一直在潜移默化地发生着，而生态环境的恶化、新技术的双面刃作用，又导致了食品新的安全问题，实际上，食品安全具有更加广义的内涵。

理解食品安全可以从两个方面考虑，一方面，食品安全的内涵要与时俱进。传统意义的安全即在现有技术和环境方面，随着科学发展和技术进步，当我们的认识又提高了一个层次或台阶时，我们对安全性提出了新的质疑，我们需要重新界定那些看似安全但是却存在值得研究的问题。例如油炸食品对健康的影响，补充维生素对人体作用的争议等。另一方面，食品安全的内涵依赖于不同的视角。近年来也有学者将食品安全分为数量安全、质量安全和可持续安全3个部分。食品数量安全定义的是一个国家或地区能够生产民族基本生存所需的膳食需要，是从数量上反映食品消费需求能力和保障供给水平。食品数量的安全问题在任何时候都是世界各国、特别是发展中国家所需要解决的首要问题，目前国内外对食品数量安全的研究多为粮食的安全供给问题。食品质量安全是指提供的食品在营养、卫生方面满足和保障人群的健康需要，在食品受到污染界限之前采取措施，预防食品的污染和遭遇主要危害因素侵袭。食品可持续安全是在合理利用和保护自然资源的基础上，确定技术和管理方式确保在任何时候都能持续、稳定地获得食品，使食品供给既能满足现代人类的需要，又能满足人类后代的需要。在不损害自然的生产能力、生物系统的完整性或环境质量的情况下，达到所有人随时能获得保持健康生命所需要的食品。以合理利用食品资源、保证食品生产可持续发展为特征。在食品的生产和消费过程中，食物安全的可持续性发展不仅是生态问题，也是国家、地区乃至世界的经济问题，甚至也是政治问题。

第二节　食品安全问题与监管

按照联合国粮食及农业组织（FAO）官员的说法，当前疯牛病、禽流感之类具有极强传染性的食品质量安全问题，以及由于环境、技术、监管等原因引起的食品化学性、生物性等危害，造成人们的营养健康安全问题尤为突出。这些问题都已成为国际社会十分关注的重大问题，可见，全球的食品安全的形势十分严峻。

一、近年来全球重大食品安全案例

（一）疯牛病（Mad-cow Disease）

疯牛病又称牛海绵状脑病（Bovine Spongiform Encephalopathy，简称BSE）。自1986年英国首次发现疯牛病以来，疯牛病已经在世界很多国家发生。据不完全统计，英国、爱尔兰、瑞士、法国、比利时、卢森堡、荷兰、德国、葡萄牙、丹麦、意大利、西班牙、列支敦士登、阿曼、日本、斯洛伐克、芬兰、奥地利等国家都曾有病例报道。更为严重的是，至今人类尚未遏止住疯牛病的蔓延，疯牛病有着向全世界发展的趋势。

疯牛病容易感染人类，严重危害人们的食物安全和身心健康。继英国、法国、爱尔兰发现数人确诊和死亡于克雅氏病（该病与疯牛病有潜在联系），2003年捷克和意大利又出现了疑似死亡病例，2007年3月葡萄牙新发现了两例疑似病例。欧洲医学专家估算，未来10~40年英国有可能出现13万名克雅氏病患者，英国科学家也曾分析认为，在2080年前，英国死于新型克雅氏病的人数将可能接近7 000人。

由于感染疯牛病的牛不能食用，必须宰杀并销毁，因此，疯牛病发生国的牛肉及相关产品的生产、消费和进出口贸易都受到很大打击，许多相关企业和养殖农户甚至陷入困境之中。为了屠宰可能染病的牛，政府一般要向养殖农户支付赔偿金，如英国1996年为宰杀销毁400多万头牛，而需向农民支付100亿美元补偿，国家的经济损失更是无法估量。1986年英国发生的疯牛病造成320万头牛被宰杀并销毁，欧盟各国的牛肉及其制品营销也遭受重创，牛肉消耗降低27%，西班牙牛肉消费下降70%，法国牛肉消费量下降47%。由于疯牛病的蔓延，还导致了国家间的贸易紧张，1996年英国公开有病人的症状与疯牛病相似，立刻引起欧盟的10个成员国禁止进口英国活牛以及与牛有关的食品、药品、饲料和美容产品，仅此一项就造成英国年损失52亿美元，2002年7月，疯牛病曾造成法国因为拒绝进口英国牛肉，被欧盟法院判处每天15.8万欧元的罚款。2003年5月加拿大确诊有一头牛患有疯牛病，美国第一个发出了暂时禁止从加拿大进口牛肉的决定，包括日本、韩国、澳大利亚和墨西哥在内的其他国家也即刻纷纷发出禁令，加拿大仅阿尔伯特省原本每年约 30 亿美元的养牛业几乎面临灭顶之灾。受此影响，快餐业巨头麦当劳的股价下跌了 6%，其他相关公司的股价也纷纷下跌了 5%～8%。

2007 年前 3 个月情况依然严峻，1 月 26 日奥地利报道发现了第六例，2 月 9 日加拿大发现了第九例，日本公布数据表明已升至 32 例。1997—2006 年世界动物卫生组织（OIE）成员国疯牛病的发生情况见表 1-1，英国 1995—2005 年疯牛病发生情况见表 1-2。

表 1-1　1997—2006 年 OIE 成员国（除英国外）报告的每 100 万头
24 个月以上的成年牛每年患疯牛病的数量　　　　　　（单位：头）

国　家	1997 年	1998 年	1999 年	2000 年	2001 年	2002 年	2003 年	2004 年	2005 年	2006 年
奥地利	0.00	0.00	0.00	0.00	0.96	0.00	0.00	0.00	2.11	2.11
比利时	0.61	3.69	1.84	5.53	28.22	25.75	10.54	7.88	1.45	1.15
加拿大	0.00	0.00	0.00	0.00	0.00	0.00	0.17	0.15	0.15	0.00
捷　克	0.00	0.00	0.00	0.00	2.85	2.50	5.78	10.32	11.98	4.35
丹　麦	0.00	0.00	0.00	1.14	6.77	3.35	2.39	1.30	1.29	0.00
法　国	0.54	1.64	2.82	14.73	19.70	20.96	12.01	4.74	2.72	0.76
德　国	0.00	0.00	0.00	1.07	19.97	17.02	8.71	10.92	4.97	0.00
爱尔兰	21.39	20.79	22.83	38.17	61.8	88.39	57.81	43.33	24.00	0.00
意大利	0.00	0.00	0.00	0.00	14.10	10.60	9.86	2.35	2.40	2.10
日　本	0.00	0.00	0.00	0.00	1.44	0.97	1.96	2.491	3.58	5.02
卢森堡	10.00	0.00	0.00	0.00	0.00	14.54	0.00	0.00	10.88	0.00
荷　兰	1.00	1.01	1.03	1.07	10.25	13.19	10.86	3.40	0.79	0.00
波　兰	0.00	0.00	0.00	0.00	0.00	1.28	1.49	3.58	0.00	0.00
葡萄牙	37.64	159.35	199.50	186.95	137.88	107.80	137.19	94.90	53.04	0.00
斯洛伐克	0.00	0.00	0.00	0.00	18.34	18.73	6.74	24.64	43.35	0.00
斯洛文尼亚	0.00	0.00	0.00	0.00	4.34	4.44	4.39	9.17	4.61	5.05
西班牙	0.00	0.00	0.00	0.59	24.23	37.95	46.31	38.95	27.76	0.00
瑞　士	45.40	16.00	58.70	40.60	49.10	27.93	24.86	3.75	3.69	5.40
美　国	0.00	0.00	0.00	0.00	0.00	0.00	0.00	0.00	0.02	0.02

数据来源：OIE 官方网站，http：//www.oie.int/eng/en_ index.htm。

注：①数据更新日期为 2007 年 5 月 21 日。

②另外，芬兰、希腊仅 2001 年发生疯牛病例，以色列仅 2002 年发生疯牛病例，每 100 万头成年牛的发病数量分别为 2.39 头、3.30 头、6.65 头。

表1-2 英国本土每100万头牛24个月以上的成年牛每年患疯牛病的数量 (单位：头)

地 区	1995年	1996年	1997年	1998年	1999年	2000年	2001年	2002年	2003年	2004年	2005年
大不列颠	2 954.96	1 628.61	910.67	677.10	481.88	298.33	258.24	247.80	130.22	73.57	49.12
更赛岛	1 2571.43	10 285.71	12 571.43	7 142.86	4 583.33	5416.67	1 052.63	520.83	0.00	0.00	0.00
泽西岛	2 000.00	2 400.00	1 000.00	1 600.00	1 500.00	0.00	0.00	232.56	0.00	0.00	0.00
马恩岛	1 918.60	639.53	523.61	290.70	166.67	0.00	0.00	0.00	0.00	0.00	0.00
北爱尔兰	223.51	92.04	29.91	22.42	8.94	97.78	95.36	126.45	81.74	44.63	28.56

（二）口蹄疫

20世纪50年代初，英国、法国爆发口蹄疫，造成的损失高达1.43亿英镑。1967年英国因口蹄疫屠宰并焚烧了44万头牲畜。2001年英国爆发的口蹄疫每周损失高达7 000万美元，当年总损失达129亿美元。而且，口蹄疫还使得执政党推迟了大选日期，为防止疫情传播多场赛马活动被取消，汽车拉力赛、橄榄球比赛也被推迟或取消。口蹄疫使英国人民正常的生活被打乱，婚礼尽量停办，乡村学校一律停课休学，野生公园、动物园和自然保护区被暂停开放……人们几乎到了谈疫情而色变的地步。同年，法国在获知英国疫情的同时，立即屠宰并销毁了5万只羊，其中2万只羊是2月1日刚从英国进口的。3月13日法国宣布发现口蹄疫病例。

由于暴发口蹄疫，甚至导致了国家和地区的产业模式都发生了变化。1997年3月中国台湾发生猪口蹄疫，由于全岛在半年左右的时间内宰杀病猪和同群猪600万头，岛内生猪价格下降了80%，饲料业和食品加工业也受到很大冲击。疫情给中国台湾造成严重的损失，当年的经济增长也降低了0.5%。在口蹄疫重创下，中国台湾养猪产业由内外销兼具产业转变为内需型产业，逾千万头的饲养规模也降到了650万头。

2001年的欧洲口蹄疫风波，使英国的牲畜总量减少了一半，欧洲总共损失 4 400万只绵羊、1 100万头牛以及700万头猪。从2000年至今韩国、日本、阿根廷、爱尔兰、蒙古等国相继发生口蹄疫，疫情已跨越欧洲蔓延到亚洲并且整个亚洲成为疫区，造成世界范围的严重冲击和重大影响。

（三）非典型性肺炎（Severe Acute Respiratory Syndrome，简称SARS）

2002年年底至2003年，全球共有32个国家和地区报告发生了SARS疫情。疫情严重的中国从2002年11月初广东发现第一例病人起，短短3个多月，疫情就在广州、香港、北京乃至全国大部分地区爆发。2003年5月时中国内地（除香港、澳门和台湾）已有报告发病4 280例，死亡206例，是世界上报告发病最多的地区，而其次则是中国香港，报告发病1 637例，死亡187例。由于疫情暴发初期起势猛、传播迅速、传染性强、病情重，医院对发热病人的诊治场所、医护人员、救治措施等面临着全新的突然袭击，SARS疫情严重危害了人类的生命安全。到2003年7月，全球SARS病例8 437例，其中死亡813例。SARS的暴发和蔓延还造成了世界经济的重大损失，据亚洲开发银行（ADB）统计，受SARS影响，全球在此期间损失为590亿美元。中国内地

（除香港、澳门和台湾）的经济总损失额为 179 亿美元，占世界总损失的 30.34%，使当年中国 GDP 损失了近 1.3%。

SARS 虽然不是典型的食品安全事件，但疫情影响和干扰了社会秩序正常、稳定的运行。疫情暴发时的北京，所有中小学停课，大学实行封闭式管理，所有的餐饮店都是萧条状况，几乎没有顾客。人们尽量减少外出，因而商场、公共汽车和地铁这些原本人流多的场所，也冷冷清清。旅游业更是遭遇前所未有的打击。SARS 疫情威胁着人们的生命安全，此次危机的冲击，也给我国的国家和地区的公共安全防控系统建设敲响了急迫的警钟！

（四）禽流感（Avian Influenza，简称 AI）

禽流感疫情曾在世界上发生过几次大的流行，而 2000 年开始发生的禽流感疫情可谓是迄今为止蔓延国家最多、流行时间最长、影响范围最广、遭受损失最大的一次。根据世界卫生组织（WHO）有关的最新资料统计，自 2003 年至 2008 年 2 月 26 日，14 个国家向 WHO 报告了 A/H5N1 的 368 例人间病例，其中死亡 234 例，死亡率高达 63.59%。由发生国的情况来看，老挝、缅甸、巴基斯坦和尼日利亚都是在 2007 年首次发现 A/H5N1 人间病例，而巴基斯坦、尼日利亚、老挝和柬埔寨所发现的 A/H5N1 人间病例全部死亡。相对而言，印度尼西亚的状况更令人担忧，不仅人间病例和死亡人数分别占到 14 个国家总量的 35.25% 和 45.26%，而且死亡率高达 81.40%，远高于 14 国的平均水平。由 14 国的统计数据证明，禽流感 A/H5N1 是高致病性和高死亡性。

除了亚洲国家以外，欧美大陆也未能幸免。自 2003 年 4 月，荷兰就曾暴发禽流感，有 80 人受到感染出现高致病性，并出现死亡病例。2004 年 2 月又再次暴发，其南部海尔德兰省 800 个农场发生疫情。为阻止禽流感蔓延，荷兰 1 亿多只活鸡中，约有 10% 被政府隔离，一些屠宰场只好打发部分工人回家。荷兰是世界最大的鸡蛋和家禽生产国之一，欧洲国家复活节必不可少的染色、彩绘鸡蛋，多由荷兰供给。禽流感使荷兰的鸡蛋出口受到严重打击，贸易几乎完全瘫痪。2006 年年初，禽流感在欧美多个国家出现，呈现出在全球蔓延之势。加拿大政府在不列颠哥伦比亚省弗雷泽盆地地区两次分别扑杀了 1 600 万只和 1 900 万只家禽，有报道称该省因禽流感每周损失近 200 万美元。美国早在 2002 年 10 月于加利福尼亚州暴发禽流感，6 个月左右的时间就销毁了 326 万多只鸡，疫情还从加州扩散到了内华达州和亚利桑那州。根据 WHO 的通报，英国 2007 年 6 月报告了 A/H7N2 的 4 例人间病例。

高致病性禽流感疫情的蔓延，不仅对家禽养殖业造成了灾难性的打击，使得小规模的家禽养殖业主难以生存和发展，而且加剧了国家的财政负担。据联合国粮农组织统计，截至 2004 年 2 月 11 日，亚洲地区发生禽流感的国家除中国以外已经杀灭了超过 4.5 亿只家禽，达到了家禽总数的 0.7%。越南政府为控制疫情支出近 8 000 万美元；泰国作为世界第四大鸡肉出口国因此损失约 1.45 亿美元；由于我国的家禽业规模较大，人们的饮食习惯中又多有家禽及其制品，禽流感疫情暴发不仅影响了国内的消费结构，而且造成了我国相关产品出口贸易的较大波动，日本、韩国、新加坡、罗马尼亚和瑞士等国家分别采取相应措施限制或禁止进口我国家禽类产品。世界银行估计，如果大规模暴发禽流感，将使全球经济可能蒙受 15 000 亿 ~ 29 000 亿美元的损失。

由于禽流感是人畜共患疾病，其对人体的高致病性已经成为新的严重的食品安全隐患，这一隐患是全球性的，短期内还是难以攻克消除的。不断出现的变异病毒和禽流感传播流行病毒的特性，也为世界带来各种潜在的新危害。目前禽流感疫情还主要是在禽类中不断发生，在人类中还属于偶发，传染病大流行尚未出现。但是，2004 年 WHO 负责人就表示："有必要继续维持现在的警戒状态。从动物传染病的流行规律看，如果不加强防范，疫情还有可能出现反复。" 2007 年 WHO 依然丝毫不敢懈怠地告诫人们："科学家一致认为，H5N1 大流行威胁依然存在，有 H5N1 病毒或其他禽流感病毒造成流感大流行只是时间问题，而不是是否会发生的问题。" 一直到 2019 年针对疫情发生的跟踪检测，证明了这一点。

二、中国食品安全问题与监管现状

虽然我国一直在加强食品安全相关方面的建设，但是，随着我国与世界交流的不断扩大，食品贸易的全球化，使得我们面临着世界食品安全问题的影响，如疯牛病、禽流感、SARS 和新冠病毒疫情。同时，我们还面对着国内市场经济发展初期所带来的新的竞争，近年来有一些影响较大的食品安全事件发生，食品安全问题已经成为党和政府最关心的民生问题之一。

（一）中国主要的食品安全问题

1. 近年来发生的几个影响较大的突发食品安全事件

南京冠生园月饼风波：2001 年 10 月，中国传统的中秋节来临之际，"南京冠生园用上年的回炉馅作月饼原料"的媒体报道一经披露，立刻震惊了全国人民。当年的月饼总销量大幅锐减，销售商纷纷退货，所有的月饼生产企业全线亏损，具有几千年悠久历史的中国传统糕点月饼行业遭受重创，几代人创下的百年"冠生园"品牌顷刻间就失去信誉，工厂关门、工人失业。不仅如此，"南京冠生园月饼事件"的余波仍然强烈地冲击着以后的月饼市场。

阜阳"毒奶粉"事件：2003 年 5 月至 2004 年 4 月，安徽阜阳农村市场销售的"无营养"劣质婴儿奶粉，一年内致使 229 名婴儿营养不良，其中轻中度营养不良婴儿有189 人，死亡 12 人。劣质婴儿奶粉经过卫生部、中国疾病预防控制中心和北京市疾病预防控制中心的检测，结果表明奶粉中蛋白质、脂肪含量严重不足，微量元素钙、铁、锌等含量极低，产品标示的使用方法不准确，为不合格产品。这类不合格产品的各种营养素全面低下，有的甚至完全没有，将严重影响婴儿的生长发育。

"苏丹红"风波：2005 年 2 月 23 日，国家质检总局发出通知要求各地质检部门加强对含有苏丹红食品的检验监管。3 月 4 日，北京市人民政府食品安全办公室紧急宣布，广州生产的亨氏辣椒酱检出苏丹红 I 号。4 月 5 日，国家质检总局宣布，在对全国11 个省、市可能含有苏丹红的食品展开专项检查后发现，30 家生产企业的 88 种样品及添加剂含有苏丹红。这些含有苏丹红的食品生产企业主要集中在广东、上海、江苏等一些辣味制品和番茄制品的主要产销区，被检测的产品包括辣椒油、辣椒酱、辣味酱腌菜辣味方便食品及其生产原料。少数添加剂生产企业以苏丹红冒充食用添加剂辣椒红色素，销售给辣味制品生产企业。

2006 年 11 月 13 日，中央电视台《每周质量报告》曝光了北京一家农贸市场出售的"红心"鸭蛋，是由于鸭子吃了掺有苏丹红成分的工业染料。当晚，北京市食品办下令全市停售"涉红"鸭蛋。河北红心鸭蛋被检出含有苏丹IV号，致使河北养鸭户损失惨重。2006 年 11 月 15 日上午，"红心鸭蛋"主要产地之一的石家庄市平山县将查获的 5 100 只"涉红"鸭子进行扑杀、深埋，对"涉红"鸭蛋和饲料做深埋处理。

国家质检总局于 2006 年 11 月 21 日公布了对全国蛋制品生产加工企业进行的专项检查结果，在对 31 个省（区、市）49 家蛋制品企业 523 批次产品检查中，显示有 7 家企业的 8 个批次产品涉嫌含有苏丹红。国家质检总局不仅向全国公布了这 7 家企业的名单，同时要求查出苏丹红的蛋制品生产加工企业一律立即停止生产和销售，责令企业立即召回含有苏丹红的产品，并被监督销毁。

2. 食品中毒问题

除了重大的突发食品安全事件以外，食物受到污染所造成的急性或慢性中毒事件时有发生。统计表明，我国食物中毒主要致病因素为微生物性、化学性和有毒动植物性，而化学性和有毒动植物性是引起中毒死亡的主要原因。化学性中毒主要为农药和亚硝酸起，有毒动植物中毒主要由毒蘑菇、毒扁豆碱、河豚毒素、桐油引起。从食物中毒致死原因统计来看，有毒动植物致死发生率有逐年增加，并有超过农药化学致死发生率的趋势。如 2005—2007 年，食物中毒死亡人数中因有毒动植物引起的致死率分别为28.61%、46.89%和 64.73%，平均增速达到 50.97%。在 2007 年的报告中，仅毒蘑菇就导致了 526 人中毒，113 人死亡，病死率高达 21.48%。因此，有毒动植物这一致死原因在未来的影响变化值得高度重视。

3. 食源性疾病

在过去的 50 年中，人类的食物结构发生了相当大的变化，变化的速率也在加快。虽然包括我国在内的整体食物安全已有了显著的提高，但是，食源性疾病暴发依然在很多国家和地区屡有发生，每年由于食源性疾病而产生的健康及经济代价是巨大的。贸易的国际化扩张和新的食源性疾病的产生，无疑加剧了食源性疾病的跨国传播和蔓延，食源性疾病已成为 21 世纪之初人类所面临的六大公共卫生安全威胁之一。

引起食源性疾病的原因虽然是多方面的，但是，化学性污染、生物性污染和有毒物质是主要根由。农药兽药的残留超标、非食品添加剂的违规使用以及环境污染造成的交叉感染，导致了我国绝大多数的食品安全高风险隐患。据卫生部官员介绍，从农田到餐桌，源头污染问题主要是农药、兽药和禁止使用的饲料添加剂的不科学使用和残留。卫生部通过国家食品污染物与食源性疾病监测网络的监测，已发现在消费量较大的 29 种食品中有 36 种常见化学污染物和 5 种重要食品病原菌。

另外，食物资源生态环境的恶化，工业生产和生活的废弃污染物造成环境中的土壤、水和空气的污染，也带来新的食源性疾病，诸如二噁英污染、水源的有机磷积聚等。目前，我国耕地总面积的 20%受到不同程度的重金属污染。有资料研究表明，在全世界每年患癌症的 500 万人中，有 50%左右与食品的污染有关。

4. 中国在城市化、现代化进程中产生的食品安全新问题

我国的城市化进程每年递增，现代生活节奏的加快和工作方式的转变，使越来越多的人在逐渐改变着自己的饮食习惯和生活方式，快餐食品、方便食品、烧烤食品等简单快的食品被越来越多的人接受，而聚餐、野餐等机会也使食堂、餐馆成为人们常去的地方。随着生活水平的提高，人们食用高蛋白质食品的同时，高脂肪、高能量食物也在增多。同时，工作压力大、情绪紧张等又易导致一些不良的饮食习惯，从而造成膳食结构的失衡，甚至引发现代疾病。膳食结构的平衡问题也成为新的食品安全问题。

世界卫生组织（WHO）严肃地告诫人们："大约在 2015 年，生活方式疾病将成为世界头号杀手。"专家们的分析评估认为，不平衡的膳食结构与一些慢性疾病和现代疾病有着密切关系，例如约有 35% 的癌症死亡是缘于营养不平衡。

随着食品工业的迅速发展，大量食品新资源、食品添加剂的新品种、新型包装材料、新工艺，以及现代生物技术、酶制剂等新技术不断出现，技术的进步在带给人类丰富食物的同时，又表现出"双面刃"的特性，造成直接应用于食品及间接与食品接触的不安全物质日益增多。而且，随着食品安全科学的研究和发展，利用传统加工工艺生产的食品也不断被发现具有安全隐患，如油炸淀粉类食品中的丙烯酰胺、油条中的铝残留等安全性问题。

（二）不断强化的监管使中国食品安全水平得到很大提高

2007 年 8 月底，卫生部向世界卫生组织（WHO）通报了中国食品安全情况。截至通报时，我国食品出口到全球 200 多个国家和地区，2004—2006 年，出口食品合格率均在 99.0% 以上。为了保障出口食品安全，我国已经建设了一整套严格的管理制度，实施了从种植、养殖基地到出口全过程的检验检疫和的监督管理。例如，对出口食品原料基地的检验检疫备案制度，对出口食品原料基地的检验检疫备案制度，对出口食品生产企业实施卫生注册制度；实行产品的市场准入、可追溯和召回，根据进口国及地区要求，出具官方证书等。

1. 中国明确食品安全风险防控责任制

目前，我国在食品安全问题的预防和控制的制度建设中实行的是责任制管理系统。2003 年 3 月 20 日，全国人大十届一次会议审议通过的关于国务院机构改革方案的决定中，国家食品药品监督管理总局组建而成，作为国务院直属机构，国家食品药品监督管理局继续行使国家药品监督管理局职能，负责对食品、保健品、化妆品安全管理的综合监督和组织协调，依法组织开展对重大事故的查处，被人们称为中国的"FDA"。经过 5 年的实践，随着国家机构改革的进一步深化，2008 年 3 月国家体制改革中，国家食品药品监督管理局重新归属卫生部。由此，可以看出国家为理顺食品安全监管在制度方面所进行的建设和完善，不仅体制得到了进一步理顺而且从职能划分上也更加的清晰和明确。由此而初步构架了以职能为主线的监管体制，形成了从国家到省、市、县的安全防控系统。

2018 年，十三届全国人大一次会议通过的《国务院机构改革方案》提出，考虑到药品监管的特殊性，单独组建国家药品监督管理局，由国家市场监督管理总局管理。食品药品自此分开监管。这一轮食品药品监管机构改革真正体现了顶层设计，食品安全监管更为看重协调力和综合性，做好食品在市场流通前的预警监管工作，食品生产经营的日常监管权适当下沉，从而保障后续政策的落地。

在加强我国政府职能部门建设的同时，进一步落实政府应承担的责任，也不断在实际中得到体现，这就是设置了从中央到地方各级政府的食品安全委员会。各食品安全委员会在组建之初即明确规定了应负的职责，例如，2005 年江苏省人民政府成立食品安全委员会时确定其主要职责为以下三个方面：一是研究、草拟全省食品安全工作的重大政策和总体规划，部署有关专项整治及其他全省性统一行动；二是组织建立食品安全重大突发事件的预警机制、及时报告制度、日常信息沟通机制，处理食品安全重大突发事件；三是协调解决食品安全工作中遇到的重大问题，指导、监督和检查全省食品安全监管工作。可以说，政府的责任和所设置的食品安全委员会以及食品安全办公室形成了又一条政府监管的食品安全监管网络。在以责任制为管理形式的实践中，我国政府和职能部门已初步形成了一个覆盖全国、从中央到地方的立体交叉监管体系。

我国在监管实践中监管职责正在进一步得到强化。2007 年 5 月，国务院办公厅出台了《2007 年全国食品安全专项整治方案》，方案明确提出了建立健全食品安全责任系统。责任系统要求政府、监管部门和相关企业承担责任。即要求地方各级人民政府对本地食品安全工作负总责，层层落实责任制和责任追究制；要求监管部门按照职能分兵把口、密切配合，全面落实监管责任；要求企业规范经营行为，承担社会责任，真正成为食品安全第一责任人。2019 年 5 月，中共中央、国务院印发《关于深化加强食品安全工作的意见》，提出必须深化改革创新，用最严谨的标准、最严格的监管、最严厉的处罚、最严肃的问责，进一步加强食品安全工作，确保人民群众"舌尖上的安全"。

2. 中国已初步建成食品污染物监测网和食源性疾病监测网

信息源系统的建设是一项庞大的数据信息网络资源的建设，我国在这方面的起步较晚，任务艰巨。早在 20 世纪 70 年代，世界卫生组织就与联合国环境保护署（UNEP）、联合国粮食及农业组织联合发起制定全球环境监测规划/食品污染监测与评估项目（GEMS/ Food），并与相关国际组织制定了庞大的污染物监测项目与分析质量保证系统（AQA），其主要目的是监测全球食品中主要污染物的污染水平及其变化趋势。一些发达国家都有比较固定的监测网络和比较齐全的污染物与食品监测数据。

我国是 GEMS/Food 计划的参加国，虽然面临着食品安全数据信息网络建设的重重困难，为使我国能够尽快与国际接轨，从 1983 年至今，相关部门对食品安全进行了一系列的监测评估活动，开展了对食品污染物基础数据的积累和动态监测工作。卫生部 1995 年以前的监测样本是 90 万个/年，1995—1999 年的监测样本是 120 万~130 万个/年，2003 年 8 月 14 日卫生部制定了《食品安全行动计划》，更加明确地要求加快监测网点的建设，到 2008 年，食品污染物的监测网络要分布到全国 31 个省市，监测点达到 180~200 个，年监测数据递增到 15 万个。经过近 4 年的建设，目前已经实现对有害重金属、农药残留、霉菌毒素年监测数据 10 万个以上的要求，可以监测肉与肉制品、蛋与蛋制品、乳与乳制品、水产品中的沙门氏菌、单核细胞增生性李斯特菌、弯曲菌、大肠杆菌 O157：H，监测玉米、花生及其制品中的黄曲霉毒素，玉米中的伏马菌素、副溶血性弧菌，苹果与山楂制品中的展青霉素。自 2006 年开始，我国重点对消费量较大的 54 种食品中常见的 61 种化学污染物进行了监测，获得 40 万个数据，基本掌握了食品中常见污染物和重要致病菌的含量水平及动态变化趋势。截至 2007 年 8 月，我国已经建成了覆盖 15 个省，涉及 8.3 亿人口的全国食品污染物和食源性疾病监测网络。利用监测网络，卫生部已经先后发布了食品中苏丹红、油炸食品中丙烯酰胺、啤酒中甲醛、面粉中溴酸钾、红豆杉等多项食品安全性评估结果，及时消除消费者不必要的恐慌，引导消费者对食品安全的认识。

在卫生行政管理机构的食品污染物监测网中，各地区的监测网建设也取得了很大的进展。北京市 2002 年 5 月启动"北京市食品污染物监测网"以北京市疾病预防控制中心为中心站，同时辐射东城、海淀、昌平、顺义 4 个监测站，对豆类和豆制品、奶、冰激凌、植物油、蔬菜水果、蛋、罐头食品、调味食品、熟肉制品等食品进行检测，并重点监测铅、汞、六六六、有机氯、有机磷农药的含量以及细菌含量。在国际上刚发布苏丹红警示时，北京市就对此进行了监测检测，从而以最快的速度掌握了北京苏丹红污染状况，及时发布了警情报告，也使得全国在这一食品安全事件中采取了主动，防止了不利事件的扩大和发生。

食品污染物监测网的建设使得我们对食品污染物做到有案可查，在 2008 年奥运会期间，北京市政府及相关部门为保障奥运食品的安全监测，在加强食品安全预警建设过程中，就利用了"北京市食品污染物监测网"，实施奥运食品全程安全监测，定期发布食品安全公告。

3. 法律法规系统不断完善

针对食品安全方面的法律法规系统建设，可以说是我国近年来法制建设中进步最快的，成效也是显著的。自 1995 年《中华人民共和国食品卫生法》颁布以来，在法律法规方面涉及产品质量和食品安全的有《中华人民共和国产品质量法》《中华人民共和国食品卫生法》《中华人民共和国农产品质量安全法》《中华人民共和国进出境动植物检疫法》《中华人民共和国进出口商品检验法》等 11 部法律和 22 项法规，并且配套了一系列的规章制度。

在标准化建设方面，截至 2007 年 6 月，有关部门历经了 3 年左右时间，针对食品安全标准完成了清理的"大动作"。共清理可食用农产品、加工食品国家标准 1 817 项，其中 468 项继续有效，废止 208 项，修订 1 141 项；清理行业标准 2 588 项，其中继续有效 943 项，废止 323 项，修订 1 322 项。同时，还对 6 949 项地方标准、141 227 项企业标准进行了清理。

标准化建设工作中参照国际通行做法，还进一步调整了标准系统结构，在食品安全领域采用通用标准，分类制定食品安全强制性国家标准，提高了食品安全标准的通用性和可操作性，增强了标准的统一性和权威性。

我国食品安全标准包括了农产品产地环境，灌溉水质，农业投入品合理使用准则，动物检疫规程，良好农业操作规范，食品中农药、兽药污染物、有害微生物等限量标准，食品添加剂及使用标准，食品包装材料卫生标准，特殊膳食食品标准，食品标签标识标准，食品安全生产过程管理和控制标准，以及食品检测方法标准等方面，涉及粮食、油料、水果蔬菜及制品、乳与乳制品、肉禽蛋及制品、水产品、饮料酒、调味品、婴幼儿食品等可食用农产品和加工食品，基本涵盖了从食品生产、加工、流通到最终消费的各个环节。已初步形成了门类齐全、结构相对合理、具有一定配套性和完整性的食品质量安全标准系统。

随着各项国家标准和行业标准的进一步修订工作的进展，以及食品安全标准的不断完善，到"十三五"末，我国基本建成以国家标准为主体，基础标准、产品标准、方法标准和管理标准相协调，与国际食品安全标准系统基本接轨，能适应我国食品产业发展，保障消费者安全健康，满足进出口贸易需要，科学统一权威的国家食品安全标准系统，为食品生产、加工、消费各个环节对食品安全进行有效监控提供支撑。

第三节　研究意义

国家食品安全预警信息管理对于防范食品风险，保障食品安全具有重要意义。公众实际上是出于一种对信息的诉求而关注食品的安全问题，但当前我国的食品安全风险信息公开程度无法满足公众的需求。Stephen Breyer（1982）提出："信息是规制政策的基础，信息工具是重要的事前规制工具，能够起到风险预防的效果。"所以，治理机构应当利用信息工具提供决策信息以进行食品安全公共治理。与此同时，国家通过食品安全预警系统进行风险分析，产生预警信息后，合理规范地进行传播，有利于引导消费者依据食品安全风险信息，做出正确食品消费决策，有利于食品供应链上各环节主体，例如，生产企业和食品安全监督管理部门等，提供有益的市场信息。而食品安全预警信息作为体系对接公众的载体，如何逐步提升公众对其的信任水平，是国家完善食品安全预警体系的必然要求。

消费者发生食品安全问题的重要原因与"信息不对称"有关。相关研究指出，当前我国最常见的谣言就是来自食品安全方面，而食品安全谣言，又因为自身的社会建构性，而更具"社会放大效应"。即在传递过程中，随着信息量的扩充，内容愈发失真，危险性的夸大等情况的加剧对消费者正常的消费习惯造成了极大的扭曲，导致其采取了错误的风险处理方式，从而对社会产生了负面的影响。所以，如何让公众区分食品安全"谣言"和"预警信息"，提高公众对国家食品安全预警信息的信任，成为当前中国食品安全治理的重要方面。从近年出现的食品安全问题来看，潜在危险的食品出现的地区、时间及其影响力都是不确定的，这对国家风险评估和风险监测工作增加了很大的难度。由此，更加要利用好风险预警系统的成果，在加强事前的食品安全状况监测、跟踪和宣传后，积极形成对整个社会全局有效的食品安全风险交流和预警信息的传播，以降低食品安全问题的影响。

第二章　食品安全预警基本概念与基本理论

第一节　食品安全预警系统特性与分类

预警系统是应用预警理论和其他数据处理工具、预测模型等完成特定预警功能的整体，包括体制与机制。而食品安全预警系统是针对食品安全可能或已经产生的风险进行预防和控制的应对体系，包括监管体制与运行机制。食品安全预警系统具有预防功能，能对可能产生的食品安全风险进行预测预报，基于信息采集与监测的基础，通过数据分析、专家意见和预警判断，识别风险，评估食品安全的状况以及变化趋势，采取各种预防性措施防止可能产生的食品安全问题。这就可以对状态变化趋势的预测，是指监测状态的波动有超出安全界限或范围的倾向时，即食品可能出现危害征兆，预警系统立即发出预警信号，及时启动纠偏程序，将征兆消除在萌芽状态，使食品恢复和保持安全运行状态。与此同时，该系统还具有控制功能，能针对风险和产生的危害实施有效的干扰和控制，突发事件按应急预案实施快速、高效的应对控制。

一、食品安全预警系统的特性

食品安全预警系统具有以下 4 个特征。

一是复杂性：系统的关联元素多，变量多，影响复杂；系统的时间和空间尺度增大，问题多为综合性的。

二是风险性：子系统风险之间的累加效应大多尚无确定关系，系统性风险不确定性增强。

三是模糊性：存在系统边界难划分，许多情况难用精确的数学描述和求解综述。

四是规律性：对于食品安全问题，既存在一定的内在必然性，又存在随机偶然性。

我国对主要消费食品中的常见污染物监测和食源性疾病状况及动态变化趋势的研究，实质就是在探究食品安全问题的内在必然性，掌握规律性。食品安全问题中出现的突发偶然事件或意外事件，具有随机性和不确定性，看似事件发生的时间、地点、程度等都好像无法预知，但是对于不确定突发事件的进一步深入分析后我们发现，事件本身依然存在着一定的规律性。系统本质具有规律性的特点，可以相对准确预警食品安全问题，如根据天气的不准确性依然能够得到相对准确的天气预报是一样的。

二、食品安全预警系统分类

按预警状况、分析方法、时间尺度、空间、食物链构成、产生风险的污染源、流通形式、食品监管责任和主要食品统计口径可将食品安全预警系统进行分类。

（一）按预警状况分类

常规预警：由于食品的安全是相对的、一直贯穿于食品链的整个过程，因此，安全性问题自始至终都可能发生变化，同时，食品出现安全危机都不是一朝一夕形成的，而是经过一段时间的潜伏和演化，逐渐变化产生了积累效应，最终形成了具有危害和影响的不安全状况。因此，这一特点需要对食品进行经常性的安全监测和检测，较长时间地关注、跟踪，警惕警情的发生，预防不安全状况出现。如原本安全的食品，受到污染时，不安全性产生，只要污染源还存在，食品的不安全性就逐渐增大，在这样的变质过程中原本安全的食品就逐渐变成了不安全的食品。

突发型预警：即食品安全出现的危机或警情在某一时间突然出现或爆发，突发具有偶然性而不一定存在必然性。突发的问题往往事先没有任何明显征兆，或者是正常情况下无法预料的食品安全问题。突发型食品安全危机或警情的特点是起事突然、时间短、发展快、解决的难度大，若未能及时监测或处理不当，则事态将进一步恶化而产生严重后果。

（二）按预警分析方法分类

指标预警：选择合适的食品安全评价指标，利用指标信息的变化对食品安全进行预警。

统计预警：采用统计分析的方法对食品安全进行预警。例如，根据连续监测的数据经过统计分析后表达的状况、趋势进行预警。统计分析的特点是需要有连续的统计数据和合适的统计方法。

模型预警：建立了相应的数学模型，利用数学模型进行定量计算和分析，并对食品安全状态进行评价，对可能产生的变化进行预测预警。

（三）按预警的时间尺度分类

短期预警：一段较短时期内的预警。
中期预警：一段适当长时间内的预警。
长期预警：在较长时间内的预警。

（四）按预警的空间范围分类

全球预警：在全球范围内对世界各国共同面对的一个或若干问题进行预警。

区域预警：国家组成的联合体或地域区间所面对的问题。例如，禽流感暴发时，亚洲因 A/H5N1 与欧美因 A/H5N7 而在 WHO 被划分为两个区域的合作预警。

国家预警：在一个国家范围之内进行的食品安全预警。例如，中国针对手口足病防控。

省级地域预警：在国家内部的省级范围内进行预警。例如，北京市出台的食品安全突发事件应对预案就是针对北京市政府辖区内的区域预警。再如，中国在 SARS 疫情暴发期间对疫区的封锁控制、对非疫区的预防警戒。

（五）按食物链构成分类

产地预警：从食品的原产地监控，预防食品原料出现安全问题的预警。

加工预警：对经过加工制作的食品，检测加工环节对食物的营养、风味等变化影响，监测添加剂污染的风险。

输运预警：对食品的输运环节可能造成的二次污染实施监测预警。例如，对运输工具、食品的运输包装、输运的温度和湿度、食品的混放状况等进行安全方面的监控。

流通预警：监测食品商品的货架期环境的预警。例如，保质期、标签、散装食品、现场制作食品等的安全监测。

（六）按食品产生风险的污染源分类

食品安全预警系统按食品产生风险的污染源分类化学性污染风险预警、微生物污染风险预警、物理物污染风险预警、非法添加非食用物质风险预警、滥用食品添加剂风险预警和其他污染风险预警。

（七）按食品流通形式分类

进出口食品安全预警：对口岸食品的种类、数量、商品要求、管理规定以及进出口企业等实施预警。

超市食品安全预警：对城市和乡村超市的食品安全监控预警。

农贸市场食品安全预警：主要是以交易为主的大型批发市场和城镇日常散装食品交易场所为对象，对交易食品的安全监测预警。

商场（店）食品安全预警：对有食品专柜的大型商场和食品专营店进行安全监管预警。

餐饮食品安全预警：以单位食堂和餐饮经营为对象的食品安全预警。

（八）按食品监管责任分类

食品安全综合预警：由卫生健康部门负责的综合预警包括两个部分，一部分是以食品营养与卫生为监测对象的卫生安全的防控，如食品污染物和食源性疾病的风险监测评估与预警。另一部分是食品安全的重大食品安全事件的应急处置。

食品质量监测预警：由市场监管部门负责的食品质量安全监管。包括加工和流通环节，以及保健品、餐饮。

农产品安全预警：由农业部门负责初级农产品的安全预警，例如水果、蔬菜、鲜食肉类、鸡蛋、稻麦、油料等的安全预警。

进出口食品安全预警：出入境检验检疫部门负责的进出口食品企业的贸易可能性预警。

（九）按主要食品统计口径分类

粮食安全预警：对谷物（稻谷、小麦、玉米）、豆类和薯类粮食的产量、进出口的变动、供需平衡、粮食储备等安全问题、状况以及未来趋势的预警。

食用油脂安全预警：对花生油、芝麻油、油菜籽油等食用油料和油脂总产量、价格、结构变化、进出口影响等安全问题、状态以及未来趋势预警。

水果蔬菜安全预警：对水果、新鲜蔬菜的产量、产品价格、供需平衡等预警。

软饮料安全预警：对软饮料的结构变化、产需状况、产品质量和价格等预警。

调料品安全预警：对酱油、醋、味精、盐、糖等主要调味品的安全预警。

水产品安全预警：对水产品总量以及海产品和淡水产品的产量、储备、价格的安全预警。并分别对海产品和淡水产品中的天然捕捞产量、人工养殖产量以及鱼类、虾蟹类、贝类、藻类等分类监控预警。

禽蛋类安全预警：对禽蛋类产量、储备、价格的安全预警。

肉类食品安全预警：对肉类总量以及牛肉、羊肉和猪肉的产量、储备、价格的安全预警。

奶类食品安全预警：对奶类总量以及牛奶的产量、储备、价格的安全预警。

第二节　食品安全预警基本理论

随着食品安全预警的应用不断深入，产生了很多适用于食品安全预警的思想和理念，也在借鉴其他领域的预警成果的过程中，一些新的认识、思考和观点得到进一步的发展，因此，已经初步形成了食品安全的理论基础。而食品安全预警的实际应用，也愈来愈需要有理论的指导，需要构建食品安全预警的理论体系。

一、逻辑预警理论

要想理解预警理论，必须先明确两个定义：警情和警义。当食品安全产生问题时，所表现出来的状态和情况我们称为警情。预警研究首先需要确定预警的目的和意义，也简称为警义。明确警义是前提，是预警研究基础。在明确警义的前提下，逻辑预警的理念则是依据逻辑关系来评估风险程度或危害状况，从而进行预测预报，且服从警度、警素、警兆、警源的逻辑层次关系。

食品安全预警就是要明确食品安全预警的内容（警义），探询和分析产生食品安全问题的根源（警源），判断和总结食品可能发生安全问题或已经发生安全问题时所具有的特性（警兆），明确问题严重的程度（警度），预防和控制风险警情。下面对警度、警素、警兆和警源4个概念进行解释。

（一）警　度

警度是警情程度。表达警情的有无以及严重的程度。警度的报告一般有两种方法，一种方法是依据警素构建模型或框架，依据警限来划分警情的程度，从而确定警度；另一种方法是能够建立警度模型，依据警兆确定警情的程度。

警度作为程度是一种范畴的概念，一般难以用确定的数值准确定量，通常也得不到一个确定的数字，警度的表达具有模糊意义，所以，采用等级方式描述。例如，地震的强烈程度用地震级别表示，级别是根据地震时释放的能量大小而定，一次地震释放的能量越多，地震级别就越大。又如，我国餐饮业按照钻石等级分为5级，分别为五钻、四钻、三钻、二钻、一钻。

我国重大食品安全事故按事故的性质、危害程度和涉及范围将食品安全事故分为 4 个等级，分别是特别重大食品安全事故（Ⅰ级）、重大食品安全事故（Ⅱ级）、较大食品安全事故（Ⅲ级）和一般食品安全事故（Ⅳ级）。

北京市突发食品安全事故按照突发食品安全事件的危害程度、扩散性、社会影响和应急处置所需调动的资源力量，将事件分为特别重大（Ⅰ级）、重大（Ⅱ级）、较大（Ⅲ级）和一般（Ⅳ级）4 个级别。

（二）警　素

警素包含两个内容，一是警情要素或称为指标，二是要素的安全界限和条件，也称为警限。我们必须明确，选择和确定警素是逻辑预警的关键和基础。

警素指标可以是直接可检测的量化的项目指标，也可以是综合意义的定性指标。由于食品安全预警问题的复杂性，警素指标很难都是量化的检测指标，大多数都是综合指标。例如，食品是否符合准入条件，这是食品安全应该考虑的一个要素，但是准入条件无法量化，只能设计一个定性指标。另外，警素指标还具有多层次分解的特性，如食品污染物指标，可以分解为化学性污染指标、生物性污染指标等，而化学性污染指标又可以继续分解为重金属污染、农药残留污染等。这样的层次结构使得指标体系的关联性表达清晰，也使得指标的可操作性、可检测性更强，而且整个指标体系结构紧凑。

（三）警　兆

警兆也叫征兆或表现，也称为先导因素（或指标）。

一般而言，不同的警素对应着不同的警兆。当警素发生异常变化导致警情爆发之前，总有一定的先兆。警兆可以与警源有直接关系，也可以是间接关系；可以有明显关系，也可能是隐形的未知的"黑色"关系。例如，三鹿婴儿配方奶粉中检测出的三聚氰胺与原料有着关系，原料乳是直接导致婴儿配方奶粉产生安全问题的根源，原料乳中的三聚氰胺含量或有无（依标准）就是直接警兆。尽快确定警兆有利于对警情进行判断。警情可以根据可靠的经验来判断，即用类似的已经发生过的状况来分析和帮助判断。对于新的问题，以及依靠经验还不足以确定的问题，我们需要按照技术分析手段对警源进行科学可靠的分析。一般确定警兆是以技术分析为主，以经验智慧分析为辅，相互补充共同决断。

警兆可以分为两类，景气警兆和动向警兆。景气警兆是依据分析对象的表征程度作为警兆，对象的表征程度自身就直接反映出某种景气的程度。动向警兆则是对象具有运动特性时，其可能的运动方向或趋势作为警兆的表征。分析警兆是预警过程中的关键环节。

（四）警　源

警源是警情产生的原因：寻找警源是追踪和研究一切与警情相关的根源。如何能够探寻到那些具有关联性、又能够在复杂关联中挖掘出具有主要的影响要素，是寻找警源的核心，也是最为困难的。

二、系统预警理论

系统科学针对的是具有复杂性多因素变化影响的问题，复杂性体现在规模大、范围大、尺度大，多因素则体现在问题多、元素多、目标多、变量多，而且元素之间关系错综复杂，系统的关联影响存在着许多不确定性、模糊性等。食品安全问题的预警即是具有这样特性的复杂体系。

（一）系统、信息与控制

1. 系　统

系统理论把研究对象作为一个整体，用系统或体系定义，侧重于描述和确定整个研究对象的总体结构、功能和行为。系统的内部是由相互作用、相互依赖的若干组成部分组合，具有特定功能和实质特性的有机整体。系统的外部是其他系统的组成。系统的内外之间是由确定的边界或范围界限来划定的。系统的划分与环境的关系示意见图 2-1。

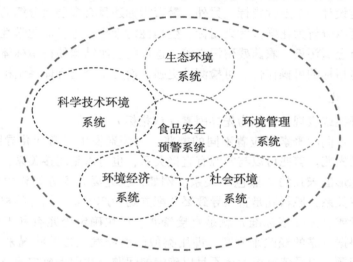

图 2-1　食品安全预警系统的边界与外界关系示意

2. 信　息

广义的信息是指数据、资料、文件等，也称为数据信息、政策信息、能量信息等。最基础的信息是原始信息。原始信息包括历史信息和即时信息，也包括实际信息和判断信息。一般由信息网（信息的收集、统计和传输）、中央信息处理系统（存储和处理从信息网传入的各种信息，进行综合、甄别和简化）和信息推断系统（对缺乏的信息进行推断，并进行征兆信息的推断）构成。

信息流是指具有实际意义、有能量且有流动指向的特定信息。信息流的流向表征出信息的传递、转移和转换，也反映出与其他信息流的相互关联性。因此，食品安全预警系统的状况、运行趋势也就是信息的特征、传递、转移和转换。

3. 控　制

控制就是约束系统的状态、行为和变动趋势，调节波动增强稳定性，使系统按预定目标运行的技术科学。控制理论指导系统的结构问题。预警控制一是技术控制，二是管理控制。技术控制的原理是通过系统的结构设计，以实现不同要求的功能和变化。关键性技术控制包括自动控制技术组织结构优化技术、检测监督技术、质量控制技术等。管理控制则是强调管理程序的指导性流向。管理控制主要包括法律规制、政策调控、HACCP 和 ISO22000 等。

（二）系统预警理论

系统论要求把事物当作一个整体或系统来研究，并用数学模型去描述和确定系统的结构和行为。系统即由相互作用和相互依赖的若干组成部分结合成的、具有特定功能的有机整体；而系统本身又是它所从属的一个更大系统的组成部分。系统论强调整体与局部、局部与局部、系统本身与外部环境之间互为依存、相互影响和制约的关系，具有目的性、动态性、有序性三大基本特征。系统信息论是研究信息传输的理论。而系统控制论则要求对于系统的非正常运行，预警控制就是实施有力度、有效果的及时干预、变轨等动作，使系统按照正常趋势或方式运行。食品安全预警系统的控制，就是根据控制的内涵意义对整个体系警源进行调整，修正警兆的程度，使得警源按照正常的要求稳定运行，也就是说，使得食品处于安全的警戒限度内（图 2-2）。

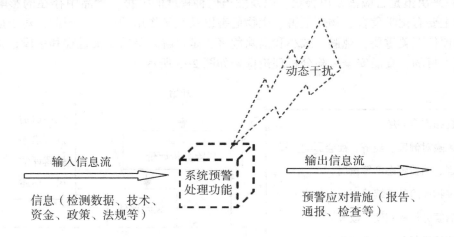

图 2-2　预警系统、信息与控制

1. 系统工程预警理论

工程是指产品的整个实现过程，其构成要素是工艺（方法和手段）、工艺流程（过程）、工装设备（人财、物）和辅助支撑（管理水平）。系统工程理论则是利用系统工程学的思想设计系统、分析系统、控制系统。食品安全预警的系统工程理论是按照工程的理念设计预警流程，以工程的工序分解系统，以工装设备对应为系统功能，从而实现对食品安全的保障所进行的预防和控制。系统的工艺流程就是实现预警的系统结构，对于同样的输入情况，不同的流程，消耗的能量不一样，需要的工装设备不一样，完成的产品即预警输出也不一样。因此，设计一个优秀的工艺流程是关键，也是预警系统的最突出之处。工艺是实现预警输出所采取的手段、方法，预警系统的工艺实质是研究适用的数据分析方法，规定具体的监测检测方法，制定有关的制度、方案等。

2. 耗散与协同预警理论

耗散最初的概念源于物理的热学研究。当一个远离平衡态的开放系统，由于许多复杂因素的影响而出现非对称的涨落现象，当达到非线性区时，在不断与外界进行物质和能量交换的条件下，系统将可能发生突变，由原来的无序混沌状态自发地转变为一种在时空或功能上的有序结构。事物的这种在非平衡状态下新的稳定有序结构就称为耗散结构。系统运行的目的恰恰类似是这种具有有序性的稳定结构，从这个意义上说，借用耗散思想探讨系统运行方向，正是系统研究需要的理念。

协同论认为自然界是由许多系统组织起来的统一体，这许多系统就称为小系统，这个统一体就是大系统。在某个大系统中的许多小系统既相互作用，又相互制约，它们的平衡结构，而且由旧的结构转变为新的结构，具有一定的规律。协同论研究的就是这个规律。

三、风险分析预警理论

在食品安全预警研究中，需要对食品安全的状况进行分析，实质上绝大多数情况也就是要对食品的风险进行评估和判断，并根据是否产生危害安全的风险以及风险的程度（警度）来决策是否应该发出警报，以及发出何种程度的警报。食品中存在的影响安全的风险主要有化学危害、物理危害、生物危害以及交叉作用的危害，因此，对于危害的识别和评估至关重要，规避、减小和消除危害，是化解风险的主要过程和手段，也是预警的根本目的。食品安全风险分析理论框架如图 2-3 所示。

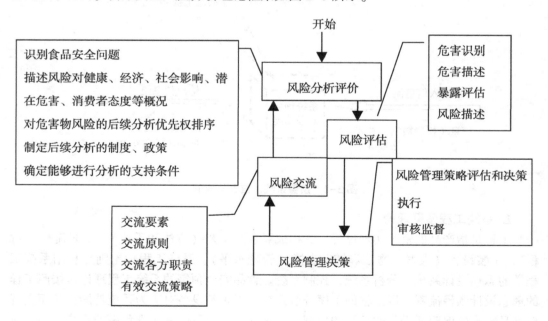

图 2-3　食品安全风险分析理论框架

四、信号预警理论

信号预警是一种预警手段，传递信息明确，易于识别和接受。信号预警的原理，就是基于信号学理论，利用信号的指挥、控制和预防的功能，通过信号变换来表征现状、控制现状和预警。

1. 信号的颜色表征

颜色简单容易辨识，利用颜色的不同来表达不同的信号，以达到不同的作用和目的。用不同颜色来区别警情的严重程度差异，就是信号的颜色预警，它也是预警研究的方法手段。实际上，信号的颜色表征适用于划分不同类型问题。

2. 信号的开关控制

信号的"有"和"无"可以起到调节作用，也就是开关作用。有信号说明系统是"开"的状态，无信号说明系统是"关"的状态。利用开关作用来判断警情问题和警源状态，反映出预警控制的思想。

3. 信号的传递特性

信号的转移和传递正是信息需要具有的特性。可以利用信号传感来表达食品安全状态特性，用信号的传递、转移和转换反映食品安全状态的变化、发展趋势的演变，从而进行警情的预测预报。

随着信息科学的发展，信号预警应用越来越广泛，如人们熟知的天气预报预警。另外，国民经济的信号预警方法，由一套赋予不同颜色的警戒性指标构成。在预警系统中有 5 种颜色信号：红色表示经济发展过热，红黄色表示经济发展略有过热，绿色表示经济发展稳定，浅蓝色表示经济在短期内转稳或有萎缩的可能，蓝色表示经济处于萎缩或萧条的状态。食品安全预警中，信号预警被认为是最重要的预警方式之一。

第三章　食品安全预警理论方法与应用

第一节　食品安全预警分析方法

食品安全预警实现预防和控制功能，需要对安全状况进行评价，通过风险分析和科学评估，对食品安全状况进行准确及时的评判，并且较好的预测安全趋势的发展变化，从而作出较为准确的预报和采取及时恰当的应对决策。实质上预警经过分析、评价、预报和应对决策过程，需要在预警理论的指导下，用合适的方法针对不同的食品安全问题进行预警。本章就是根据食品安全预警的特点，介绍基于评价分析和预测方法的预警分析方法。

从评价的角度进行预警分析时，评判遵循的依据、判别的方式方法以及决策程序就是预警评价和决策的核心思想与主要内容。由于食品本身的特殊性，例如，食品成分的多样性，食用质量的多变性，食物结构的复杂性，使得食品安全预警系统在决策方面具有特殊性和复杂性，决策直接涉及能否进行有效提前预防，或者采取及时准确的控制措施。决策要充分运用风险分析的原理，要利用食品安全的特性给出综合的解决问题方案。

评价方法中多涉及评价指标的权重问题，即根据指标的相对重要性，判断指标对预警综合效果评价的贡献大小。具体的方法可以选择定性的经验判定方法，如专家打分法、调查问卷方法等，虽然定性方法以经验、主观判定为主，受到人为因素的影响，往往会夸大或降低了某些指标的作用，致使排序的结果不能完全真实地反映事物间的真实关系，但是在对食品安全这样的新问题研究时，由于很多现象的本质以及内在的规律我们尚不清楚，因此，定性方法可以作为初始的、精确度要求较低情况下的判断方法。而且，如果采用一些综合的咨询评分的定性方法，也会在一些问题的分析时得到与实际安全状态较好吻合的判断结果。另外，对于权重的排序，还可以借助主成分分析法、层次分析法（The Analytic Hierachy Precess，简称 AHP）、模糊数学方法等，根据各指标间的相关关系或各项指标值的变动程度来确定权重，避免人为因素带来的偏差。

同样，食品安全趋势的预测是预报必须要求的基本方法，本章也就时间序列趋势预测和回归预测的预警方法，对方法本身以及应用作基本介绍。这也是本章的特点，立足于学习方法，对方法的应用部分也只是其中的例示，举一二例而不足以覆盖全部。

一、基于层次分析的预警方法

层次分析法是美国著名的运筹学专家匹兹堡大学教授 T. L. 萨坦（T. L. Saaty）1973

年提出的，是一种定性与定量相结合的评价方法，适用于综合指标的多准则评估与决策，能够解决对复杂系统的结构构建问题和对多级警兆指标的排序、筛选和权重分配问题。

对食品安全状态进行警情分析和警况评估时，由于目标评价指标的综合性和复杂性，评估时采用层次分析法分解综合指标，通过构建多层次关联结构，使复杂问题化解为具体的简单问题，同时，对于同层次的多指标，需要分析各指标的影响轻重，也就是给予指标不同的权重。利用层次分析法来构建复杂的综合指标系统结构和分配指标权重，是食品安全预警的基础分析方法之一。

（一）AHP 的基本思想

设 A 为评价目标，$v = \{v_1, v_2, \cdots, v_m\}$，为评价目标等级集，例如，目标 A = {食品安全事件危害程度评估}，根据我国相关的突发食品安全事件应急预案的设定，A 的等级集为 4 个等级 $v = \{v_1, v_2, v_3, v_4\}$，其中 $v_1 = \{特别重大食品安全事件\}$，$v_2 = \{重大食品安全事件\}$，$v_3 = \{较大食品安全事件\}$，$v_4 = \{一般食品安全事件\}$。

$u = \{u_1, u_2, \cdots, u_n\}$ 为评价因素集，共有 n 个指标。

AHP 的思路是将复杂问题 A 表示成有序简洁的递阶层次结构。通过人们的判断对评价要素的重要性作出排序，实质上也就是给各要素分配权重。多层递阶结构清晰地表达复杂系统内部各因素的关联，优先级排序有利于对复杂多要素问题作评价和决策，适用于错综复杂、难于定量问题的分析、判断和决策。

（二）AHP 方法的基本步骤

AHP 法基本步骤：一是建立多层递阶结构，二是按层次结构构造判断矩阵，三是层次单排序和一致性检验，四是层次总排序和一致性检验。

1. 建立多层递阶结构

分析评估目标及其基本要素之间的关系，利用分解法或 ISM 法等建立系统的递阶层次结构。如图 3-1 所示，其中，目标层、准则层和基础层构成一个基本的层次结构。根据具体系统的关联情况，层次递阶结构形式可以多样。

2. 按层次构造判断矩阵

构造判断矩阵的目的是将专家对问题判断的非量化评价转化为数字形式，为后续的因素排序提供数学运算的基础。各要素的重要性可以采取专家评分方法，例如，专家两两评分法。

首先，需要选定专家。聘请与食品安全相关的（与评估目标相关）专家学者、政府和职能部门有工作和管理经验的人员等，组成专家委员会，专家委员会还可以根据需要分设专家咨询研究小组。专家委员会和各咨询研究小组按照职责和工作需要开展专门的调查，或进行相关的研究，积累和丰富专业知识。因此，选定专家就是利用专家们的集体智慧，对需要评估的食品安全问题的因素提供科学、先进的咨询意见和研究报告，评价各因素并给出相对重要性差异。

其次，根据专家意见按层次构造判断矩阵。设相对上层某一准则的下层相关评价因素集为 $u = \{u_1, u_2, \cdots, u_n\}$，共有 n 个指标，专家咨询意见表如表 3-1 所示。将专家

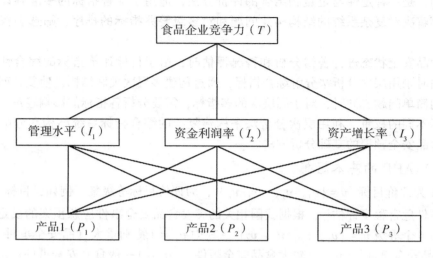

图 3-1　多层递阶结构示意

表 3-1　专家咨询意见表

A 为评价目标
$v = \{v_1, v_2, \cdots, v_m\}$ 为评价目标等集
$u = \{u_1, u_2, \cdots, u_n\}$ 为评价因素集

评价因素 u	u_1	u_2	$\cdots$	u_m u_1
u_2				
$\cdots$				
u_m				

意见表发送给有关专家，专家按照判断标度表 3-2 打分。收回专家的打分表，并将有效的多份专家意见按算数平均或几何平均汇总。根据综合后的专家意见表构造判断矩阵 T。

评价因素的判断标度表 3-2 中，u_{ij} 表示与 u_j 相比较，u_i 相对 u_j 的重要性，u_{ij} 和 u_{ji} 按表 3-2 中的标度值取值。

表 3-2　判断矩阵的标度及其含义

标度值	含　义
1	表示因素 u_i 与 u_j 具有同等重要性
3	表示因素 u_i 比 u_j 稍微重要
5	表示因素 u_i 比 u_j 明显重要
7	表示因素 u_i 比 u_j 强烈重要

（续表）

标度值	含义
9	表示因素 u_i 比 u_j 极端重要
2, 4, 6, 8	分别表示相邻判断 1~3, 3~5, 5~7, 7~9 的中值
倒　数	表示因素 u_i 与 u_j 比较得到的判断，即 $u_{ji}=1/u_{ij}$

　　例如，相对于食品企业竞争力目标层 A 而言，人力资源（u_1）、员工激励机制（u_2）、产品种类（u_3）、成本收益比（u_4）这 4 个因素比较，如果认为人力资源比员工激励机制（u_2）略显重要，则 $u_{12}=3$，反之 $u_{21}=1/3$。如果认为员工激励机制（u_2）与成本与收益比（u_4）同等重要，则 $u_{24}=u_{42}=1$。

　　对所有回收的专家意见表进行整理汇总后，得到要分析的 n 个指标要素的判断矩阵 T，当专家意见采用两两评分法时，判断矩阵 T 是 $n \times n$ 阶对称矩阵，如式 3-1 所示。

$$T = \begin{bmatrix} u_{11} & u_{12} & \cdots & u_{1n} \\ u_{21} & u_{22} & \cdots & u_{2n} \\ \vdots & \vdots & & \vdots \\ u_{n1} & u_{n2} & \cdots & u_{nn} \end{bmatrix} \tag{3-1}$$

　　多位专家意见的汇总可以采用算术平均或几何平均。例如，相对企业竞争力指标，两位专家利用两两比较法对人力资源（u_1）、员工激励机制（u_2）、产品种类（u_3）、成本收益比（u_4）这 4 个因素进行影响的重要性进行评价，两位专家的打分返回意见如表 3-3 所示，利用算术平均方法汇总后的评价情况如表 3-4 所示。

表 3-3　专家打分

专家一的打分				
T_1	人力资源（u_1）	员工激励机制（u_2）	产品种类（u_3）	成本收益比（u_4）
人力资源（u_1）	1	3	5	1
员工激励机制（u_2）	1/3	1	1	1/5
产品种类（u_3）	1/5	1	1	1/7
成本收益比（u_4）	1	5	7	1
专家二的打分				
T_2	人力资源（u_1）	员工激励机制（u_2）	产品种类（u_3）	成本收益比（u_4）
人力资源（u_1）	1	1	3	1/3
员工激励机制（u_2）	1	1	5	1/5
产品种类（u_3）	1/3	1/5	1	1/9
成本收益比（u_4）	3	5	9	1

表 3-4　算术平均后的汇总

T_1	人力资源（u_1）	员工激励机制（u_2）	产品种类（u_3）	成本收益比（u_4）
	专家一的打分			
人力资源（u_1）	1	2	4	2/3
员工激励机制（u_2）	2/3	1	3	1/5
产品种类（u_3）	4/15	3/5	1	8/63
成本收益比（u_4）	2	5	8	1

所以，判断矩阵 $T = \begin{bmatrix} u_{11} & u_{12} & \cdots & u_{1n} \\ u_{21} & u_{22} & \cdots & u_{2n} \\ \vdots & \vdots & \vdots & \vdots \\ u_{n1} & u_{n2} & \cdots & u_{nn} \end{bmatrix} = \begin{bmatrix} 1 & 2 & 4 & 2/3 \\ 2/3 & 1 & 3 & 2/5 \\ 4/15 & 3/5 & 1 & 8/63 \\ 2 & 5 & 8 & 1 \end{bmatrix}_{4 \times 4}$

3. 层次单排序及一致性检验

（1）层次单排序

单层次排序也就是求同一层各因素的权值。根据判断矩阵 T，求出最大特征根 $\lambda_{\max}$ 所对应的特征向量。所求的特征向量即为各评价因素的重要性排序，归一化后也就是权数分配，即赋权 w_i。一般情况下矩阵阶数较高时，可以用方根法、迭代法或和积法近似求得 w_i 和 $\lambda_{\max}$。

用方根法求判断矩阵 T 的最大特征值 $\lambda_{\max}$ 和权值 w_i 方根法有以下 4 个步骤。

步骤一，T 矩阵按行求积 $M_i = \prod_j u_{ij}$，即：

$$M = \begin{bmatrix} M_1 \\ M_2 \\ \vdots \\ M_n \end{bmatrix} = \begin{bmatrix} u_{11} \times u_{12} \times \cdots \times u_{1n} \\ u_{21} \times u_{22} \times \cdots \times u_{2n} \\ \vdots \\ u_{n1} \times u_{n2} \times \cdots \times u_{nn} \end{bmatrix} \tag{3-2}$$

步骤二，求 M 的 n 次方根：

$$\overline{M_i} = \sqrt[n]{M_i}，i = 1，\cdots，n，\overline{M} = [\overline{M_i}] \tag{3-3}$$

步骤三，对 $\overline{M}$ 标准化处理得权值：

$$w_i = \frac{\overline{M_i}}{\sum_i \overline{M_i}}，i = 1，\cdots，n，\sum w_i = 1 \tag{3-4}$$

步骤四，求 T 的最大特征值：

$$\lambda_{\max} = \frac{1}{n} \sum_{i=1}^{n} \frac{(Tw)_i}{w_i} \tag{3-5}$$

【例1】设判断矩阵为 $T = \begin{bmatrix} 1 & 1/5 & 1/3 \\ 5 & 1 & 3 \\ 3 & 1/3 & 1 \end{bmatrix}$，用方根法求 T 的最大特征值 $\lambda_{\max}$ 和权

值 w_i。

解：①求 T 矩阵的行元素积：

$$M = \begin{bmatrix} M_1 \\ M_2 \\ M_3 \end{bmatrix} = \begin{bmatrix} 1 \times \dfrac{1}{5} \times \dfrac{1}{3} \\ 5 \times 1 \times 3 \\ 3 \times \dfrac{1}{3} \times 1 \end{bmatrix} = \begin{bmatrix} \dfrac{1}{15} \\ 15 \\ 1 \end{bmatrix}$$

②求 M 的 3 次方根：

$$\overline{M} = \begin{bmatrix} \overline{M_1} \\ \overline{M_2} \\ \overline{M_3} \end{bmatrix} = \begin{bmatrix} \sqrt[3]{\dfrac{1}{15}} \\ \sqrt[3]{15} \\ \sqrt[3]{1} \end{bmatrix} = \begin{bmatrix} 0.406 \\ 2.466 \\ 1 \end{bmatrix}$$

③对 M 标准化得权值：

$$w = \begin{bmatrix} w_1 \\ w_2 \\ w_3 \end{bmatrix} = \begin{bmatrix} \dfrac{0.406}{0.406 + 2.466 + 1} \\ \dfrac{2.466}{0.406 + 2.466 + 1} \\ \dfrac{1}{0.406 + 2.466 + 1} \end{bmatrix} = \begin{bmatrix} 0.105 \\ 0.637 \\ 0.258 \end{bmatrix}$$

④求 T 的最大特征根：

因为 $Tw = \begin{bmatrix} 0.318 \\ 1.937 \\ 0.785 \end{bmatrix}$

所以 $\lambda_{max} = \dfrac{1}{n} \sum \dfrac{(Tw)_i}{w_i} = \dfrac{1}{3} \left(\dfrac{0.318}{0.105} + \dfrac{1.937}{0.637} + \dfrac{0.785}{0.258} \right) = 3.037$

（2）用迭代法求判断矩阵 T 的最大特征值 λ_{max} 和权值 w_i

迭代法有以下 3 个步骤。

步骤一，根据经验和研究需要设初始标准向量 $w^{(0)}$，迭代精度 $\varepsilon > 0$，迭代次数用 t 表示，初始 $t = 0$。

步骤二，迭代计算求出满足精度要求的权值 w_i。

迭代公式：

$$w^{(t+1)} = \overline{Tw^{(t)}}, \quad t = 0, \ 1, \ \cdots \tag{3-6}$$

标准化：

$$\overline{w}^{(t+1)} = \dfrac{w^{(t+1)}}{\sum w^{(t+1)}} \tag{3-7}$$

当 $\mid w_i^{(t+1)} - \overline{w_i}^{(t)} \mid \leqslant \varepsilon$，迭代终止。

步骤三，求 T 的最大特征根：

$$\lambda_{max} = \frac{1}{n} \sum_{i=1}^{n} \frac{\left[T\overline{w}^{(t+1)} \right]_i}{\overline{w}_i^{(t+1)}} \tag{3-8}$$

【例2】 设判断矩阵为 $T = \begin{bmatrix} 1 & 1/5 & 1/3 \\ 5 & 1 & 3 \\ 3 & 1/3 & 1 \end{bmatrix}$ ，用迭代法求 T 的最大特征值 λ_{max} 和权

值 w_i 。

解：取标准向量 $w^{(0)}$ 和指定的精度 ε 为：$w^{(0)} = \begin{bmatrix} 0.333 \\ 0.333 \\ 0.333 \end{bmatrix}$ ，$\varepsilon = 0.001$ 。

①迭代计算求满足精度要求的权值 w_i ：

$t=1$ 时，$w^{(1)} = Tw^{(0)} = \begin{bmatrix} 1 & 1/5 & 1/3 \\ 5 & 1 & 3 \\ 3 & 1/3 & 1 \end{bmatrix} \begin{bmatrix} 0.333 \\ 0.333 \\ 0.333 \end{bmatrix} = \begin{bmatrix} 0.511 \\ 3 \\ 1.444 \end{bmatrix}$ ，

$$\overline{w}^{(1)} = \begin{bmatrix} \dfrac{0.511}{0.511 + 3 + 1.444} \\ \dfrac{3}{0.511 + 3 + 1.444} \\ \dfrac{1.444}{0.511 + 3 + 1.444} \end{bmatrix} = \begin{bmatrix} 0.103 \\ 0.605 \\ 0.291 \end{bmatrix} ,$$

$\left| \overline{w}_i^{(1)} - w_i^{(0)} \right| > 0.001$ ；

$t=2$ 时，$w^{(2)} = T\overline{w}^{(1)} = \begin{bmatrix} 0.321 \\ 1.993 \\ 0.802 \end{bmatrix}$ ，$\overline{w}^{(2)} = \begin{bmatrix} \dfrac{0.321}{0.321 + 1.993 + 0.802} \\ \dfrac{1.993}{0.321 + 1.993 + 0.802} \\ \dfrac{0.802}{0.321 + 1.993 + 0.802} \end{bmatrix} = \begin{bmatrix} 0.103 \\ 0.640 \\ 0.257 \end{bmatrix}$ ，

$\left| \overline{w}_i^{(2)} - \overline{w}_i^{(1)} \right| > 0.001$ ；

$t=3$ 时，$w^{(3)} = \begin{bmatrix} 0.317 \\ 1.926 \\ 0.779 \end{bmatrix}$ ，$\overline{w}^{(3)} = \begin{bmatrix} 0.105 \\ 0.637 \\ 0.258 \end{bmatrix}$ ，$\left| \overline{w}_i^{(3)} - \overline{w}_i^{(2)} \right| > 0.001$ ；

$t=4$ 时，$w^{(4)} = \begin{bmatrix} 0.318 \\ 1.936 \\ 0.785 \end{bmatrix}$ ，$\overline{w}^{(4)} = \begin{bmatrix} 0.105 \\ 0.637 \\ 0.258 \end{bmatrix}$ ，$\left| \overline{w}_i^{(4)} - \overline{w}_i^{(3)} \right| < 0.001$

满足精度要求，迭代终止。

②用满足精度要求的权值分配 $w = \overline{w}^{(4)}$ ，求 T 的最大特征值：

因为 $Tw = T \begin{bmatrix} 0.105 \\ 0.637 \\ 0.258 \end{bmatrix} = \begin{bmatrix} 0.318 \\ 1.936 \\ 0.785 \end{bmatrix}$

所以 $\lambda_{max} = \dfrac{1}{n} \sum \dfrac{(T\overline{w}^{(t+1)})_i}{\overline{w}_i^{(t+1)}} = \dfrac{1}{3}\left(\dfrac{0.318}{0.105} + \dfrac{1.936}{0.637} + \dfrac{0.785}{0.258}\right) = 3.037$

（3）和积法求判断矩阵 T 的最大特征值 λ_{max} 和权值 w_i

和积法共分以下 4 个步骤：

步骤一，将 T 按列标准化并令 $\overline{T} = \overline{u}_{ij}$ ：

$$\overline{u}_{ij} = \dfrac{u_{ij}}{\sum_i u_{ij}} i,\ j = 1,\ \cdots,\ n \qquad (3-9)$$

步骤二，将 $\overline{T}$ 按行加得：

$$\overline{M}_i = \sum_j \overline{u}_{ij},\ \overline{M} = (\overline{M}_i) \qquad (3-10)$$

步骤三，对 $\overline{M}$ 标准化得权值：

$$w_i = \dfrac{\overline{M}_i}{\sum_j \overline{M}_i},\ \sum w_i = 1 \qquad (3-11)$$

步骤四，求 T 的最大特征值：

$$\lambda_{max} = \dfrac{1}{n} \sum_{i=1}^{n} \dfrac{(Tw)_i}{w_i} \qquad (3-12)$$

【例3】设判断矩阵为 $T = \begin{bmatrix} 1 & 1/5 & 1/3 \\ 5 & 1 & 3 \\ 3 & 1/3 & 1 \end{bmatrix}$ ，用和积法求 T 的最大特征值 λ_{max} 和权值 w_i 。

解：①将 T 按列进行标准化：

$$\overline{T} = \begin{bmatrix} \dfrac{1}{1+5+3} & \dfrac{\frac{1}{5}}{1+\frac{1}{5}+\frac{1}{3}} & \dfrac{\frac{1}{3}}{1+3+\frac{1}{3}} \\[3mm] \dfrac{5}{1+5+3} & \dfrac{1}{1+\frac{1}{5}+\frac{1}{3}} & \dfrac{3}{1+3+\frac{1}{3}} \\[3mm] \dfrac{3}{1+5+3} & \dfrac{\frac{1}{3}}{1+\frac{1}{5}+\frac{1}{3}} & \dfrac{1}{1+3+\frac{1}{3}} \end{bmatrix} = \begin{bmatrix} 0.111 & 0.130 & 0.077 \\ 0.556 & 0.652 & 0.692 \\ 0.333 & 0.217 & 0.231 \end{bmatrix}$$

②按行求和得：

$$\overline{M} = \begin{bmatrix} 0.111 + 0.130 + 0.077 \\ 0.556 + 0.652 + 0.692 \\ 0.333 + 0.217 + 0.231 \end{bmatrix} = \begin{bmatrix} 0.318 \\ 1.900 \\ 0.781 \end{bmatrix}$$

③标准化得权值：

$$w = \begin{bmatrix} w_1 \\ w_2 \\ w_3 \end{bmatrix} = \begin{bmatrix} \dfrac{0.318}{0.318 + 1.900 + 0.781} \\ \dfrac{1.900}{0.318 + 1.900 + 0.781} \\ \dfrac{0.781}{0.318 + 1.900 + 0.781} \end{bmatrix} = \begin{bmatrix} 0.106 \\ 0.663 \\ 0.260 \end{bmatrix}$$

④求 T 的最大特征根：

$$因为\ Tw = \begin{bmatrix} 0.319 \\ 1.943 \\ 0.789 \end{bmatrix}$$

$$所以\ \lambda_{\max} = \frac{1}{n} \sum \frac{(Tw)_i}{w_i} = \frac{1}{3} \left(\frac{0.319}{0.106} + \frac{1.943}{0.633} + \frac{0.789}{0.260} \right) = 3.037$$

（4）一致性检验

由于客观事物的复杂性或对事物认识的片面性，通过所构造的判断矩阵求出的特征向量（权值）是否合理，需要对判断矩阵进行一致性和随机性检验，检验公式为：

$$CR = \frac{CI}{RI} \tag{3-13}$$

式中，CR——判断矩阵的随机一致性比率；

$\qquad CI$——判断矩阵的一致性指标，CI 由式（3-14）计算：

$$\frac{\lambda_{\max} - n}{n - 1} \tag{3-14}$$

式中，$\lambda_{\max}$——判断矩阵 T 的最大特征值；

$\qquad n$——判断矩阵阶段；

$\qquad RI$——判断矩阵的平均随机一致性指标。

IR 由大量试验给出，对于低阶判断矩阵，RI 取值见表 3-5。对于高于 12 阶的判断矩阵，RI 需要进一步查资料或采用近似方法。

表 3-5　层次分析法的平均随机一致性指标值

判断矩阵阶数	1	2	3	4	5	6	7	8	9	10
RI	0.00	0.58	0.90	1.12	1.24	1.32	1.41	1.45	1.49	1.51

检验 $CR = \dfrac{\lambda_{\max} - n}{n - 1} \times \dfrac{1}{RI} < 0.1$ 时，认为判断矩阵具有满意的的一致性，说明权数分

配是合理的；否则，就需要调整判断矩阵，直到取到满意的一致性为止。

判断矩阵阶数 1。

例如，对于 $n=3$ 的判断矩阵 $T = \begin{pmatrix} 1 & 1/5 & 1/3 \\ 5 & 1 & 3 \\ 3 & 1/3 & 1 \end{pmatrix}$，用和积法求得 $\lambda_{max} = 3.037$，平

均随机一致性指标值查表 3-5 得 $RI = 0.90$。检验 $CR = \dfrac{\lambda_{max} - n}{n-1} \times \dfrac{1}{RI} = \dfrac{3.037-3}{3-1} \times \dfrac{1}{0.90} =$

$0.021 < 0.1$，说明判断矩阵 T 具有满意的一致性，3 个指标的权数分配 $\omega = (\omega_1, \omega_2,$ $\omega_3) = (0.106, 0.633, 0.260)$ 是合适的。上述判断矩阵以及权值、一致性检验也可如表 3-6 所示。

表 3-6 AHP 法求相对于 A 的 C 要素的权值排序及一致性检验

A	C_1	C_2	C_3	ω_{ci}	一致性检验
C_1	1	1/5	1/3	0.105	$CI = 0.019$
C_2	5	1	3	0.637	$RI = 0.90$
C_3	3	1/3	1	0.258	$CR = 0.021 < 0.1$

对于两个及以上的准则，相对上一层的准则分析下层相关因素的重要性排序，按上述标准化过程重复进行，且每次的权值排序都要进行一致性检验。当目的指标的多级递阶结构是三级及以上层数时，每一层相对上一层准则都可以按同样步骤求得权值排序和进行一致性检验。

（5）层次总排序和一致性检验

层次总排序是指三级及以上的结构时，二级及以下层次的评价要素集 $u = \{u_1,$ $u_2, \cdots, u_n\}$ 相对目标是最高层 A 的权值排序，简记为：$\omega_{ui} = \{\sum\limits_{j=1}^{k} \omega_i \omega_{cj}\}$。其中 $\omega_{cj}(j = 1, \cdots, k)$ 是准则 C 层的 j 要素权值，ω_i 是第 i 个评价因素相对准则 C 层 j 要素的权值，$\omega_{ui}(i = 1, \cdots, n)$ 是第 i 个评价因素相对最高层的总体优先级权重。

一致性检验按照 $CR = \dfrac{\sum\limits_{j} \omega_{cj} CI_j}{\sum\limits_{j} \omega_{cj} RI_j} < 0.1$ 判断，其中，CI_j 是相对 C 层第 j 个因素的单排

序一致性指标，RI_j 为对应的平均随机一致性指标。

【例 4】如图 3-2 所示，C 层相对于 A 的权值如取前例的计算为 $\omega = (\omega_1, \omega_2,$ $\omega_3) = (0.105, 0.637, 0.258)$，$P$ 层相对于 C 层的权值如表 3-7 所示。求评价要素层 ω_{ui} 的总体优先级权重。

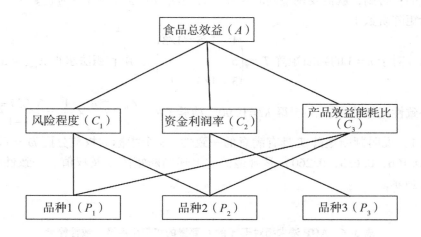

图 3-2 企业效益多层递阶结构

表 3-7 AHP 法求 C 要素相对于 A 的权值排序及一致性检验

A	C_1	C_2	C_3	ω_{ci}	一致性检验
C_1	1	1/5	1/3	0.105	$CI = 0.019$
C_2	5	1	3	0.637	$RI = 0.90$
C_3	3	1/3	1	0.258	$CR = 0.021 < 0.1$

解：由层次单排序权重得总体优先级权重如表 3-8 所示。总体优先级权重一致性检验：

与 C_1 相关的 P_1 和 P_2 的单排序检验 $CI_1 = 0$

与 C_2 相关的 P_2 和 P_3 的单排序检验 $CI_2 = 0$ 　　　所以 $CR = 0$，一致性满意。

与 C_3 相关的 P_1 和 P_3 的单排序检验 $CI_3 = 0$

表 3-8 总体优先级权重

		C_1	C_2	C_3	总体优先级权重
		ω_{c1}	ω_{c2}	ω_{c3}	
P_1	ω_1	0.75	0	0.667	$0.75 \times 0.106 + 0.667 \times 0.258 = 0.251$
P_2	ω_2	0.25	0.167	0.218	$0.25 \times 0.105 + 0.167 \times 0.637 + 0.218 \times 0.258 = 0.218$
P_3	ω_3	0	0.833	0	$0.833 \times 0.637 = 0.531$

相对而言，总体优先级给出产品 3（P）对企业效益 A 影响最大，其次是产品 1（P_1）和产品 2（P_2）。

（三）基于 AHP 的食品安全预警应用

1. 学校食物中毒事件的风险状况

设评价指标 A 为 2007 年我国学校发生食物中毒事件的风险状况，主要从化学污染风险 B_1 和生物污染风险 B_2 两方面考量。反映食物中毒状态的评价因素有 6 个，$u = \{u_1, u_2, u_3, u_4, u_5, u_6\}$，其中，中小学食物中毒事件发生率 u_1，高校食物中毒发生率 u_2，学校集体食堂食物中毒发生率 u_3，中毒事件涉及两所学校及以上的发生率 u_4，学校一次中毒事件 100 人及以上的发生率 u_5，中毒事件有死亡的发生率 u_6。则目标 $A = \{$食物中毒事件危害状况$\}$，A 的等级集为 $v_1 = \{v_1, v_2, v_3, v_4\}$，其中 $v_1 = \{$特别重大食品中毒事件$\}$，$v_2 = \{$重大食品中毒事件$\}$，$v_3 = \{$较大食品中毒事件$\}$，$v_4 = \{$一般食品中毒事件$\}$。层次结构如图 3-3 所示。

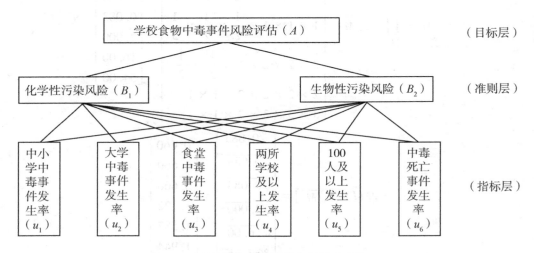

图 3-3 学校食物中毒事件多层递阶结构

专家按照判断标度对评价因素集 $u = \{u_1, u_2, u_3, u_4, u_5, u_6\}$，相对于目的指标 A 给出影响要素 B_1 和 B_2 的打分结果如表 3-9 所示。

表 3-9 专家对化学污染风险引起中毒的影响评价

B_1	u_1	u_2	u_3	u_4	u_5	u_6
u_1	1	1	1	1/2	1/2	1/3
u_2	1	1	1	1/2	1/2	1/3
u_3	1	1	1	1/2	1/2	1/3
u_4	2	2	2	1	1/2	1/2
u_5	2	2	2	2	1	1
u_6	3	3	3	2	1	1

由专家打分得到判断矩阵 T：

$$T = \begin{bmatrix} 1 & 1 & 1 & 1/2 & 1/2 & 1/3 \\ 1 & 1 & 1 & 1/2 & 1/2 & 1/3 \\ 1 & 1 & 1 & 1/2 & 1/2 & 1/3 \\ 2 & 2 & 2 & 1 & 1/2 & 1/2 \\ 2 & 2 & 2 & 2 & 1 & 1 \\ 3 & 3 & 3 & 2 & 1 & 1 \end{bmatrix}$$

按照方根法标准化步骤进行层次单排序和一致性检验：

$$M_j = \prod_j u_{ij} \quad \therefore M = \begin{bmatrix} 1 \times 1 \times 1 \times \dfrac{1}{2} \times \dfrac{1}{2} \times \dfrac{1}{3} \\ 1 \times 1 \times 1 \times \dfrac{1}{2} \times \dfrac{1}{2} \times \dfrac{1}{3} \\ 1 \times 1 \times 1 \times \dfrac{1}{2} \times \dfrac{1}{2} \times \dfrac{1}{3} \\ 2 \times 2 \times 2 \times 1 \times \dfrac{1}{2} \times \dfrac{1}{2} \\ 2 \times 2 \times 2 \times 2 \times 1 \times 1 \\ 3 \times 3 \times 3 \times 2 \times 1 \times 1 \end{bmatrix} = \begin{bmatrix} 0.083 \\ 0.083 \\ 0.083 \\ 2.000 \\ 16.00 \\ 54.00 \end{bmatrix}$$

$$\therefore \overline{M} = [\sqrt[n]{M_i}] = \begin{bmatrix} \sqrt[6]{0.083} \\ \sqrt[6]{0.083} \\ \sqrt[6]{0.083} \\ \sqrt[6]{2.000} \\ \sqrt[6]{16.00} \\ \sqrt[6]{54.00} \end{bmatrix} = \begin{bmatrix} 0.660 \\ 0.660 \\ 0.660 \\ 1.122 \\ 1.587 \\ 1.944 \end{bmatrix}$$

所以，权值 $\omega_i = \dfrac{\overline{M_i}}{\sum\limits_i \overline{M_i}} = \begin{bmatrix} 0.100 \\ 0.100 \\ 0.100 \\ 0.168 \\ 0.239 \\ 0.293 \end{bmatrix} \quad \therefore T_\omega = T \begin{bmatrix} 0.100 \\ 0.100 \\ 0.100 \\ 0.168 \\ 0.239 \\ 0.293 \end{bmatrix} = \begin{bmatrix} 0.601 \\ 0.601 \\ 0.601 \\ 1.034 \\ 1.468 \\ 1.768 \end{bmatrix}$

所以，$\lambda_{\max} = \dfrac{1}{n} \sum\limits_{i=1}^{n} \dfrac{(T\omega)_i}{\omega_i} = \dfrac{1}{6}\left(\dfrac{0.601}{0.1} + \dfrac{0.601}{0.1} + \dfrac{0.601}{0.1} + \dfrac{1.034}{0.168} + \dfrac{1.468}{0.239} + \dfrac{1.768}{0.293} \right)$
$= 6.060$

由 $n=6$，查表 3-5 得 $RI = 1.32$，$CR = \dfrac{\lambda_{\max} - n}{n - 1} \times \dfrac{1}{RI} = \dfrac{6.06 - 6}{6 - 1} \times \dfrac{1}{1.32} = 0.009 <$

0.1，满足一致性建议。所以，相对于化学性污染风险 B_1，所有影响因素的重要性权值排序确定为：

$\omega_i = [\omega_1, \omega_2, \omega_3, \omega_4, \omega_5, \omega_6] = [0.1, 0.1, 0.1, 0.168, 0.2391, 0.293]$。

同理，$u = \{u_1, u_2, u_3, u_4, u_5, u_6\}$ 相对于 B_2 的权值顺序及一致性检验如表 3-10 所示，相对于目的指标 A 层，B_1 和 B_2 的权值排序及一致性检验如表 3-11 所示，层次总排序和一致性检验如表 3-12 所示。

表 3-10　专家按判断标度对因素造成生物性污染风险 B_2 引起中毒的影响评价

B_1	u_1	u_2	u_3	u_4	u_5	u_6	$\omega_i(\sum \omega_i = 1)$	$T\omega$	一致性检验
u_1	1	1	1	1/2	1/2	1/3	0.183	1.202	
u_2	1	1	1	1/2	1/2	1/3	0.183	1.203	$\lambda_{max} = 6.434$
u_3	1	1	1	1/2	1/2	1/3	0.121	0.772	$CI = 0.087$
u_4	2	2	2	1	1/2	1/2	0.130	0.817	$RI = 1.32$
u_5	2	2	2	2	1	1	0.163	1.030	$CR = 0.066 < 0.1$
u_6	3	3	3	2	1	1	0.220	1.425	

表 3-11　B_1 和 B_2 相对于 A 的权值排序及一致性检验

A	B_1	B_2	$\omega_i(\sum \omega_i = 1)$	$T\omega$	一致性检验
B_1	1	2	0.667	1.333	$\lambda_{max} = 2.001$
B_2	1/2	1	0.333	0.667	$RI = 0.058$ $CR = 0.002 < 0.1$

表 3-12　层次总排序及一致性检验

		B_1 $\omega_{B1} = 0.667$	B_2 $\omega_{B2} = 0.333$	总体优先级权值 $\omega_{ui} = \{\sum_{j=1}^{k} \omega_i \omega_{cj}\} \sum \omega_{ui} = 1$
u_1	ω_{u1}	0.100	0.183	$0.1 \times 0.667 + 0.183 \times 0.333 = 0.128$
u_2	ω_{u2}	0.100	0.183	$0.1 \times 0.667 + 0.183 \times 0.333 = 0.128$
u_3	ω_{u3}	0.100	0.121	$0.1 \times 0.667 + 0.121 \times 0.333 = 0.106$
u_4	ω_{u4}	0.168	0.130	$0.168 \times 0.667 + 0.13 \times 0.333 = 0.155$
u_5	ω_{u5}	0.239	0.163	$0.239 \times 0.667 + 0.163 \times 0.333 = 0.214$
u_6	ω_{u6}	0.293	0.220	$0.293 \times 0.667 + 0.22 \times 0.333 = 0.269$
	CI	0.012	0.087	$\sum_j \omega_{cj} CI_j = 0.012 \times 0.667 + 0.087 \times 0.333 = 0.037$
	RI	1.32	1.32	$\sum_j \omega_{cj} RI_j = 1.32 \times 0.667 + 1.32 \times 0.333 = 1.32$
	一致性检验			$CR = \dfrac{\sum_j \omega_{cj} CI_j}{\sum_j \omega_{cj} RI_j} = 0.028 < 0.1$

根据总排序可见，引起学校食物中毒风险最大的是中毒死亡，其次是 100 人以上的中毒和两所学校以外的传播。因此，防止学校中毒事件的发生，主要是防止风险最大的中毒死亡事件发生，其次则是发生多人中毒事件或中毒事件有向社会扩散的不安全问题。一旦发生这些大的风险，学校的食品安全问题就非常严重了。

2. 有机葡萄酒质量安全评价体系的构建

影响有机葡萄酒认证的因素主要体现在种植、加工、生产经营管理和社会因素 4 个环节中，其中种植收获环节包括农药化肥使用、土壤质量、环境（水及空气）、贮藏运输；加工环节包括转基因微生物、加工设备、加工工艺；生产经营管理环节包括质量手册、标签、档案管理、操作人员、认证、可追溯体系；社会因素包括生产者诚信、市场奖惩制度、消费者认知。层次结构如图 3-4 所示。

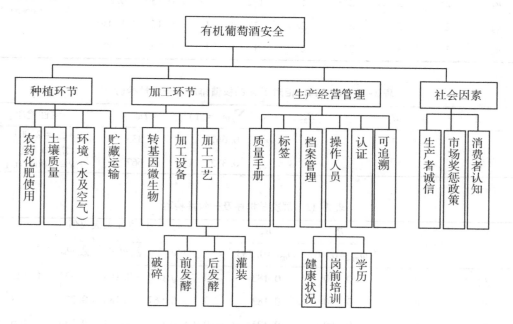

图 3-4　有机葡萄酒质量安全影响因素的层次结构

根据影响因素层次结构图，得到与之对应的问卷，邀请来自葡萄酒生产、加工、品评等相关领域的专家进行打分。确定各因素之间的相对重要性并赋以相应的分值，构造出各层次中的所有判断矩阵。对收集到的 13 份问卷进行一致性检验和处理后，对每一层各因素进行层次分析处理，通过 AHP 分析软件计算出一级、二级、三级指标的权重，进而分析影响有机葡萄酒认证全过程风险大小。

由计算出的层次总排序权重可以排出各因素与有机葡萄酒质量安全相关程度的次序。见表 3-13。由表 3-13 可知，在一级指标中，种植环境占比 0.528 1，排在第一位，社会因素与加工环节均占比 0.210 0，并列第二位，生产经营管理占比 0.051 9，排在第四位。在二级指标中，排名前 5 位的分别是土壤质量、环境质量转基因微生物、生产者诚信和化肥农药使用，前 4 位的占比均超过 0.1，排名第一位的土壤质量所占权重更是达到了 0.242 3。

表 3-13　三级指标与有机葡萄酒认证的相关程度

目标及一级指标 （权重/次序）	二级指标 （权重/次序）	三级指标 （权重/次序）
目标 A　有机葡萄酒安全		
B_1：种植环境 （0.528 1/1）	C_{11}：化肥农药使用（0.086 6/5）	
	C_{12}：土壤质量（0.242 3/1）	
	C_{13}：环境质量（0.171 9/2）	
	C_{14}：贮藏运输（0.027 3/9）	
B_2：加工环节 （0.210 0/2）	C_{21}：转基因微生物（0.128 8/3）	
	C_{22}：加工设备（0.043 8/7）	
	C_{23}：贮藏运输（0.018 7/10）	
	C_{24}：加工工艺（0.018 7/10）	C_{241}：破碎（0.001 8/4）
		C_{242}：前发酵（0.003 7/3）
		C_{243}：后发酵（0.008 4/1）
		C_{244}：灌装（0.004 8/2）
一级指标 B_3：生产经营管理 （0.051 9/4）	C_{31}：质量手册（0.004 8/15）	
	C_{32}：标签（0.012 8/13）	
	C_{33}：档案管理（0.002 4/17）	
	C_{34}：操作人员（0.004 4/16）	C_{341}：健康状况（0.001 4/2）
		C_{342}：岗前培训（0.002 2/1）
		C_{343}：学历（0.000 9/3）
	C_{35}：认证（0.017 4/12）	
	C_{36}：可追溯（0.010 1/14）	
B_4：社会因素 （0.210 0/2）	C_{41}：生产者诚信（0.124 7/4）	
	C_{42}：市场奖惩政策（0.033 0/8）	
	C_{43}：消费者认知（0.052 4/6）	

利用层次分析法求得各因素对有机葡萄酒认证的影响权重，对引导有机葡萄酒稳健发展具有指导意义。对于有机葡萄酒生产商而言，有助于其更合理地分配人力与财力，使有机葡萄酒生产工作达到最优水平，确保有机葡萄酒安全；对于认证机构而言，可以有重点地指导待认证企业，不仅要考量有机葡萄酒生产企业在整个生产环节中是否符合有机食品标准，还要考量生产企业的诚信问题；对于消费者而言，消费者不仅仅是有机葡萄酒的购买者，如果消费者能够对有机葡萄酒有正确的认识，还能够成为有机葡萄酒

行业发展的促进者。由层次分析表的分析结果可见，土壤质量与环境质量是影响有机葡萄酒安全最主要的因素，体现在有机葡萄酒的生产过程中，源头把控至关重要。生产者诚信对于有机葡萄酒的安全非常重要，不使用农药化肥，不使用转基因微生物，也是生产者诚信的一种表现。葡萄酒生产企业应该牢记"诚信"二字，认证机构需要重点考察企业的诚信问题。另外，消费者的认知对有机葡萄酒安全会产生影响。因此，对消费者进行相关的有机食品教育，让消费者了解有机食品非常重要。

二、基于模糊数学的食品安全预警方法

模糊数学分析是对难以量化的综合指标进行模糊评价的方法，适合于指标具有很高程度的模糊性、评价和判断属于分类聚合特性的问题研究。

在食品安全预警的分析中，由于食品安全的状况往往不是一个具体的绝对数值恰好可以表征的，而是一些具有一定程度的模糊归类结论。例如，食品安全事件应急预案中对事件严重程度的评判，用一个具体的数值定义事件的严重性的话，如定义死亡多少人，实际上发生的情况不一定恰好是这个数值，在这个定量值的附近区域的情况更容易出现，因此，食品安全事件的严重性无法定量描述。同样，食品受到的污染、食物的安全风险等类问题也都是如此。设计模糊分类等级，给出一个适当的范围，则食品安全问题的预警才具有实际分析价值。如食品安全事件按照事件的危害程度、扩散性、社会影响和应急处置所需调动的资源力量等，综合评判事件属于的等级。另外，食品安全预警研究的评价指标本身，往往也是一些模糊概念的指标。例如，食品受到的危害物污染，由于不同危害物的污染程度差异较大，难以找到一个分明的界限定义，需要将污染程度模糊化。食品安全的风险同样也是很难有一个具体的量化指标，而只能用"风险大（小）"或"污染的程度严重（轻微）"等的模糊语言描述的指标。在检验农药、兽药的残留时，也是用模糊指标来表征程度的差异。食品添加剂对禁用的工业用料不得检出，这种"有"和"无"也是模糊语言的判定等。所以，对于食品安全风险评估、状态评价或预警方案的选择等食品安全预警研究和分析，适用模糊综合评价法。

另外，把层次分析法和模糊数学法结合起来研究预警问题，有利于合理分配指标的权重，因而也会提高模糊评价结果的准确性。

（一）模糊评价的隶属特性

模糊综合评价过程首先需要将研究问题的模糊语言用模糊变量表示。例如，水污染对食品安全的风险表示为模糊变量 A，模糊集合 $A = \{Q\}$。然后建立隶属函数：

$$y = \mu_A(x) \tag{3-15}$$

根据模糊合成运算分析因素 x 隶属模糊集合 A 的等级为 y，$y \in [0, 1]$ 程度。例如，检测水中某种病毒 x_i 属于水污染风险集合 A 的程度 $y = 0.55$，表明这种病毒有 0.55 的致水污染的程度，同时还有 0.45 不会对水造成污染。

隶属函数的建立，使得模糊问题的定性研究和讨论转换为简单的定量的数学运算，这里介绍两种基本的建立隶属函数的方法。

1. 表格法

利用专家综合打分法获得 x 隶属于 A 的程度 y 的表格，如表 3-14 所示。

表 3-14　专家打分的隶属函数表格

	A_1	A_2	...	A_P
x_1				
...				
x_m				

例如：10 位专家给出的某种有机物毒性的评价结果如表 3-15 所示，其中，$x_1 < x_2 < x_3$。由表中打分数据得到 x 属于 A 的关系，也称为表格关系。

表 3-15　专家打分汇总表

数值范围	高风险 A_1	中等风险 A_2	低风险 A_3	无风险 A_4	Σ 人数
x_1	0	0	8	2	10
x_2	0	3	6	1	10
x_3	2	7	1	0	10

2. 递减递增函数法

如果 x 的变化趋势具有单向递增时，隶属函数表示为：

$$y = \mu_A(x) = \frac{x - \min}{\max - \min} \tag{3-16}$$

x 单向递减时，隶属函数表示为：

$$y = \mu_A(x) = \frac{\min - x}{\max - \min} \tag{3-17}$$

例如，某种添加剂 x 的毒性程度随添加的量增加而增强，最大添加限度值为 $\max = 0.03$，最小添加量为 0。当 $x = 0.008$ 时隶属度为 $y = \mu_A(x) = \dfrac{0.008 - 0}{0.03 - 0} = 0.27$。

（二）模糊评价的基本步骤

1. 基本步骤

一般而言，模糊评价过程具有以下 8 个基本步骤。

步骤一，确定评价目标 $A = \{A_1, A_2, \cdots, A_n\}$。

步骤二，设计评价目标的等级集 $v = \{v_1, v_2, \cdots, v_k\}$。

步骤三，确定评价要素（指标）集合 $x = \{x_1, x_2, \cdots, x_m\}$。

步骤四，确定要素权重 $w = \{w_1, w_2, \cdots, w_m\}$，$\sum w_i = 1$。

步骤五，建立隶属函数 $y = \mu_A(x)$。

步骤六，建立隶属度矩阵 T。

步骤七，模糊矩阵合成运算得到求属度向量。

步骤八，根据最大隶属度原则作出综合评价结果。

2. 步骤的有关说明

①关于评价目标集 $A = \{A_1, A_2, \cdots, A_n\}$，评价目标可以是一个综合指标，也可以是一个评价指标的集合。例如，我们进行水体中有机物对食品安全状况的影响分析时，可以特指某种水，如长江水域某段，或淮河水域，也可以将要研究的两种及以上水源作为一个集合来研究，如淮河中段水体中有机物对食品安全状况的影响 A 的集合为江苏段 A_1，安徽段 A_2，河南段 A_3。

②评价目标的等级，是进行模糊选择或评价的结果，需要根据科学性、可操作性规范设计等级分类的数量，过少或过多都不利于预警问题的分析。例如，我国《国家重大食品安全事件应急预案》规定事件分为 4 个等级，从Ⅰ级至Ⅳ级分别表示事件的严重程度逐渐降低，所以，$v_1 = \{v_1, v_2, v_3, v_4\} = \{$Ⅰ级，Ⅱ级，Ⅲ级，Ⅳ级$\}$。

③关于评价指标集合 $x = \{x_1, x_2, \cdots, x_m\}$，实质是建立相对于 A 的指标系统。指标的选择原则参考有关章节内容或相关参考文献。

④权重的分配要求归一处理，即满足 $\sum w_i = 1$。当要素中存在限量指标或禁用指标时，考虑权重的加权。

⑤模糊矩阵的合成运算，需要根据预警研究的问题特点选择模糊运算模型。例如在食品安全状态监测分析中，采用加权平均型模型 $M(\times, \oplus)$ 计算。

⑥隶属度向量是指某一评价目标 v_i 的等级评定结果，记作 $R_i = \{r_{i1}, r_{i2}, \cdots, r_{in}\}$，$i = 1, \cdots, m$，且 $\sum r_{in} = 1$，否则就要做归一化处理。例如，$R_i = \{0.5, 0.3, 0.2, 0.1\}$，则归一处理为：

$$r = \{\frac{0.5}{1.1}, \frac{0.3}{1.1}, \frac{0.2}{1.1}, \frac{0.1}{1.1}\} = \{0.46, 0.27, 0.18, 0.09\}$$

⑦最大隶属度原则，就是选取隶属度向量中最大数值所在的等级为评价结果即 $r = \max\{r_{i1}, r_{i2}, \cdots, r_{in}\}$。例如，模糊合成运算的结果表明 x 属于 A 的等级的程度差异 $r = \{0.46, 0.27, 0.18, 0.09\}$，即 x 属于 v_1 的程度为 46%，属于 v_2 的程度为 27%，属于 v_3 的程度为 18%，属于 v_4 的程度为 9%。最大隶属度为 0.46，所以评价结果选择

注：①模糊矩阵合成运算有 3 种模型，计算中常用"。"表示模型的算子。主因数决定型模型为 $M(\wedge, \vee)$，其中，"$\wedge$"为取两个数中的小者运算，"$\vee$"为取两个数中的大者运算，例如，$B。R = (1, 2)。(\frac{3}{4}) = (1 \wedge 3) \vee (2 \wedge 4) = 1 \vee 2 = 2$。主因数突出型模型为 $M(\times, \vee)$，其中，"$\times$"为两个数的乘法运算，"$\vee$"为取两个数中的大者运算，例如：$B。R = (1, 2)。(\frac{3}{4}) = (1 \times 3) \vee (2 \times 4) = 3 \vee 8 = 8$。加权平均型模型为 $M(\times, \oplus)$，其中，"$\times$"为两个数的乘法运算，"$\oplus$"表示有界和，a 和 b 两个数按 $a \oplus b = \min\{a+b, 1\}$，例如：$B。R = (1, 2)。(\frac{3}{4}) = (1 \times 3) \oplus (2 \times 4) = 3 \oplus 8 = \min(3+8, 1) = 1$。

v_1 等级。

按照最大隶属度原则选择评价结果时，如果隶属度向量中存在两个相同的最大值，无法确定结果时，可以改变模糊合成运算模型。如果 3 个模型选择后仍然不能区分，则需要更改权重值重新进行尝试。如果还不行，则需要更改专家或增加专家数量，再打分重新计算隶属度矩阵。

3. 模糊评价的定量表达

根据模糊评价 x 属于 A 的等级结果为 $r = \max\{r_{i1}, r_{i2}, \cdots, r_{in}\}$，隶属于某个等级的模糊评价结果是一种定性表述，当我们需要用定量方式时，可以将所划分的等级用连续的数值表示，进行转换即可。如上例 $r = \{0.46, 0.27, 0.18, 0.09\}$，我们可以将 4 个等级用对应的连续数 100 表示，如表 3-16 所示。

表 3-16 模糊等级与数值对应

评价等级	v_1	v_2	v_3	v_4
数 值	100	85	70	55

即有：$0.46 \times 100 + 0.27 \times 85 + 0.18 \times 70 + 0.09 \times 55 = 86.5$，说明综合评价得分为 86.5。因此，模糊评价结果定量表示为 86.5。

实际上模糊评价的等级表示既可以准确反映评价问题，又容易被人们所理解，因此，等级表示有其独特的优势，并非一定要用数值表示。

（三）基于模糊数学的食品安全风险评估

首先根据所研究的食品安全风险的形成原因和影响因素进行分析，在此基础上对所研究的对象是否存在安全风险进行监测，如果已经产生风险，则确定风险的大小，从而做出解决风险控制风险的对策。例如，在亚洲为主的区域近年爆发的禽流感疫情，不仅造成疫区的重大经济损失，而且由于 A/H5N1 的高致病性和人间感染高死亡率，对禽流感病毒的风险预警不仅是食品安全问题，也是国际公关安全问题。为了建立禽蛋类预防禽流感的食品安全预警系统，以我国主要禽蛋类生产基地和养殖专业户为监测对象，监测并检测可能感染禽流感病毒的风险，评估分析采用模糊数学方法。具体分析举例说明如下。

①设禽蛋类食品安全指数为 A，A 的主要考察场所是人工饲养鸡、鸭、鹅的基地，规模无论大小，包括专业养殖户，所以 $A = \{A_1, A_2, \cdots, A_n\}$ 中的 n 根据样本量确定。

②禽蛋类食品安全指数 A 选择 5 个等级，分别为安全，即无风险；方圆 10km 以内有不明原因的禽类死亡，有可能产生危害，值得关注，为较低风险；方圆 10km 以内有不明原因家禽死亡，而且死亡数量超过 10 只，需要加强监测，为低风险；方圆 3km 以内有不明原因家禽死亡，而且死亡数量超过 10 只，为中等风险；发现 A/H5N1 致病菌，为高风险。分别表示为 $v = \{v_1, v_2, v_3, v_4, v_5\} = \{$高风险，中等风险，低风险，较低风险，安全$\}$。

③根据已有的禽流感疫情发生状况的研究成果，确定影响指标为：考察的禽类接种过流感疫苗 x_1，家禽的养殖人员与病禽有接触史 x_2，养殖的家禽与病禽有关联史 x_3，家禽的养殖人员与死禽有接触史 x_4，家禽与死禽有关联 x_5，饲料来源同样 x_6，水源有关联 x_7，检出 A/H5N1 为 x_8，其他 x_9。使禽蛋类产生禽流感风险的影响因素集为 $x = \{x_1, x_2, x_3, x_4, x_5, x_6, x_7, x_8, x_9\}$。

④确定 9 个因素对禽流感风险影响的权重。对于高流感疫情的传播、高致病性、A/H5N1 的高致死率、人间传播等特性，虽然人们还没有完全掌握和控制，但是，近年来在 WHO 指导下和疫情发生国家的努力下，人们已经大致了解了禽流感的一些主要的传播感染途径，也在疫苗的研制和应用方面不断取得进展和有效的应用。因此，根据已经获得的经验和防止措施效果评估，我们对考虑的 9 个影响因素的权重采用专家打分法得到。专家打分汇总结果为：

$$w = \{w_1, w_2, \cdots, w_9\} = \{0.005, 0.01, 0.02, 0.1, 0.2, 0.01, 0.05, 0.6, 0.005\}, \sum_{i=1}^{9} w_i = 1$$

⑤建立隶属函数 $y = \mu_A(x)$。对于样本 A 受到的禽流感风险评估，根据监测的 9 个影响因素的检测结果来判定，隶属函数仍然采用专家意见。如对于疫情内某养殖户（样本）的检测结果如表 3-17 所示，专家分析意见的汇总结果如表 3-17 和表 3-18 所示（注：这里关于等级的设计和影响因素的确定只是为了说明模糊数学方法的分析应用，所以，与我国在禽流感风险评估的实际设置会有出入）。

表 3-17　某养殖户的检测结果

项　目	养殖户 A_1		养殖户 A_2	
	养的鸡 A_{11}	养的鸭 A_{12}	养的鸡 A_{21}	养的鸭 A_{22}
接种疫苗 x_1	未接种	未接种	接种	接种
养殖人员与病禽接触 x_2	有	有	有	有
家禽与病禽接触 x_3	有	无	有	有
养殖人员与死禽接触 x_4	有	有	无	无
家禽与死禽接触 x_5	有	无	无	无
饲料 x_6	同一来源	同一来源	同一来源	同一来源
水源 x_7	相同	相同	相同	相同
A/H5N1 x_8	未检出	未检出	未检出	未检出
其他 x_9	养殖场所定时消毒；养殖人员定期体检并按卫生管理防护			

表 3-18　20 位专家对养殖户 A_1 和 A_2 的风险评估意见结果汇总

影响因素	高风险		中等风险		低风险		较低风险		安全		$\sum$ 人数
	A_1	A_2	A_1	A_2	A_1	A_2	A_1	A_2	A_1	A_2	
x_1	8	0	12	0	0	0	0	7	0	13	20
x_2	0	0	0	0	0	0	18	16	2	4	20
x_3	0	0	0	0	3	0	17	6	0	14	20
x_4	0	0	1	0	5	0	12	0	2	20	20
x_5	5	0	4	0	11	0	0	2	0	18	20
x_6	0	0	0	0	0	0	18	0	2	20	20
x_7	0	0	0	0	0	0	18	10	2	10	20
x_8	0	0	0	0	0	0	15	14	5	6	20
x_9	0	0	0	0	17	0	3	3	0	17	20

⑥由专家意见表得隶属度矩阵：

$$A_1 \text{ 隶属度矩阵 } T_1 = \begin{bmatrix} 8 & 12 & 0 & 0 & 0 \\ 0 & 0 & 0 & 18 & 2 \\ 0 & 0 & 3 & 17 & 0 \\ 0 & 1 & 5 & 12 & 2 \\ 5 & 4 & 11 & 0 & 0 \\ 0 & 0 & 0 & 18 & 2 \\ 0 & 0 & 0 & 18 & 2 \\ 0 & 0 & 0 & 15 & 5 \\ 0 & 0 & 17 & 3 & 0 \end{bmatrix} = \begin{bmatrix} 0.4 & 0.6 & 0 & 0 & 0 \\ 0 & 0 & 0 & 0.9 & 0.1 \\ 0 & 0 & 0.05 & 0.85 & 0 \\ 0 & 0.05 & 0.25 & 0.6 & 0.1 \\ 0.25 & 0.2 & 0.55 & 0 & 0 \\ 0 & 0 & 0 & 0.9 & 0.1 \\ 0 & 0 & 0 & 0.9 & 0.1 \\ 0 & 0 & 0 & 0.75 & 0.25 \\ 0 & 0 & 0.85 & 0.15 & 0 \end{bmatrix}$$

$$A_2 \text{ 隶属度矩阵 } T_2 = \begin{bmatrix} 0 & 0 & 0 & 7 & 13 \\ 0 & 0 & 0 & 16 & 4 \\ 0 & 0 & 0 & 6 & 14 \\ 0 & 0 & 0 & 0 & 20 \\ 0 & 0 & 0 & 2 & 18 \\ 0 & 0 & 0 & 0 & 20 \\ 0 & 0 & 0 & 10 & 10 \\ 0 & 0 & 0 & 14 & 6 \\ 0 & 0 & 0 & 17 & 3 \end{bmatrix} = \begin{bmatrix} 0 & 0 & 0 & 0.35 & 0.65 \\ 0 & 0 & 0 & 0.8 & 0.2 \\ 0 & 0 & 0 & 0.3 & 0.7 \\ 0 & 0 & 0 & 0 & 1 \\ 0 & 0 & 0 & 0.1 & 0.9 \\ 0 & 0 & 0 & 0 & 1 \\ 0 & 0 & 0 & 0.5 & 0.5 \\ 0 & 0 & 0 & 0.7 & 0.3 \\ 0 & 0 & 0 & 0.85 & 0.15 \end{bmatrix}$$

⑦模糊矩阵合成运算选择加权平均型模型 $M(\times, \oplus)$，即：

$w_0 T_1 = \begin{bmatrix} 0.005 & 0.01 & 0.02 & 0.10 & 0.20 & 0.01 & 0.05 & 0.60 & 0.005 \end{bmatrix}$

$T_1 = \begin{bmatrix} 0.052 & 0.048 & 0.142 & 0.593 & 0.167 \end{bmatrix}$

$w_0 T_2 = \begin{bmatrix} 0.005 & 0.01 & 0.02 & 0.10 & 0.20 & 0.01 & 0.05 & 0.60 & 0.005 \end{bmatrix}$

$T_2 = \begin{bmatrix} 0.000 & 0.000 & 0.000 & 0.485 & 0.515 \end{bmatrix}$

归一化处理得 $r_1 = \begin{bmatrix} 0.052 & 0.048 & 0.142 & 0.592 & 0.1671 \end{bmatrix}$，$r_2 = \begin{bmatrix} 0.000 & 0.000 & 0.000 & 0.485 & 0.515 \end{bmatrix}$

⑧根据最大隶属度原则，养殖户 A_1 具有较低风险等级（可能性为 59.2%），养殖户 A_2 无风险（可能性为 51.5%）。虽然被监测对象处于疫区，由于没有实际监测到 A/H5N1 病毒，所以禽流感疫情的风险较小，只要后续采取措施及时得当，例如立即注射疫苗，防止水、土等污染，严禁人员和家禽与死禽的接触等，则可以避免受到疫情危害。如果养殖户 A 检测到 A/H5N1 病毒，则所有专家的评估意见都是 x_8 为高风险状态，模糊评价结果重新计算得 $r_1' = \begin{bmatrix} 0.651 & 0.048 & 0.142 & 0.143 & 0.017 \end{bmatrix}$，因此，该养殖户为高风险等级，与实际情况吻合，分析有效。必须立即隔离、灭杀所有家禽，人员进行防疫治疗等措施。

实际上，还可以进一步对养殖地（户）的养殖品种进行风险评估。只要监测点也就是样本选择合适，疫区也好，非疫区也好，预防和控制的对策依据都可以按照类似的风险评估方式确定。当样本量足够多，评价指标更丰富时，借助于计算机可以实现快速评判和决策。

三、基于神经网络的食品安全预警方法

神经网络（Artificial Neural Networks，简称 ANN）最早见于人体神经学，是生物医学的专用名词，然而随着计算机科学技术的高速发展，人工神经网络理论被扩散延伸到其他学科，在各个前沿研究领域取得了成功的应用。

在食品安全预警研究中，对安全状态的评价采用专家意见时，实际上难于避免专家个人的主观性和专业局限性，专家的样本个数也存在着统计学上的不满足性，加之评价分析的时机选择等不确定性的扰动，所以评判结果的准确程度可能会受到影响。尽管层次分析方法和模糊分析方法各自具有独特的优点，但是方法本身无法克服这些不足之处。

神经网络方法以人的大脑生理变化过程和模仿大脑的结构和功能为基础，具有较强的非线性函数通近能力，自适应组织能力、自学习能力和出色的容错能力，善于对大量的统计资料进行分析，提炼归纳出内在蕴含的客观规律，适合于处理模糊的、非线性的、含有噪声干扰及模式模糊的问题。从模式识别的角度看，食品安全预警属于模式分类过程。从警源→警兆→警情→警度的逻辑关系来看，实际上是指标函数逼近的过程，或者说，食品安全预警分析的实质，是由要素向综合目标非线性逼近的映射问题。所以，利用人工神经网络方法能够实现食品安全预警的建模问题。

（一）神经网络特点

神经网络具有以下 3 个显著特点。

①人工神经网络结构的非线性动力学特性，有利于解决多指标非线性的复杂系统问题。

②神经网络具有较强的自组织、自学习能力，通过有导师的学习训练，可以很好地记忆有关的知识，并在无导师的情况下，通过自学习能力记忆和组织，能够将有关情况

进行关联分析和表达。因此，若以高水平专家的意见、观点和分析结果作为训练样本，则神经网络在学习训练后建立的模型就等同于高水平的专家。即使专家数量有限时，这样的学习训练依然能够保证结果的准确率。神经网络具有知识存储简化和运行效率高的特点。

③神经网络良好的容错性和稳定性，在网络运行过程出现微小偏差或部分错误时，神经网络系统依然能够及时识别、调整，而不会出现"跳闸"现象或"漏检"信息，依然能够得到较好的预测或评价效果。

同时，神经网络技术在应用中还具有强大的数据处理能力，在处理随机性、非线性数据，多输入、多输出系统等方面具有一定的优越性。目前，食品安全的影响原因和变化机理在很多情况下还是模糊的，神经网络无须建立确定的数学模型，而只需把已有的数据交给网络，这对于解决食品安全预警问题是很有利的。应用于预测分析时，还可以通过预测期的调整来发现预测对象的波动规律性，在食品安全预警的预测预报特性上，具有这样的支持条件无疑会增加预测和控制过程的稳定性和准确度。

（二）BP 网络结构

目前，在多种神经网络模型中应用最为广泛和成功的是 BP 网络模型，它是一种由输入层、输出层以及若干隐含层节点互相连接而成的一种多层次逆向学习的网络，如图 3-5 所示的是一个典型的 3 层 BP 网络模型。BP 网络结构中，每个神经节点也是信息处理元，结构中同层的各神经元之间没有任何连接，相互独立，相邻层的各神经元之间完全连接。当信息流由输入层依次经中间隐含层流向输出层时，称为正向流动。如果信息流由输出层向输入层反向流动，则称为逆向流动或向前流动。无论是正向流动还是逆向流动，所有的流动只能一层层递进，而不能跨越。

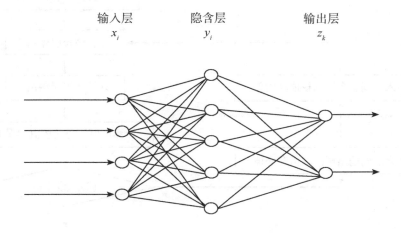

图 3-5 BP 网络模型

BP 网络运行时，不同层之间节点信息的接收强弱是由层之间关联节点的传递函数权值以及神经元节点阈值确定。

在正向流动传递信息的学习过程中，输入信息首先激活层之间的传递函数，并根据权值和层上节点阈值单向传递到中间层的各神经元。一般每个神经元都有一个可变阈值，每一层神经元的状态只影响下一层神经元的状态，以此类推，最后在输出层得到输出节点信息。如果输出层得不到期望的输出，则转入逆向传递过程，将误差信号沿原来的连接通道由输出层经隐含层向输入层返回，通过修正各层神经元的权值和阈值，使得误差最小。通过正向传递和逆向修正的多次循环，最终实现计算输出逼近理想的期望输出，且逼近的误差满足精度要求，完成学习建模任务。

BP 网络的结构是具有非线性动力学特性的系统，BP 网络极强的建模功能和解决实际问题的能力，成为食品安全预警研究中作为 ANN 建模的基本网络而被优先选用。

（三）BP 网络学习算法

根据 BP 算法的基本思想，神经网络通过对已知信息的反复学习训练，根据误差来逐步调整与改变神经元连接权重和神经元值，使得相似的输入有相似的输出，从而达到处理信息、模拟输入输出关系的目的。

1. BP 网络学习的基本步骤

BP 网络的学习建模过程是具有正向传递和逆向传递的逐层递归循环过程，直到模型确立。一旦建模成功，大量的实际应用问题就是模型分析过程，即只有正向传递的分析过程。神经网络的学习建模和模型分析过程流程示意如图 3-6 所示。

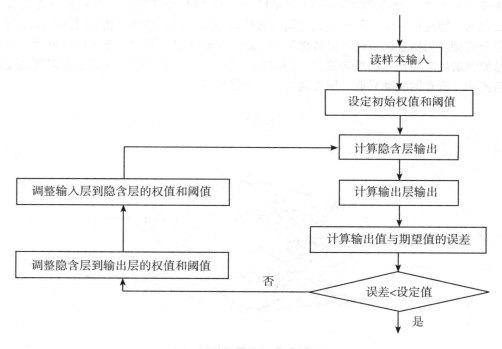

图 3-6　BP 网络计算步骤示意

2. BP 网络学习公式

BP 网络的输入层、隐含层、输出层 3 部分之间通过传递函数联系，传递函数具有神经元特性，也称为激活函数，是可微函数，不同层之间的传递函数一般不同。实验证明，设计合理的输入层节点数、隐含层节点数可以较大幅度改善神经网络的性能。隐含层节点的选择兼顾学习能力和学习度数，如果隐含层具有恰当的神经元数量，BP 神经网络具有极佳的整体逼近任何非线性关系特性，可获得满足精度要求的食品安全预警分析。

（1）隐含层输出

设输入节点 $x_i(i = 1，\cdots，n)$，隐节点 $y_j(j = 1，\cdots，p)$，输入节点 x_i 与隐节 y_j 点间的网络权值为 w_{ij}，阈值为 θ_j。当 BP 网络模型的输入节点为 x_i 时，隐节点的输出为：

$$y_j = f(x) = f(\sum_i^n w_{ij} - \theta_j)，\quad (j = 1，\cdots，p) \tag{3-18}$$

其中，由输入层到隐含层之间的 s 传递函数经常使用产生（0，1）输出的对数 S 形函数：

$$f(s) = \frac{1}{1 + e^{-x}} \tag{3-19a}$$

或者是产生（-1，1）输出的正切 S 形函数：

$$f(s) = \frac{1 - e^{-x}}{1 + e^{-x}} \tag{3-19b}$$

（2）输出层输出

隐含层到输出层之间的 s 传递函数常使用可以产生任意大小输出的线性函数。设输出节点 $z_k(k = 1，\cdots，m)$，隐节点 y_j 与输出节点 y_k 之间的网络权值为 w_{jk}，阈值为 θ_k。输出节点的输出为：

$$z_k = f(S) = f(\sum_j^p w_{jk}y_j - \theta_k)，\quad (k = 1，\cdots，m) \tag{3-20}$$

（3）误差函数

BP 网络利用样本进行学习和训练，对样本 h（$h = 1，\cdots，l$），设为样本 h 的输出层节点 k 的期望输出，Z_K 为输出层节点 k 的计算输出，学习样本的误差为 E，ε 为设计的误差精度要求。学习的结果用误差函数表示为：

$$E = \frac{1}{2}\sum_{k=1}^m (\overline{z_k} - z_k)^2 \leqslant \varepsilon \tag{3-21}$$

（4）修 正

如果误差不足 ε 要求，则网络沿反向传递逐层修正网络权值（w_{ij}，w_{jk}）和阈值（θ_j，θ_k），使误差 E 沿梯度方向下降。网络模型中隐层阈值和输出层阈值的反复调整，有利于 BP 网络模型对于学习数据集中的所有样本稳定。设样本 h 的节点 k 的期望输出为，第 t 次修正迭代的误差 E 为：

$$E = \sum_{k=1}^m |\overline{z_k^{(t)}} - z_k^{(t)}| \tag{3-22}$$

输出层和隐含层经过 $t+1$ 步时的权修正：

$$w_{jk}(t + 1) = w_{jk}(t) + \Delta w_{jk} = w_{jk}(t) + \eta\delta_k y_j \tag{3-23}$$

$$w_{ij}(t + 1) = w_{ij}(t) + \Delta w_{ij} = w_{ij}(t) + \eta\delta_j x_i \tag{3-24}$$

式中，Δw_{jk}、Δw_{ij}——分别是输出层和隐含层的权值误差；

η——迭代收敛系数；

δ_k、δ_j——分别是输出层节点 k 和隐含层节点 j 的输出偏差，可由下式计算：

$$\delta_k = z_k(1 - z_k)(\overline{z_k} - z_k) \tag{3-25}$$

$$\delta_j = y_j(1 - y_j)\sum_{k=1}^{m}\delta_k w_{jk} \tag{3-26}$$

阈值经过 $t+1$ 步时的修正为：

$$\theta_k(t + 1) = \theta_k(t) + \Delta\theta_k = \theta_k(t) + \eta\delta_k \tag{3-27}$$

$$\theta_j(t + 1) = \theta_j(t) + \Delta\theta_j = \theta_j(t) + \eta\delta_j \tag{3-28}$$

3. 有关神经网络的说明

①神经网络最大的特点是只要借助样本数据，就可以利用网络结构将输入非线性传递到输出，而无须建立数学模型。网络既可以进行预测分析，也可以进行系统评价。预测分析时，一般用一维数组，样本数大于输入元数，根据预测周期数确定。评价一般用多维数组，数组维等于输入元数，根据影响的因素确定。

②网络学习时，在输入样本中选择足够多的学习样本，通过 BP 网络学习修正后建立模型，同时，还可以利用余下的输入样本进行验证。应用 BP 网络进行食品安全状态模糊分类时，如网络输入为监测的危害物污染检测值，则输出可为食品安全状况等级。我国对这方面的研究刚刚起步，所采用的学习样本既有食品领域专家的分析研究成果，也有经过技术分析得到的有用的结论。模型的精度与学习的样本数量有关而获得足够多的学习样本数量却是一件不易的事。

③神经网络的结构规模与输入节点数量相关，食品安全评价指标的数量也就是输入节点的数量，尽管神经网络方法可以利用软件在计算机上实现多指标综合评价或预测问题，但是，庞大的危害物数量使学习建模的收敛过程缓慢。

（四）基于 BP 神经网络的食品安全预警

基于神经网络的食品安全预警可以采用 3 层结构的 BP 网络模型。其中，网络输入为检测信息数据，输出为风险程度等级。BP 网络的学习样本根据具体问题确定，也可以用专家评分结果，学习修正后获得评价模型。利用此模型在给定输入层信息和设定初始权值、阈值时，网络给出输出层的评价结果，从而对评价的状态给予预警判断。

例如，应用 BP 神经网络对我国淡水产品主产地的水产品安全状况进行评价和预警。为了简单说明方法的应用，我们以主产地淡水水产品作为评价指标，对依据水产品的年产量、危害物污染种类、污染程度、污染物毒性给出指标优先排序，也可以结合 AHP 方法或模糊数学方法排序。模型选用 3 层 BP 网络，主产地淡水水产品评价指标就是输入端，指标数量就是输入层节点数，设要考察评估的水产品种类为鱼类、贝类、虾类、蟹类、其他水产品，则输入层 x_i（$i=1$，…，5）。隐含层节点数量根据比较初步确定为 9 个，即 y_j（$j=1$，…，9）。输出层节点为 1 个，即水产品安全状况 z。为了反映 z 值所表达的安全水平，我们以（0，1）范围的数表示，根据预警界定 0.5 是风险预警限，越接近 1 越不安全，预警形势越发严峻越接近 0 越安全。网络结构如图 3-7 所示，节点指标系统见表 3-19。

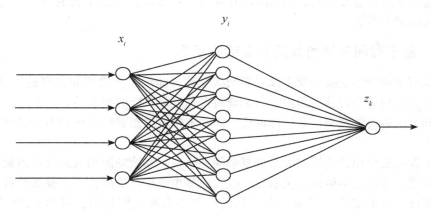

图 3-7 评价水产品安全状况的 BP 网络

表 3-19 淡水水产品主产地安全状况 BP 网络评价与预警

主产地	输入层（危害物污染率）					输出层	预警
	x_1	x_2	x_3	x_4	x_5	z	(0, 1)
	贝类	鱼类	虾类	蟹类	其他水产品	安全状况	
主产地 1	0.09	0.13	0.02	0.01	0.02	0.40	安全
主产地 2	0.01	0.10	0	0.01	0.01	0.33	安全
主产地 3	0.02	0.19	0.01	0.01	0.01	0.35	安全

学习样本选用主产地之中安全状况最好的年份的监测数据，同时结合专家评分结果。学习过程可以利用 MATLAB 软件，所用到的计算为式 3-18 至式 3-28。当学习过程结束，获得满足精度要求的评价模型后，对于任何时间检测到的有关数据，都可以利用模型进行评价考察，从而根据安全状态采取相应的预警措施。

由此可见，当指标数量很多，而指标与评价目标的函数关系又模糊不清时，BP 网络技术的建模和评价是一种有用的方法。

（五）基于神经网络的食品安全预警应用新思路

1. 网络种类

神经网络的种类和功能各异，除了 BP 结构以外，其他的结构在食品安全预警问题中的应用本书未能涉及，已有的相关文献资料也未见有这方面的成果报道因此，基于神经网络应用食品安全预警的研究值得进一步深入下去。

2. 神经网络的融合技术

随着神经网络技术本身的发展和应用进展，在神经网络融合技术的研究中，将神经网络与模糊数学结合起来的应用，汇集了模糊系统与神经网络的优点，具有联想、识别、自适应、学习和模糊信息与处理功能，形成了被称为"模糊神经网络"的新系统。对于食品安全预警中的非统计不确定的模糊集输入问题，或者神经网络权值为模糊权问题时，这一新的融合技术的研究、应用和发展，可以说是提供了新的分析问题的思路，以及解决问题的方法。

四、基于时间序列的食品安全趋势预测

食品安全预警的主要功能不仅对安全状况和可能产生的警情和警度进行分析评估，而且要对变化趋势进行预测预报，以实现对食品安全风险的提前预防。因此，在评价分析的基础上所进行的预测也就格外重要，而对未来发展态势作出预测需要借助于系统的预测方法。

对于食品安全预警这样的大系统复杂问题来说，系统的影响因素以及因素之间的互相作用机理，有些还不清楚，关联性、权重性等也缺少准确度，一些警源的真实性尚缺乏历史统计数据的支持，很多安全问题的征兆还未被人们认识，例如 SARS 的传播途径、禽流感在人间的感染变异情况等，人类对它们的认识还处于浅显阶段，因此，在预防和控制过程之初常采取对实际问题的专项调查研究、专家评价和类似事件的主观类比分析等定性分析方法。随着我国不断加强食品安全的监测，数据库建设和监测网络的形成，使食品安全预警分析的基础数据不断充实，在定性分析的基础上，已经可以根据过去一段时间的监测信息或评估结果按时间序列排序，应用时间序列预测分析方法构建食品安全状态预测模型，从而实现对系统未来变化趋势的预测。

时间序列趋势预警方法对于统计数据的相关性要求较低，因此，方法适用范围较广，可以根据趋势预警的要求，进行短期预警、中期预警和长期预警，尤其是在短期预警方面具有明显的优势。

（一）时间序列趋势预测

时间序列预测根据系统对象随时间变化的历史资料，考虑系统变量随时间的变化特征、发展趋势和客观规律，对系统对象未来发展变化的方向和轨迹按照时间顺序进行预测。由于时间序列预测只考察变量的时间特性，而无须明了变量之间相互依存的关系，因此，该方法适用于利用简单统计数据来预测研究对象随时间变化的趋势。如食品企业的总产值统计，某些食品农药化学污染的检测数据统计、某些区域的水质污染数据统计等。时间序列预测的基本思路是首先构造一个时间序列，根据序列的特点设计预测模型，依据模型表达出的趋势特性预测食品安全系统的未来发展趋势。

1. 时间序列

（1）构建时间序列

所请时间序列，就是按实际发生时间的先后次序排列的随机变量，或是由观测得到的按时间先后顺序排列的数据。时间序列分析方法是统计方法，适合于无法建模的问题研究。如系统中某一因素变量的时间序列是离散的数据，不能用确定的变化形式表示，也无法得到确定的时间函数关系，但是可以用概率统计方法，以一定的近似程度来反映其变化规律，则可以使用随机时间序列方法。

（2）时间序列的趋势特性

一般来说，时间序列具有一定的趋势表现特性。当时间序列变量随着时间呈现缓慢、稳定的变动时，变化发展的方向性即形成某种趋势。当然，变动的幅度可能完全不同，变化的过程也并非是简单的线性，但如果变化是平稳的，也就是过程趋势是平滑特性的，时间序列的趋势特性就可以被应用。如食品污染程度增加则不安全风险增大，这是具有显著的单向趋势特性的。而新鲜的果蔬在贮藏时，果蔬品质的变化与时间的关系就不完全是单向趋势。具有显著单增或单减线性趋势时，可以用低次多项式方法表达趋势的缓慢变动。时间序列趋势表现有交替的高峰与低谷周期特征时，具有对历史和未来的重复再现功能，即周期性蕴涵了利用历史数据来表达相关未来信息。例如，对于海产品来说，监测红潮的周期污染对产品质量安全的影响，时间序列预测将可提高准确性。

时间序列构建时，不排除由于偶然因素的影响而出现极少量的大偏差不规则变动，只要满足统计学意义和相关法则，可以不考虑这几个数据，或者过滤掉少量的不规则变动。相对整个序列的时间段，变量的行为符合统计分布规律，因此，时间序列依然能够保证趋势的合理性。

2. 时间序列基本模型

对时间序列建立数学模型用概率统计方法，基本的时间序列模型有自回归 AR 模型、移动平均 MA 模型和移动平均自回归 ARMA 模型。

（1）线性趋势自回归 AR 模型

AR 模型是线性模型，特点是直接利用时间序列观测值构建线性趋势线，并对时间序列未来某时刻进行预测。一般表达式为：

$$y_t = \varphi_1 y_{t-1} + \varphi_2 y_{t-2} + \cdots + \varphi_p y_{t-p} + \varepsilon_t \qquad (3-29)$$

式中，p——预测滞后的时间周期，即是利用过去 p 的时间长度对 $p+1$ 时间进行预测，如 p 为 10 天，即利用前 10 天的观测信息对第 11 天进行预测，p 根据预测问题的特点确定；

y_t——未来 t 时刻的预测值，与序列自身过去 p 个时期的观测值；y_{t-1}，$\cdots$，y_{t-p} 相互间有线性关系；

$\varphi_1, \varphi_2, \cdots, \varphi_p$——线性方程系数，反映的是历史观测值对 y_t 的影响程度，系数是常数项，利用最小二乘法计算；

ε_t——线性方程趋势预测可能存在的误差，一般情况误差来自随机干扰。

AR 模型简单方便，直接将监测数据拟合成线性关系。在食品安全预警的应用时，有些问题与时间呈单一线性递增或递减关系时，AR 模型能够较好地预测。如动物性食品的兽药残留量监测，在动物活体中存在的兽药储存量，检测体内含量并按时间构成序列，兽药储存量随时间而递减，具有线性关系。由此，可以预测当残留量达到允许值所需要的最少时间。一般来说，只要动物屠宰前活体的时间少于这个时间长度，则兽药残留将超标。如果时间长度超过体内药物的释放允许时间，则兽药残留达标，动物食品监测为安全。

AR 模型对于数据离散较大时，线性关系预测的准确性较低，所以一般作为初级预测方法。

（2）移动平均趋势 MA 模型

移动平均趋势线 MA 又称为移动均线法，模型建立思想是以 t 为时间段，对时间序列依次计算 t 时间段数据，取平均值，并将 t 时间段的序列平均值作为 $(t+1)$ 时间段的预测值。均值主要是减小因随机干扰或不同 t 时间段造成的偏差过大，影响趋势性。移动是指每一次新的均值作为预测值时，就舍去了之前的较早时间段的历史均值，具有从 $(t-1)$ 向 t 再向 $(t+1)$ "移动" 的特点。

对于食品中常常检出的限量类污染物，移动平均线反映了监测的污染物含量的平均值变化，代表了一段时间内污染物含量的高低和变化趋势。虽然历史的检测数值会有不同，但是，只要波动不超过规定的最大残留限量（MRL），就是安全的。如果跟踪过程发现数值具有上升趋势，那么在没有超过 MRL 之前进行预警，就可以有效避免安全问题的产生。实际上，在正常的监测环境下，数值一旦有上升的趋势，大多是随机干扰形成的波动，MA 模型就是利用均数变化表现随机干扰，通过过去的随机干扰均值和现在的随机干扰均值的线性组合构成趋势波动模型移动平均线称为趋势线，对时间序列（如检测的污染物）未来时刻进行预测。

移动平均线常根据时间段（分钟、小时、日、月、年）划分，记为 MA (q)。如 5 日移动平均线，记为 MA（5），简称为 5 日均线；MA（20），简称为 20 日均线。对于 q 时间段的均值只要求按照时间排序即可，并无须计算均值的数据的数量一样多。例如，某食品为期 3 天的专项检查，有可能其中的一天检测频度高，得到的数据多，而另一天的检测数据较少，在做移动平均线时，只要把每天的均值计算出来，然后用统计处理的方式，将所有的计算均值按时间序列排列，即可连成移动平均趋势线。由于平均数可以规避离散程度较大的监测数据的影响，而且不要求一定是线性关系，所以，移动平均趋势线方法简单方便，使用范围宽泛，在食品安全预警的预测分析时，适合对安全状况进行分析预测，也是趋势预测常选用的模型。

如用算术平均值方法计算平均值，则 MA (q) 模型简化为：

$$\mathrm{MA}(q) = \sum_{k=0}^{q} y_t / q \tag{3-30}$$

移动平均线分别有短期均线、中期均线和长期均线之分。短期移动平均线相对而言 q 小，对应的观测检验数据也少，样本量也少，因此数据的变化较大，波动明显，对问题的表现能力较强，但均线对消除过程的随机干扰功能相对也弱一些。长期移动平均线模型需要大量的观测数据，样本量足够大，移动平均趋势的变化比较平稳，对过程噪声的过滤作用增强，趋势线的准确性较高。

实际应用移动平均线进行预测时，只要数据样本能够支持，往往将中短期均线和长期均线组合使用，即同时用多根移动平均线表达一个问题。组合均线中 q 最小的称为短期平均线，q 最大的称为长期平均线，介于二者之间的称为中期平均线。一般均线组合以 3 根均线为宜。当长期移动平均线、中期移动平均线短期移动平均线基本是自下而上分布时，说明同一时刻的长期均值大于中期均值；中期均值大于短期均值，即监测变量的变动趋势是逐渐下降的。反之，说明监测变量的趋势是逐渐上升的。如果 3 条移动平均线相互交叉，则说明监测变量受到的随机干扰不规则，均线上升下降波动较大，趋势不明朗。如检验饼干中放置干燥剂的保脆效果对同一种类的 n 个样品空间的湿度进行检测，按 30 日均线、60 日均线、10 日均线组合成均线系统。其中，$MA(30) = \left[\sum_{k=0}^{30}\left(\sum_{i=1}^{n} y_u/n\right)\right]/30$，$MA(60) = \left[\sum_{k=0}^{60}\left(\sum_{i=1}^{n} y_u/n\right)\right]/60$，$MA(120) = \left[\sum_{k=0}^{120}\left(\sum_{i=1}^{n} y_u/n\right)\right]/120$。当 MA（120）<MA（60）<MA（30），说明湿度越来越大，干燥剂的效果在减弱。如果是污染物检测，这种状况则说明污染越来越严重。在食品污染物移动平均线趋势预测研究中，也将组合分为 A、B、C 共 3 种，A 组合是 5 日、10 日、30 日，称为短期均线组合，主要用于 1~3 个月危害物含量的变化趋势预测。B 组合是 30 日、60 日、120 日，称为中期均线组合，主要用于 3~6 个月危害物含量的变化趋势预测。C 组合是 60 日、120 日、250 日，称为长期均线组合，主要用于 6 个月以上的危害物含量变化趋势预测。

利用均线趋势预警时，无论是单根均线还是均线组合在分析食品安全风险时，有几种形态需要特别警惕，必要时立即发出预警信息。

①一种形态是短期移动平均线由下降趋势拐头向上时，一旦突破中期和长期均线，则说明风险急剧增大，如果达到警报界限，则须立刻预警。

②另外一种就是上面分析过的短期移动平均线、中期移动平均线和长期移动平均线呈自上而下分布，说明短期风险积聚放大。

③如果均线系统一直呈黏合胶着状态，但是短期移动均线突然有发散向上的趋势说明检测对象的风险突然增大，必须高度关注，如果后期回落，则说明是偶然性为主。如果向上发散趋势成立，则有可能发生食品安全问题，须发出预警。

（3）移动平均趋势自回归 ARMA 模型

ARMA 模型是精确度比较高的短期预测模型，预测精度高于简单的 AR 模型和 MA 模型。ARMA 模型对历史资料的要求较高，适用于平稳的时间序列。

ARMA 过程可以看成是 AR 与 MA 过程的组合，或者是几个 AR 过程，或者是 AR 与 ARMA 过程的迭加，也可能是测度误差较大的 AR 过程。ARMA 模型适用范围较广，在经济预警、灾害预报、企业预警等方面均有较好的应用。

3. 应用时间序列预测时需要注意的问题

（1）预测的准确性问题

时间序列预测用于短期预测准确性较高，随着时间长度的增加，预测的精度会降低。因此，在食品安全趋势预测时，对于危害物污染风险的预测、食源性疾病预防等短期预测具有较好的参考价值。但是，对于诸如食品安全专项检查的统计数据、各种抽检统计和各地的食品安全活动等由于食品安全监管力度的不断加强，使得较长时间以前的历史数据的预测作用减小，准确性则低。

（2）预测过程是动态修正过程

确定预测模型本身是一个动态的不断修正的过程。随着食品安全预警监测对象的不同，统计数据也在不断积累和完善，对预测模型的精确度和准确性要求也在不断提高，因此，模型的建模过程是动态的需要适时调整修正。建模时一定要在时间序列中留出一小部分作为检验样本，目的是利用没有使用过的观测值来评价模型的预测能力，另外，用递推估计的方法得出的模型稳定性好、准确度高。

（3）数据分析结合趋势线

趋势图形直观，有利于显示数据的差异，极易识别异常数据。当维数较低时，趋势图形更具有直观的趋势表达和数据异常显示作用，但是维数高时图形表现效果不理想。

（二）应用时间序列预测食品安全变化趋势

食品安全时间序列趋势适合于对存在个别危害物时的短期预测，预警的时间点位由趋势线显见。如研究者利用 MA 模型分析酱油中 3-氯丙醇，用 5 日均线、10 日均线和 30 日均线分析一段时间出口酱油中的 3-氯丙醇检测量，如图 3-8 所示。

（1）预　警

根据均线理论，图中三根均线同时向上发散趋势是第一风险信号，A 点和 C 点触及预警。实际上，A 点之前 5 日线上穿 10 日线和 30 日线的交点处，3-氯丙醇短期内检测含量有增加，潜在风险已经开始产生，只是为了进一步确认上升趋势，也可以在加强监测基础上，继续观察，所以 A 点预警已略有滞后。C 点则是选择了三线一直胶着但短期均线突然由黏合点刚开始有向上运行趋势时，即开始预警，防止 3-氯丙醇有增加的可能，因此 C 点预警最理想。

（2）监　测

B 点是明显的三线并行向下趋势，且 5 日、10 日、30 日均线呈自下而上排列，说明受 30 日线制约，监测的 3-氯丙醇含量呈下降趋势，且保持至少 30 日的这种状态了，所以，中短期风险已经基本释放，可以解除预警而进入继续监测状态。

由图 3-8 可见，MA 模型表达的 3-氯丙醇变化趋势性明显，有利于确定风险预警时机。

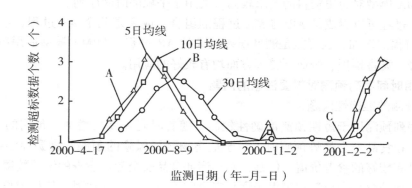

图 3-8　酱油中 3-氯丙醇的移动平均线

五、基于回归的食品安全趋势预测

食品安全问题的变量与时间并非单一关系时，简单的时间序列趋势预测方法就不适用了。另外一种常用的趋势预测方法，是利用已有的数据积累来进行曲线拟合，回归分析即是如此。回归的特点是根据已经积累的若干监测数据，通过匹配数据间相关关系，或分析因素变量之间的函数特性，采用拟合方式寻找接近真实状况的最佳拟合趋势线。

回归预测更有利的特点，是对未来发展趋势预测到有不利变化时，可以根据拟合曲线变化的趋势斜率估算达到最坏状态的时间，从而为提前判断警兆发出警情预报提供最佳的时机。例如，对于食品中危害物呈阳性率的异常预警、危害物超标率异常预警、危害物检出率异常预警，都是属于对一段时间检测结果的数据总体的考察，回归趋势预测侧重于对危害物的发展趋势进行预警。当趋势表现危害物呈上升趋势时，说明异常趋势出现，而趋势的斜率可方便地估算出达到限度要求的可能时间。由于回归拟合趋势线仅依靠历史统计数据，所以对数据的相关性有一定的要求，需要进行相关性检验。对于相关性较高的数据，不仅可以拟合出精确度较高的趋势演变规律，而且，根据趋势发展态势所进行的预测，可信度也较高。

回归方法适用于有大量观测统计数据又无确定关系形式的食品安全预警系统，涉及相关分析、方差分析及其统计检验等基础知识。

（一）回归预测方法

回归方法有多种分类，一般可分为线性回归和非线性回归，食品安全趋势预警一般选用简单的线性回归，即因变量 y 与多种影响因素（x_1, x_2, $\cdots$, x_k）有线性关系。

多元线性回归的影响因素不能过多，否则就会增大计算和测定的工作量，并且由于对因变量作用差异大，那些影响作用很小的自变量存在会降低预报精度，影响回归方程的稳定。因此要挑选对因变量影响显著的因素作为自变量，以形成最优回归方程。自变量的初步筛选可以选用下面的方法。

①比较筛选法：将考虑到的全部影响因素作为自变量，按照它们的各种可能组合计算相应的回归方程，然后挑选出残差标准差最小、自变量均显著的最优回归方程。

②向后剔除法：首先建立一个包括所有自变量的多元线性回归方程，然后进行方差分析、变量偏回归平方和显著性检验，根据检验剔除偏回归平方和最小的不显著自变量，反复多次剔除后，直到只包含显著自变量为止。

③向前引入法：首先根据简单相关关系，引入与因变量相关程度最大的一个自变量建立回归方程，进行偏回归平方和检验显著性，如显著则保留，继续在剩余自变量中引入，重复进行显著性检验，直到没有显著性自变量可引入为止。

④逐步回归法：按自变量对因变量的作用程度从大到小逐个引入回归方程，每引入一个变量同时检验方程中各个自变量的显著性，合格保留、不显著剔除，反复进行直到再没有显著的自变量可以引入为止。

（二）多元线性回归预测基本原理

1. 回归模型

一般来说，多元线性回归方程为：

$$\hat{y} = b_0 + b_0 x_1 + \cdots + b_j x_j + \cdots + b_k x_k \tag{3-31}$$

式中，$\hat{y}$ 为因变量；（x_1, x_2, $\cdots$, x_k）为自变量；b_j 为回归系数，通过最小二乘法方法求得，表示假设其他自变量不变情况下，某一自变量变化引起因变量变化的比率。

2. 回归方程的检验

为了保证多元回归拟合的线性规律满足应用的精确度要求，需要利用统计检验的方法对回归方程进行检验，一般涉及相关性 r 检验、回归参数总体显著性 F 检验、回归系数 t 检验。

（1）线性相关性与拟合优度

实际值 y 与 x_1，x_2，$\cdots$，x_k 个变量之间是否具有线性关系，称为相关性。多元回归拟合 $\hat{y}=b_0+b_0x_1+\cdots+b_jx_j+\cdots+b_kx_k$ 的线性相关程度，用统计量拟合优度 r^2 定量表示为：

$$r^2 = \frac{\sum_{i=1}^{n}(\hat{y}-\bar{y})^2}{\sum_{i=1}^{n}(y-\bar{y})^2} = 1 - \frac{\sum_{i=1}^{n}(\hat{y}-y_i)^2}{\sum_{i=1}^{n}(y_i-\bar{y})^2} \tag{3-32}$$

式中，$i=1$，$\cdots$，n 是检测样本的数量；$\sum_{i=1}^{n}(\hat{y}-\bar{y})^2$ 为总离差平方和，表示 y 的实际值与其均值的离散程度；$\sum_{i=1}^{n}(\hat{y}_i-\bar{y})^2$ 为回归平方和，反映 y 的拟合值与其均值的离散程度；$\sum_{i=1}^{n}(\hat{y}_i-y_i)^2 = \sum\hat{\varepsilon}_i^2$ 为残差平方和，反映 y 的实际值与拟合值的距离。

拟合优度 $0 \leqslant r^2 \leqslant 1$，$r^2$ 越接近 1 相关程度越高，当 $r^2=1$ 时，拟合直线经过所有实际点，是最理想回归拟合状况；当 $r^2=0$ 时，拟合直线与实际点相关程度最低。拟合优度越高，归方程的预测准确性越高，越有利于对监测对象变化趋势进行判断和实施预警。

（2）回归参数总体显著性 F 检验

检验 k 个检测变量（x_1，x_2，$\cdots$，x_k）对 y 的总体影响程度，用统计量 F 检验。检验样本有 n 个，统计量为：

$$f = \frac{\sum(\hat{y}_i-y_i)^2/k}{\sum(\hat{y}_i-\bar{y}_i)^2(n-l-1)} \sim F(k, n-k-1) \tag{3-33}$$

给定显著性水平 α，一般取 $\alpha=0.05$，当 $f \geqslant F_a$ 成立时，说明多元线性回归模型在显著性水平 α 下，参数总体影响显著。

（3）回归系数显著性 t 检验

t 检验是对每一个检测变量 x_j（$j=1$，2，$\cdots$，k）与因变量 y 的线性相关程度的检验，对 x_j 的样本统计量为：

$$t_j = \frac{b_j-b_j}{\sqrt{\dfrac{S^2}{\sum_{i=1}^{n}(x_{ij}-\bar{x}_i)^2}}} \sim t_{n-k-1}$$

$$s^2 = \frac{\sum_{i=1}^{n}\hat{\varepsilon}_i^2}{n-k-1} = \frac{\sum_{i=1}^{n}(y_i-\hat{y}_i)^2}{n-k-1} \tag{3-34}$$

式中，样本数 $i=1$，$\cdots$，n。

给定显著性水平 α，如果 $|t_j| \geqslant t_{\alpha/2}$，说明变量 x_j 显著影响 y。否则变量 x_j 对 y 的

线性关系贡献很小。一般在 $\alpha = 0.05$ 时，$t_{n-k-1} > 2$ 就认为影响显著，当 $t_{n-k-1} \gg 2$ 时，不用查表即可判定为参数 x_j 显著性影响 y。

对于 k 个检测变量，重复上面的 t 检验，直到全部 t 检验完毕。t 检验后，留下显著性影响的变量，对显著性影响弱的变量，需根据食品安全趋势预警的具体要求重新进行筛选，或在满足方程总体显著性检验的基础上，删除该类不显著变量。另外，t 检验适合于小样本（$n < 30$），大样本可改用 Z 检验。

（三）食物中毒致病的风险监测与发展趋势预测

设因变量 y 为食物中毒风险，自变量为监测物化学农药 A 含量 x_1、农药 B 含量 x_2，建立线性回归方程：$\hat{y} = b_0 + b_1 x_1 + b_2 x_2$，系数通过最小二乘法计算。为了判断 y 与 x_1、x_2 的线性相关程度，选择 n 个检测样本，定量计算拟合优度 r^2，如表 3-20 所示。当 $0.7 < r^2 \leqslant 1$ 时，拟合线性程度最好，所建立的多元线性回归方程具有趋势预警的可行性。

表 3-20 相关性检验

样本序号	x_1	x_2	y_i	$\hat{y}_i$	$(y_i - \bar{y})^2$	$(\hat{y}_i - \bar{y})^2$
1						
2						
…						
N						
$\sum$						
		$\bar{y} =$				$r^2 =$

六、基于风险分析的食品安全预警方法

由于食品中可能存在的危害物风险，我国从 20 世纪 70 年代起，就组织开展了食品中污染物、部分塑料食品包装材料树脂及成型品浸出物等的危险性评估，工作。近年来我国还加强了对食品中重点危害因素进行危险性评估，开展了食品中微生物、食品中化学污染物、食品添加剂、食品强化剂等专题评估，开展了对总膳食结构以及污染物风险和食源性疾病的风险评估工作。基于风险分析方法的应用，我国已在食品安全监管中及时发布了食品中苏丹红、油炸食品中丙烯酰胺、面粉中溴酸钾、红豆杉等多项评估结果，提高了我国的食品安风险管理水平，也在引导消费、督促公众和国际社会理解我们国家的食品安全监管政策方面起到了良好的交流作用。

（一）食品中主要危害物分类

食品中危害物按风险的特征可以分为生物性危害、化学性危害和物理性危害（也有将不能明确归纳到这 3 种的危害定义为"其他危害"）。另外，也将因为新技术的应用而可能产生的危害归为一类，如转基因生物与转基因食品的安全风险、辐照食品的安全风险等。预警的风险分析首先需要识别危害，由于物理的危害在机械加工时常可以有

效避免，而新技术产生的危害具有特殊性，所以，本研究以化学危害识别和生物危害识别为主这两类危害的常见种类分别如下。

1. 化学性危害

（1）农药残留

农药残留主要是食品中存在的特定化学物质。作物在生长过程使用法定允许使用的农药及其衍生物，如杀虫剂、除草剂、抗霉剂、抗生素等药剂，这些化学物质在食品中的残留，可能对食用安全带来影响。因此，对食品中的农药残留具有严格规定，有农药的最大残留限量（MRL）、最大再残留限量（EMRL）和日允许摄入量（ADI）的限制性要求。

（2）兽药残留

动物因生长需要和饲料原因，体内会有化学物质残留问题，对动物产品（如肉、奶、其他可食用部分）在法定允许使用的抗生素类、磺胺类、激素药类等方面，有兽药的最大残留限量要求。

（3）有毒物质

化学性有毒物质是生物毒素以外可引起人的食物过敏、食品特异性反应或食物中毒症状的成分，主要有真菌毒素、蓝藻毒素、河豚毒素、贝类毒素、植物毒素等，有毒成分多为天然存在的非营养物质，或者是因诱导环境不当产生的毒性成分。

（4）食品添加剂

在法定允许的食品添加剂中对有最大限量规定要求，以及禁止使用的工业用添加剂如色素、漂白剂等。

（5）有毒重金属

食物的有毒重金属主要是指汞、镉、铅、砷等，多与环境有密切关系，一般由水污染造成，少数是由土壤、加工或运输过程的管道设备污染造成。

2. 生物性危害

食品从源头到商品的整个环节都容易受到生物污染产生危害，常见的有细菌与细菌毒素、霉菌与霉菌毒素、病毒和寄生虫，如金黄色葡萄球菌、肠道出血性大肠杆菌、单核细胞增生李斯特菌沙门菌属、志贺氏菌属、黄曲霉毒素、3-硝基丙酸、隐孢子虫、肝炎病毒等。

（二）食品安全风险分析方法

根据食品安全风险分析理论框架，对食品中某些单一的危害物进行风险分析时，需要完成四大步骤，基本过程如下。

1. 背景描述

对某种食品可能存在的一种危害物质的研究进展，包括危害物的性质危害性，在食品中存在和变化的状况，对人体健康影响等方面的定性和定量的关系，以及有关的监测、实验情况等。为提出评估和风险预防与控制给予必要的铺垫。

2. 风险评估

（1）首先是危害识别和描述

化学危害的识别侧重于理化性质、动物实验、流行病学研究等，对剂量与毒性反应关系毒性与人体差异关系、有无阈值或最大剂量等关系进行表述。

微生物危害的识别主要有食源性疾病、流行病学传播机理、在食品中的含量等，描述则是微生物与食品、人群与个体之间的关系等。

无论何种危害，尽量对风险不确定性和变异性进行必要的描述，描述时采用定性和定量相结合的方式。

（2）暴露评估

暴露评估是食品安全风险评估中难度较大的环节，有膳食摄入量、食品含量影响、剂量与暴露模式等。

3. 风险管理

在风险评估的基础上，对已经清楚认识的风险提出预防风险的措施，以及风险管理具体的步骤、方法和效果。对于有待继续跟踪研究的风险制定管理方案，明确需要给予的条件，继续研究的方向和侧重点，研究期望达到的预期成果，并且评价风险管理绩效。按照风险管理效果，对风险产生时及时预警，对风险减小时降低预警的范围和程度，当风险消失则及时解除警报，是基于风险管理的预警应用。

4. 风险交流

交流即通告、通报、合作、协调等，是政府管理者、食品生产企业、食品消费者三方共同面对食品危害以减小风险的中间载体，利用这一平台，可以提高政府主管部门的监管透明度，遵循公正、公开、公平原则，提高食品安全风险管理水平。风险交流也使企业不敢懈怠，责任和利益的杠杆效应无论是短期还是长期都在起着作用，因此，企业对食品在加工或储存过程可能产生的危害风险不敢轻易掉以轻心，因为交流或通报也是一面巨大的镜子。消费者则是直接受益者，可以获得预防风险的知识，及时了解风险的变化。

（三）基于风险分析的油炸马铃薯中丙烯酰胺的预警

本应用针对马铃薯在油炸过程中产生丙烯酰胺有毒成分进行风险分析，并给出预警。

1. 有关背景情况

丙烯酰胺是聚丙烯酰胺合成中的化学性中间体，具有影响神经和生殖的毒性，动物暴露实验表明其有致癌性和致突变性，作为饮用水中的残留问题，受到最高限量的规定。自从在油炸马铃薯中发现丙烯酰胺含量将可能超过这个最高限量的千百倍，油炸马铃薯中丙烯酰胺含量的监测受到国内外有关专家学者、国际组织、政府官员的高度重视。虽然至今尚未有明确的最高限量标准，但是，对于油炸马铃薯食品中含有大量丙烯酰胺对健康造成的潜在风险，以及与不同的人群关系等安全问题，有关的风险评估研究正在不断深入进行，同时，在风险管理和风险交流方面，督促油炸马铃薯食品企业关注和重视这个问题，并加强了对消费者的提醒。

2. 风险评估

（1）危害描述与风险识别

从物理性质、化学性质、生物学性质神经毒性、生殖毒性、致癌性、致突变性方面进行检测和试验，暴露评估不同加工方法的食品中丙烯酰胺的含量，以及针对不同人群的膳食暴露评估、致癌性评估，根据加工样品检测、动物实验和流行病学实验，探究油炸马铃薯食品中丙烯酰胺形成机理，利用数据研究油炸马铃薯食品的丙烯酰胺对人体健康的影响和风险关系。

（2）风险描述

通过危害分析和膳食摄入影响、暴露评估等步骤，综合油炸马铃薯中丙烯酰胺含量的风险特征如下。

①油炸马铃薯中丙烯酰胺含量较高，且含量随油炸时间不同而变化。

②人体中吸收丙烯酰胺的含量与膳食摄入量有关，因此，与饮食习惯有明显相关性；

③通过人和动物实验，人均日摄入量不超过 0.012mg/kg 体重时，无神经毒性风险。致癌风险与年龄性别有关。至今毒性的剂量与反应关系数据依然缺少。

④我国人群研究表明，一次摄入最高限量与年龄体重有关，一次摄入 100g 油炸马铃薯片存在较高的健康风险。

3. 风险管理

（1）风险管理策略

由于风险评估存在的数据样本有限，以及对人体健康关系的不确定性，因此，对于油炸马铃薯中丙烯酰胺最高限量尚未得到明确的限值，潜在风险值得继续关注和加强研究。管理策略：加大投入、进行专题攻关研究、建立中国人体健康风险评估数据库、加强与世界有关国家和组织的合作研究。

（2）风险预警

通过风险评估，丙烯酰胺对人体有危害风险已成不争事实，油炸马铃薯中存在大量丙烯酰胺也为国内外研究者达成共识。虽然最高限量未能标准化，但是，对油炸食品中丙烯酰胺这一危害污染物的风险进行监测，当某种油炸食品中检测到丙烯酰胺，则警兆产生，进入预警程序。如果能够通过改善加工条件减少丙烯酰胺的产生，甚至消除，则警情也可解除。

4. 风险交流与控制建议

①根据中国国情，应在中学有关卫生常识课程中适当介绍丙烯酰胺的毒理学特性，对油炸马铃薯中大量存在丙烯酰胺以及食物摄入是主要来源这一基本共识的结果告知消费者，以增强消费人群的风险防范知识。

②对生产含有丙烯酰胺食品的企业，应掌握加工条件如温度、时间、食物原料成分等与丙烯酰胺的关系，规范基本的加工工艺流程和工序要求，在行业中形成企业交流平台，以尽量减小生产企业的产品中含有丙烯酰胺的风险。

③在有关的信息平台（如有公信力的政府网站、媒体等）发布食品中丙烯酰胺风险预警信息，给予科学的消费指导，提高消费者的风险识别和预警能力。

七、信号预警方法

利用信号的颜色表达和开关的功能来进行食品安全状况的预测预报，简单方便，实际应用可操作性很强。

（一）基于颜色的预警表达

交通信号比较简单，用红色、黄色、绿色分别表示禁止、缓冲和通过。在交通管理中，红色信号是绝对不能违反的，否则就是违法。例如，红灯不能闯，红线不能压。绿色则代表允许、同意的意思。黄色则是提醒注意。对于食品安全问题的研究，要判断问题是否产生，要评估安全状况以及警情的严重程度，要预测可能的发展趋势，以及如何调节和控制问题等，可以用颜色表示状态的程度。例如，可用绿色表示状态安全，没有问题出现，只要采取常规监测预警即可；黄色表明食品安全问题出现，但不严重，要加强监测并采取相应的对策，将问题及时消除；红色则代表问题严重，并有可能向更坏的方向发展，需要及时采取强有力的解决措施，防止问题的扩大恶化。

根据颜色区别来表征事态的某种程度，以采取不同的应对手段和方法，在天气预报中的应用早已是我们生活中所熟悉的一部分了。如干燥风大易产生森林火险时，则用颜色表征森林火险可能发生的程度，通常以红色表示高森林火险，橙色次之，黄色表示较低的森林火险。给予高温天气的温度和持续时间、雷雨大风的风力和降水量以不同的颜色，同样表征了不同的警情程度。在食品安全预警研究中，颜色表示警情的严重程度也已有应用，如突发食品安全事件的严重程度用红、橙红、黄、蓝分别表示特别严重、严重、较严重和一般。在国家的重大食品安全事件应急预案中，红色预警需要国务院的指挥协调，事件产生的风险危害在地域扩散和快速蔓延的程度上，都是极其严重的。

因此，红色预警通常也都是危机状况最严重的预警，以红色的减弱表示危机的降低，如橙红表示危机严重程度低于红色但高于黄色。蓝色或绿色则根据研究的不同，既有表达为"已出现轻微风险"（如应急预案中的蓝色），也有表达成"是安全的"（如天气预报中的无旱情用绿色）。

（二）基于开关的预警控制

根据预警系统的预防和控制功能，在设计食品安全预警系统时，可以利用开关原理实现预警的控制功能。从而使得信息传递通道合理、有序、准确，实现对控制的速度要求和精度要求。对于有多种情况的控制决策，利用开关理念进行控制选择，控制示意如图3-9所示。当预警进入控制器的示意位置时，系统将根据控制指令启动某些开关，而其他未启动开关保持原状态。如果原状态都是关闭的，则启动的开关意味着要打开关闭状态，开通通道，而其他的开关没有接到指令，所以依然保持原来的关闭状态。例如，设图3-9的开关A、B、C分别控制3条通道，其中，A通道为常规监测，B通道为微小偏差和波动风险纠偏控制，C通道为突发食品安全事件问题应急控制。如果A和B原来是开启的，即常规监测和纠偏是通畅的，C是关闭的，当指令要C打开时，即有突发食品安全问题出现，应急通道C的开关开启。选择性控制只是开关控制原理中的一种。

八、逻辑预警的五色方法

按照逻辑预警的思路，分别考虑警源、警兆、警素、警度的各种状况，并以黑色、黄色、红色绿色、白色5种颜色表示，称为五色预警法，具体为黑色预警方法、黄色预

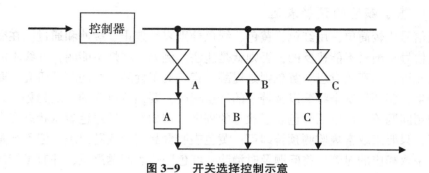

图 3-9　开关选择控制示意

警方法、红色预警方法、绿色预警方法和白色预警方法。

1. 黑色预警方法

黑色预警方法不引入警兆只考察警素指标的时间序列变化规律，以及循环波动特征。例如，我国农业大体上存在 5 年左右的一次循环周期，工业大体上存在 3 年左右的一次循环周期。根据这种周期性循环波动的长度及递增或者递减特点，就可以使用时间序列模型对警素的走势进行预测。各种食物中动植物的生长周期、食品消费的市场周期特征，一些食品数量交易的商情指数、商业循环指数、经济波动图等，这些具有时间序列变化规律的食品安全问题，都可以作为黑色预警方法的应用。

2. 黄色预警方法

黄色预警方法又称为灰色预警方法，也是最常用的一种预警方法。黄色预警只考察警兆，并根据警兆的警级特性预报警素的警度，是一种由因到果的分析。食品安全具有一定的灰色性，警兆往往呈现出模糊特性，相比较而言，根据警兆进行食品安全警度预测，要比根据警素的时间序列波动规律进行预测的黑色分析方法较为准确，因此，黄色预警在实际工作中应用得更广泛。

第二节　食品安全状态评价理论

食品安全监管是一项系统工程，高效的监管制度、机制应建立在对食品安全状况客观综合评价的基础之上。如何科学、客观地评价食品安全状况，一直是食品安全监管工作中的难题。由于我国食品安全监管对象复杂，监管体系薄弱，公众食品安全意识强烈，所以当前单一结果类指标的评价方法已不适合于我国的国情。

一、食品安全状态评价理论

将食品安全状态划分为不同等级并建立因素预警，得到各个危害因子的安全状态等级。

（一）指标量化

当已经建立了可以数值量化的表达指标时，根据预警指标的数值大小的变动表达并发出不同程度的警报。

设可表征警报的指标为 X，规定 X 的安全范围为 (X_a, X_b)，初级危险等级线为 X_c、X_d，高度危险等级线为 X_e、X_f，当 $X_a \leqslant X \leqslant X_b$ 时，不发出警报；当 $X_c \leqslant X \leqslant X_a$ 或者 $X_b \leqslant X \leqslant X_d$ 时，发出初等级警报；当 $X_e \leqslant X \leqslant X_c$ 或者 $X_d \leqslant X \leqslant X_f$ 时，发出中等级警报；当 $X < X_e$ 或者 $X > X_f$ 时，发出高等级警报。预警区域划分示意如图3-10所示。

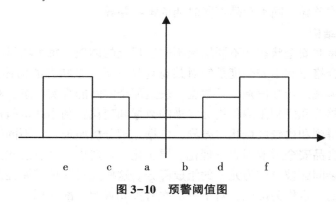

图3-10　预警阈值图

（二）指标难以直接量化，用因素预警

因素表示为两种形式：当风险因素 X 出现时，则发出警报；当风险因素 X 不出现时，不发出警报。这是一种非此即彼的警报方式。设定风险因素 X 的状况或条件，当 $0 \leqslant P(X) \leqslant P_a$ 时，不发出警报；当 $P_b \leqslant P(X) \leqslant P_c$ 时，发出初等警报；当 $P_c > P(X)$ 时，发出高等警报。这里 $P(X)$ 为致错因素发生的概率，P_a、P_b、P_c 是概率发生的值。

（三）综合预警

把指标预警方法与因素预警方法综合起来，实际上就是选择一定的手段，把同时具有可量化的指标和存在不可量化指标的食品安全状况纳入一个整体来考察，对诸多因素综合进行考虑，这就是综合预警模式。

综合预警方法需要运用到有关的数据处理方法，科学真实地将多个指标或因素归纳为一个综合性指标，然后根据综合性指标的值所处的值域范围来判断发出何种警报。

二、状态指标评价方法

系统科学针对的是具有复杂性多因素变化影响的问题，复杂性体现在规模大、范围大、尺度大，多因素则是问题多、元素多、目标多、变量多，而且元素之间关系错综复杂，系统的关联影响存在着许多不确定性、模糊性等。食品安全问题的预警即是具有这样特性的复杂体系。

（一）评价指标体系

1. 体系设计原则

设计指标体系时，首先要有科学的理论作指导。使评价指标体系能够在基本概念和逻辑结构上严谨、合理，抓住评价对象的实质，并具有针对性。同时，评价指标体系使理论与实际相结合的产物，无论采用什么样的定性、定量方法，还是建立什么样的模型，都必须是客观地抽象描述，抓住最重要的、最本质的和最有代表性的东西。对客观实际抽象描述得越清楚、越简练、越符合实际，科学性就越强。

2. 指标选择

污染程度指标；有毒有害物质。特点：危害物的多样性、危害物毒性差异、不同食品种类存在危害物差异、同类食品不同时期危害物差异。

3. 体系层次结构

每个指标都是对安全状态在不同层次不同项目上的体现。每个项目指标都该项目不安全度的表征；合格率和不安全度是针对某类食品的不安全状态的描述；IFS 是对整个食品安全状态的体现。指标值是截面数据，表达那个时间的真实状态；利用指标随时间的变化可以分析趋势和研判预测各指标将来的数据和变化；利用评价指标在地域空间的发布图形，可以得到和比较区域状态差异，依据地理分析原理，为不同区域的相关决策提供依据把各类食品安全影响因素条理化、层次化，构造出一个有层次的结构模型。在这个模型下，复杂问题被分解为元素的组成部分。这些元素又按其属性及关系形成若干层次。上一层次的元素作为准则，对下一层次有关元素起支配作用。

（二）状态指标体系的内容和层次结构

其内容包含有毒有害物质含量、污染物危害程度。结构包含了整体状态指标、食品种类指标、基本项目指标 3 个层次。指标的应用说明：每个指标都是对安全状态在不同层次不同项目上的体现。每个项目指标都该项目不安全度的表征；合格率和不安全度是针对某类食品的不安全状态的描述；IFS 是对整个食品安全状态的体现。指标值是截面数据，表达那个时间的真实状态；利用指标随时间的变化可以分析趋势和研判预测各指标将来的数据和变化；利用评价指标在地域空间的发布图形，可以得到和比较区域状态差异，依据地理分析原理，为不同区域的相关决策提供依据。

1. 基本项目指标

限量标准为食品安全标准（或食品质量标准）中对该指标（某类致病微生物或有毒有害物质）规定的允许存在的限量。一般是上限，不得检出即限值为 0。最大值（MAX）：被检测到的该指标的最大值。平均含量（AVE）：某种食品含有该指标（某类致病微生物或有毒有害物质）的数据的算术平均值。超限率（OUT）：整个样本集中，超出限量标准（STA）的样品个数占整个样本集的百分比例。超限程度（OUD）：整个样本集中，该指标所有超限样品超出限量标准的偏离程度。

2. 食品种类指标

食品合格率（σ）为被检测食品合格的样品个数占整个样本集的样品总个数。食品抽检合格率属于结果类指标，难以反映食品安全监管过程的整体状况。各相关方对于食品合格率指标并不认可。食品不安全度（h）为被检测食品整体的不安全程度。

3. 整体状态指标

食品安全指数（IFS）可以用来评价食品中某种危害物 C 对消费者健康影响。

三、预警评价系统的指标体系

（一）系统的指标选择

1. 系统评价的指导思想

追求实现目标的思想原则、追求经济与社会利益的思想原则、综合评价的思想原则、系统规划的思想原则。在综合评价中，关键问题主要有：其一，指标选择；其二，权数的确定；其三，方法的适宜。在应用综合评价方法时，应当随时把握住上述3个关键问题的可行性和科学性。

2. 系统评价的基本原则

涵盖了以下4方面，分别是整体性原则、客观性原则、科学性原则、实用性原则。评价指标体系要繁简适中，计算评价方法简便易行，即评价指标体系不可设计得太烦琐，在能基本保证评价结果的客观性、全面性的条件下，指标体系尽可能简化，减少或去掉一些对评价结果影响甚微的指标。

3. 系统评价指标体系

其分成政策性指标：包括政府的方针、政策、法令、规划等。技术性指标：包括产品的性能、寿命、可靠等，以及工程的设备、设施、运输等。经济性指标：包括方案的成本、利润、资金、周期等。社会性指标：包括社会的福利、发展、就业、环境等。资源性指标：包括工程的物资、人员、能源、土地等。时间性指标：包括工程的进度、时间等。

（二）指标的标准化预处理

1. 指标的量化

统计指标的量化：用具体公式或具体数字赋予指标值。基础是对指标进行科学论证、认真测算和广泛征求各方面意见。保证指标的科学性是"量化指标"的首要前提。

2. 指标的归一化

"指标归一"的含义：其一，递增型（优）/递减型（劣）指标的"归一"；其二，"量纲"的"归一"。其三，"数值范围"的"归一"。

3. 指标的有序化

各目标集的重要度，系统的所有组成元素按照特定的逻辑法则进行顺序排列的过程。

4. 指标的一致化

目标集内部的一致化。一致性就是数据保持一致，在分布式系统中，可以理解为多个节点中数据的值是一致的。同时，一致性也是指事务的基本特征或特性相同，其他特性或特征相类似。可解决目标的"冲突性"。

从国内外预警研究的实践来看，警兆指标应随着不同时期进行调整，警限的确定比较困难，需要长期的实践积累，所以应随着条件变化而修正，尤其是无警的警限应力求反映客观实际。一些新的污染物、毒性的警限确定需要经过一定时间的规范的实验确定。不得检出的危害物种类和限量标准指标，严格按照国际标准或国家标准规定执行。

第三节　典型食品安全总体状况评价的逻辑预警设计

一、预警的目的

为及时通告和报告质量监管的状态，科学、准确预测食品质量的变化趋势，建立与食品质量安全的关键指标，通过指标分析和机制运行，实现加工食品质量安全问题的预测预防和快速应对。

二、主要依据

1. 加工食品

依据国家质检总局公布的 28 大类加工食品类别及规范名称，以及已经实施市场准入管理的监管工作进展，以 28 大类食品作为预警研究的对象，并对应食品监管司已经建设的《食品安全快速检测快速应对系统》中的统计数据指标，以便于利用该数据库为预警分析提供支持。

2. 食品加工企业

食品加工企业承担生产合格食品的职责，是加工食品最易出现安全问题的关键和要害。根据逻辑预警的思想，食品生产过程出现任何不安全的警情，都将成为警兆或警源。在预警分析时，食品生产企业的信用水平、管理理念、制度建设、风险监控机制、产品装备和工艺的现代化程度、产品检测检验水平、原材料的质量控制等方面，都是相关的影响要素，预警指标必须考虑食品生产企业。

在 28 大类食品的生产企业中，企业规模差别较大，既有大型企业，也有中小型企业。预警指标设计时，企业规模可以作为一个要素，这样可以监测企业规模与产品质量安全方面的相关性，通过较长时期的数据与信息积累，探寻相互之间的影响特性。另外，在发布预警信息时，也有利于对不合格产品的生产企业进行更深层的剖析。

28 大类食品的生产企业产品的品牌情况，以及食品生产许可证、食品卫生许可证和食品经营许可证的认证情况，其他有关的认证，都是证明企业资质的重要内容，在预警研究时同时予以考虑。

3. 食品质量监测的主要类型

食品质量监管工作建立监督检测制度，设置常规监督管理、定期监测检验、专项检查、不定期动态抽检等方式。监督检测类型以及数据、信息的积累，是预警指标是否具有可操作性的基础。

4. 食品质量安全问题的主要特点

加工食品需要预警的安全问题很多，不同类别的食品表现出的问题差异也很大。根据长期以来的日常监管和专项检查、监测的结果表明，产品不合格通常的问题主要是产品质量存在限量指标超标问题，或者添加剂超范围使用问题，以及卫生和包装方面的问题。在市场化的进程中，加工食品暴露的食品污染问题、假冒伪劣问题和人为破坏问题，也已经成为新的食品安全问题。

食品的污染问题主要是化学性污染、生物性污染和物理污染，涉及加工设备、生产过程、环境污染、食品新资源、加工新技术等多个方面。加工食品出现污染，污染状况的表征和产生污染的原因最为重要，研究清楚则可以提高预警的准确程度。

我国食品的假冒伪劣问题也很突出，已经成为质量监督的重要和专项的检查内容。对于信用低下的企业，或者冒牌的小作坊等，以低等劣质原料或配料生产食品，或者冒充品牌，甚至使用非食品添加剂非食用物质生产食品，造成严重的食品安全问题和隐患。三鹿乳品企业生产劣质奶粉事件，暴露出品牌龙头企业也可能制造和销售劣质，使得假冒伪劣问题更为复杂。另外，防范人为利用食品进行破坏活动，也是国际大环境中需要共同面对的新的食品安全问题。

三、逻辑预警

食品安全预警是一个复杂体系，为了预防食品安全问题出现，对加工食品进行风险监控和危害预警，选择逻辑预警方法较为合适。

（一）逻辑预警基本架构

按照国家质量监督检验检疫部门负有的食品安全监管职责，结合机构设置和实际监管工作，将预警指标的功能按逻辑关系设计为综合预警警度（A 层）→警素指标（B 层）→警兆指标（C 层）→警源指标（D 层）。逻辑预警的功能结构示意如图 3-11 所示。

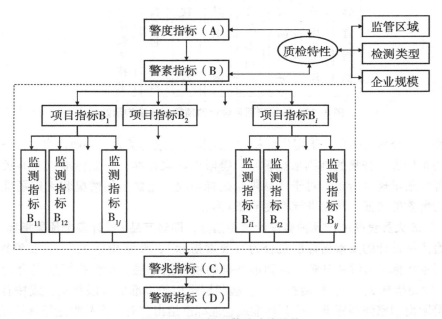

图 3-11　逻辑预警的功能结构

其中，警素指标是复杂指标体系，指标 B 层可按递阶特性分解为多层结构，B_i 是 B 的子集，B_{ij} 是 B_i 的子集，以此类推，恰当选择层次即可。另外，考虑预警机制的运行以及预警指标信息的综合，结合产品质量监管的实际特点，选择"监测检验区域"

"监测检验类型"和"企业规模"作为指标体系的参考关联项目。例如，需要发布某省大型食品企业的产品质量抽检结果，则预警结构表示的逻辑关系为：警源 D→警兆 C→警素 B {B₁、B₂，…，Bᵢ} → {省，大型企业，日常监管} 的警度 A。

（二）预警指标设计

预警指标结构设计有以下两种方案。

1. 将监测项目作为警素指标的预警指标结构设计

可以设计单项的监测项目为食品安全警素指标。如选择奶制品监测项目"三聚氰胺含量"为警素监测指标，检测对象为奶制品的品种 1、品种 2……，各个品种的样品集合为 {样品 1，样品 2……}。也可以设计多个监测项目为食品安全警素指标，如选择市场准入指标、产品质量指标、食品包装指标、污染物指标等。监测对象为 28 大类食品，如指定食品类别中的产品品种 1、品种 2……按多个监测项目设计的预警指标体系结构示意如图 3-12 所示。

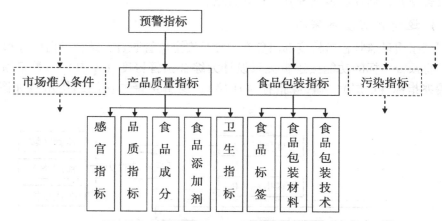

图 3-12　按检测项目设计的预警指标结构示意

预警指标分解为多层，下层指标相对上层指标有隶属关系，一般而言，最下层是便于检测的指标层。警素的判别依据警限，警限由国家标准、企业标准以及有关的强制性、推荐性限量规定给出。对于产品限量超标情况、违禁滥用情况和无市场准入等情况，作为警素的表征，从而进行相关预警工作。

2. 按 28 大类食品的产品种类设计预警指标，即对产品 i 设计多个预警指标

预警指标设计的要素指标层集合为 {要素指标 1，要素指标 2，…，要素指标 k}。其中，要素指标又可继续分解，直到最基础的检测指标层。检测指标层集合为 {检测指标 1，检测指标 2，…，检测指标 j}。检测层指标按标准的警限判定，或按有关规定审定。警限由国家强制标准、推荐标准或企业标准给出。对于产品限量超标情况、违禁滥用情况和食品市场准入情况等，检测指标也可作为警兆指标。

所有不合格检测的样本数归总得到产品 i 的不合格率。对于不合格产品进行更深层的分析，检测其中的污染物的危害强度和毒性状况。由此，可以根据不合格率以及危害物污染率和毒性强度报告和预警。按产品设计预警指标的示意如图 3-13 所示，产品 i

的样本集合为 {样本 1，样本 2，……}。

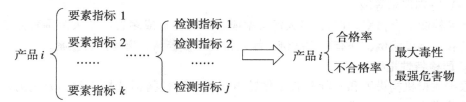

图 3-13 产品预警指标结构设计

（三）警度与等级

1. 警度与等级

按照逻辑预警的思想，警度按等级管理，级别的设计与国家重大食品安全事件应急预案的等级划分相对应，分为 4 个级别，依据警情的严重程度由轻到重分别为一般、较重、严重、特别严重。

警度 A 的等级根据警情指标 B 的检测分析结果确定。B 的检测分析结果分为合格率、不合格率、污染物最强毒性、最大污染率。由于食品质量的常规性监测或专项检查都是以批次总体检测的合格率指标表征的，因此，当合格率低于（或不合格率高于）某个限值或规定，检测对象的不安全性风险增大。污染物最强毒性和最大污染率是针对不合格样本中的极端情况考虑的，污染物最强毒性是指不合格样本中具有最大危害物质的种类和剂量，当不合格样本的污染物最强毒性极大时，尤其是剧毒物质，即使检测到的样本极少，所含的量也是微量，但是，产生食品安全问题的风险却极大，如病毒中的禽流感病毒、SARS 病毒，以及强致癌污染物二噁英等。只要是对人体有极大的危害，这样的不合格状况也要给予警示。最大污染率是指不合格率中污染样本数与不合格样本总量的百分比，即：最大污染率（%）=（受污染的样本数/不合格样本总数）×100。最大污染率反映了食品受到污染的危害程度。

警度等级的具体设计如下。

（1）一般等级

如经风险评估的致病污染物监测预报、产品检测不合格率[①]≤1%、生产许可证不规范等，由于未造成实际的食品安全事件，可以是职能部门系统内部的警示性预报、或上报和其他相关部门之间的通报。

（2）较重等级

如检测到限量指标严重超标、1%<产品检测不合格率≤5%、检出不得检出物[②]、最大污染率或最强毒性已经造成省辖范围内食品安全污染事件，触发较重警情，启动预警预案。

（3）严重等级

当 5%<产品检测不合格率≤10%，最大污染率或最强毒性造成跨省级区域的多省

---

① 警度等级中的产品检测合格率（或不合格率）的限值（%）根据 28 类食品种类按类别设定，同时参考过去 3~5 年全国的检测平均值。

② 不得检出物指致病菌、非食品添加剂、非食用物质、其他有毒有害物质等。

区市较大范围食品安全污染事件和人感染病例，触发严重警情，启动预警预案。

（4）特别严重等级

产品检测不合格率>10%，最大污染率或最强毒性造成多省区市大范围食品安全污染事件和人感染病例，并有死亡病例，触发特别严重警情，启动预警预案。

2. 质检特性指标

根据质检机构设置和实际监管工作特点，质检特性指标选择 3 类，分别为监管区域、检验类型和企业规模，初步设计如下。

①监管区域 P：多省级区域 P_1；省（区、市）P_2；省属市、县地区 P_3；其他 P_4。

②检验类型 K：监督抽查 K_1；定期监测 K_2；日常监管 K_3；其他 K_4。

③企业规模 T：大型企业 T_1；中型企业 T_2；小型企业 T_3；其他 T_4。

监管区域是考虑实际的预警范围需要，"其他 P_4"类别是指不能明确归类到 P_1—P_3 中的区域、由于质量检验检疫的需求所监测检查的区域，如淡水湖域、沿淮城市、禽流感疫区等。检验类型按照目前的质量监管方式分为监督、定期和日常 3 类，其他的专项监测与检查不能归类到这 3 种时，划入到"其他 K_4"中。监管对象如不能明确划分规模，则列入"其他 T_4"。

3. 警度的等级关系

警度 A 依据警素 B 的分析结果确定等级程度，实现预警通报或启动预警预案。如果在确定警度时同时考虑产品质量监管的一些要素，例如，监测样本所代表的企业规模状况、样本反映的监督范围等，尽管质量监管特性指标不属于逻辑预警指标，不具有预警特性，但是，设计警度等级关系时依然可以将质量监管指标关联进来，如图 3-14 所示，图中虚线即表示质量特性指标的关联。另外，图 3-14 中 x、y、z 的数值需要进一步研究后得出。

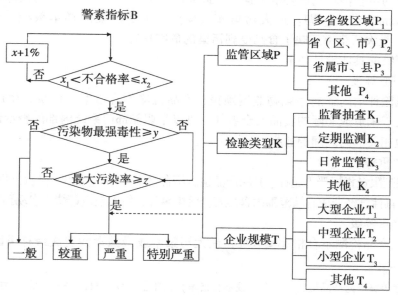

图 3-14　警度按等级管理

四、按监测项目预警

(一) 警素、警限与警源的基本关系

为了方便分析警素指标，将警素进行分类，按分类设计警素监测指标。

表 3-21 从社会经济发展角度给出了食品安全评价警度设计。根据目标警度，设计出警素，再根据警素具体给出警情的监测要素。而表 3-22 则从食品安全角度对警素指标、警限和警源指标进行了设计。

表 3-21　食品安全评价警度

目标警度	警素分类	警情监测要素	警源检测指数与警兆 (景气警兆和动态警兆)
食品安全总体警度	食物供给平衡	农业总产值增长率	农业总产值，农产品平均价格水平，政策扶持力度
		粮食总产增长率	粮食总产量，总耕地面积，要素投入
		粮食储备率	年粮食总产量，粮食周转储备率，年粮食消费总量
		食物自给率	粮食进口总量，食用油脂进口总量，年增长变化率
		人均食品占有率	总人口增长率，食品总供给增长率，主要消费种类食品供给增长率
		食品需求量波动率	粮食总需求量与食品需求中长期趋势的允许偏差，其他主要种类的食品总需求量与食品需求中长期趋势的允许偏差
	主要食品种类质量安全	食品卫生监测总体合格率	总菌数，大肠菌，毒素，食品添加剂
		优质蛋白质占总蛋白质比重	优质蛋白质总量，总蛋白质总量
		动物性食品提供热能比	蛋白质提供热能比，脂肪提供热能比
		危害物监测合格率	禁用农药、兽药检出合格率 (警兆检出率)，限量农药残留量合格率 (警兆检出率、超标率)，限量兽药残留量合格率 (警兆检出率、超标率)，限量激素残留量合格率 (警兆检出率、超标率)，生物污染种类、污染含量合格率 (警兆检出率、超标率)，有机物污染含量、有机物污染毒性合格率 (警兆检出率、超标率、毒性等级)，致病微量元素种类和毒性合格率 (警兆检出率、超标率、毒性等级)，其他危害物种类、含量和毒性合格率 (警兆检出率、超标率、毒性等级)
		最大超标危害物风险指数	不合格食品的最大超标含量，不得检出物质的检出含量，新的危害物质含量
	生态环境安全	人均水资源量	人口数量，灌溉面积占耕地面积比重，工业用水量，生活用水量，蓄水层
		人均耕地	总人口增长率，总耕地面积
		水土流失率	地表保护质量，气候变化变异状况
		废气排放量	废气排放总量、大气污染物排放浓度
	经济与社会安全	GDP 总量增长率	GDP 总量
		人均收入水平	总人口增长率
		劳动生产率	农业劳动力人均负担耕地面积，产业结构变化

表 3-22 警素、警限与警源的关系

警素指标			警 限	警源指标
指标	分类指标	监测项目指标		
警素 B	产品准入条件 B_1	企业生产许可证 B_{11}	批准省区市、批准单位、有效期	无卫生许可证或不合格；无工商营业执照或不合格；企业不良信用记录
	产品质量指标 B_2	感官指标 B_{21}	标准规定	
		品质指标 B_{22}		
		食品成分 B_{23}		
		食品添加剂 B_{24}		
		卫生指标 B_{25}		
	食品包装指标 B_3	食品标签 B_{31}	标准规定；食品包装规定；环境卫生要求	
		食品包装材料 B_{32}		
		食品包装技术 B_{33}		
	化学性污染指标 B_4	农药残留 B_{41}	限量超标不得检出	原材料；配料与辅料；产品工艺；产品配方；产品加工环境卫生；企业自检纪录；检测机构的资质
		兽药残留 B_{42}		
		重金属污染 B_{43}		
		天然有毒有害物质 B_{44}		
		环境化学污染 B_{45}		
	生物性污染指标 B_5	真菌毒素污染 B_{51}		
		病毒污染 B_{52}		
		细菌污染 B_{53}		
		寄生虫污染 B_{54}		
	物理污染指标 B_6	异物 B_{61}		
	非法添加物 B_7	非食品添加剂 B_{71}	不得检出	企业违法；人为破坏
		非食用物质 B_{72}	按照国家有关规定	
		其他 B_{73}		

注：警限栏中"国家强制性标准指标；国家推荐性标准指标；行业标准；企业标准；企业明示指标；规定的临时监管限量指标或推荐限量指标"对应 B_3 至 B_6 区间。

（二）预警的逻辑关系

预警指标体系的逻辑关系和层次结构设计如图 3-15 所示。警度为目标层 A。警素指标为 B 层，为了具有良好的实用性，将 B 层分解为三层结构，B_i 层相对 B 层，B_{ij} 层相对 B_i 层。针对每一警素指标，分析和寻求到相应的警兆指标和警源指标，这是最理想的逻辑预警关系。警素指标中有些指标如"污染物指标"具有警情征兆特性，也可以作为警兆指标；一些检测指标的进一步分解，如感官指标的"色度""气味"等指标，即可作为警兆指标。问题是，大多数的情况我们已经能够知道的警兆和警源极其有限。

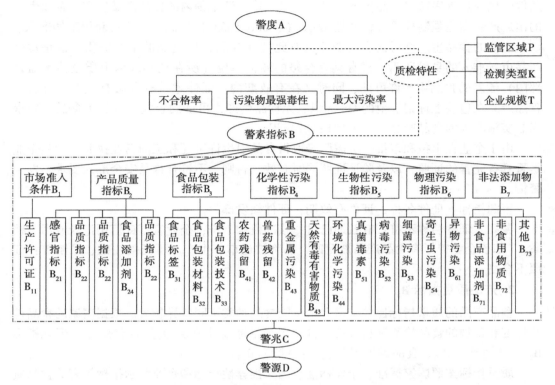

图 3-15 按监测项目设计的预警指标逻辑结构

（三）关键要素与内涵分析

警素指标分为指标层 B、分类层 B_i 和检测层 B_{ij}。分类层 B_i 设计了 7 个警素分类指标，分别是市场准入条件 B_1、产品质量指标 B_2、食品包装 B_3、化学性污染指标 B_4、生物性污染指标 B_5、物理污染 B_6、非法添加物 B_7。每一类警素指标继续分解为对应的检测层指标 B_{ij}，共设计了 22 个警素检测指标。

警素的警限依据国家强制性标准、国家推荐性标准、企业标准、企业明示标准和国家有关的规定，标准或规定中的项目限量值或推荐限量值即是警限。警兆和警源指标较难精确设计，本研究主要按照专家们的意见和经验给出。关键指标及其内涵的具体设计如下。

1. 市场准入条件 B_1

依据《中华人民共和国产品质量法》《中华人民共和国标准化法》《工业产品生产许可证试行条例》等法律法规以及《国务院关于进一步加强产品质量工作若干问题的决定》的有关规定，国家市场监督管理总局对食品及其生产加工企业实行食品质量安全市场准入制度。

产品准入条件 B_1 的检测项目指标为企业生产许可证 B_{11}，内容为批准的省（区、市）、批准单位、批准时间的有效性。

企业生产许可证 B_{11}：从事食品生产加工企业，必须具备保证食品质量安全的基本条件，按规定程序获得食品生产许可证，准予许可证范围内的食品产品生产；企业生产的出厂产品实施强制检验合格并加贴 QS（Quality Safety）标志后，方可获得市场准入。

企业的食品生产许可证表明企业具有此类（或品种）食品的生产资质，也是食品产品市场准入的身份证明，只有具有合格的颁证单位（所在地县级以上质量技术监督部门）颁发的食品生产许可证、同时又在有效期内，证件才具有合法有效性。合法的食品产品在包装上标记规范的 QS 标识。无食品生产许可证的企业不准加工食品，要求强制实施准入的食品产品，必须加贴 QS 标识。

由于企业在申报和审批时必需已经取得食品卫生许可证和工商营业执照，检验企业是否具备完善的证照，以及验证证照同时有效，否则，不符合食品安全准入要求，发生警情。

警源指标：证件名称；证件有效期；证件核发部门。

警兆：证件名称不符；有效期已过；核准机构不符；企业有不良信用记录或污点档案；（如该企业曾经有食品产品被召回、品牌被退市、生产许可证被注销、吊销等；证照不合格）。

2. 产品质量指标 B_2

食品产品的质量指标比较丰富，指标因食品种类不同差异较大。根据国家的食品检测标准和常规的食品检验项目分类，食品质量指标设计分别为感官指标 B_{21}、理化指标 B_{22}、食品成分 B_{23}、食品添加剂 B_{24}、卫生指标 B_{25}。

质量指标按照国家标准、企业标准、国家推荐性指标和企业明示指标等有关食品质量的项目和限量规定执行。不允许有违反限量、不得检出物检出。不允许超范围使用食品添加剂。不得使用非食用物质、非食品添加剂和劣质食品原料。

（1）感官指标 B_{21}

感官指标主要是对食品的色、香、味、形、重量、温度等的度量，是食品重要且极具特色的质量指标。感官指标按照标准检测，感官指标不合格触发警情。感官变异严重的食品表明已经产生严重质量问题。

警源指标：工艺条件；加工环境；卫生条件；工艺配方；加工过程控制。

警兆：色泽不正、异常气味、口感滋味不正、液态产品有非正常的浑浊或沉淀分层、固态产品形状非正常改变等；限量超标或不达标；有异物。

（2）品质指标 B_{22}

品质指标包括灰分、酸度、蛋白质、固态氨基酸等具有产品特质的理化指标，按照标准检测。限量超标、不达标、成分超标准范围等均为不合格。品质指标不合格，触发警情。

警源指标：工艺配方；加工过程控制。

警兆：指标不达标；限量超标成分超标准范围。

（3）食品成分 B_{23}

本项目是指食品产品的主要成分种类和量值要求，28 大类食品以及品种的食品成分组成，按照标准进行检测。食品成分不符合标准的限量要求，有其他劣质替代食用成分，有新的有毒有害成分产生，发出预警。

警源指标：原材料质量控制；工艺配方；加工过程控制企业信用等级和资质。

警兆：食品成分组成及含量不合格；非食用物质和配料劣质食品原料和配料。

（4）食品添加剂 B_{24}

为了增加或改善产品的食用效果，有利于食品获得良好的加工特性，根据标准规定允许在食品中添加食品添加剂，并规定添加的种类和剂量。食品添加剂严格按照《食品添加剂使用卫生标准》（GB 2760—2007）及相关部委食品添加剂公告的有关规定执行。过量添加或超标准范围滥用食品添加剂，均为产品不合格。严禁使用工业制剂。

警源指标：工艺配方；加工过程控制企业信用等级和资质。

警兆：限量超标；超范围滥用添加剂；非食品添加剂。

（5）卫生指标 B_{25}

卫生企业生产的卫生要求主要针对食品企业的食品加工过程、原料采购、运输、储存、工厂设计与设施的基本卫生提出相应的要求及管理准则。按照 GB 14881—2013《食品生产通用卫生规范》执行。卫生指标不达标时触发警情，发出预警。

警源指标：卫生管理制度；企业信用等级和资质。

警兆：生产、流通过程环境卫生不达标；相关人员卫生要求不达标。

3. 食品包装指标 B_3

食品包装是食品产品的最后一道工序，也是食品出厂的最外层保护。食品包装的警素分类指标设计为食品标签 B_{31}、食品包装材料 B_{32}、食品包装技术 B_{33}。

（1）食品标签 B_{31}

食品的标签严格按照国家标准、企业标准、国家推荐性指标和企业明示指标规定执行。强制市场准入的食品种类必须加贴 QS 标识。转基因食品标签要求明示"转基因"字样等。

食品标签执行国家强制性标准 GB 7718—2004《预包装食品标签通则》，标签不合格触发警情，发出预警。

警兆：强制准入未贴 QS 标识；标签必须标注项不全。

警源指标：企业质量控制。

（2）食品包装材料 B_{32}

食品包装采用不同的食品用材质，依然会产生食品安全问题。塑料包装材料由于分子结构、成型工艺、包装材料厚度等不同，在与食品接触中，或在包装时受加工工艺条件影响，会产生有害物质残留问题。如聚苯乙烯（PS）中的残留物质苯乙烯、乙苯、异丙苯甲苯等挥发性物质具有一定毒性。另外，在包装容器上粘贴标签或印刷图文时，当生产工艺控制不严或使用质量低劣的油墨与黏结剂，重金属（铅、镉、汞、铬等）和苯胺或稠环化合物等物质残留，对食品的卫生和人体的健康影响是明显而严重的。纸质、玻璃材质、金属材质等也都有各自的材料特性，作为食品包装用材对食品物性存在不同的影响。

食品包装的材料在与食品接触中不能有危害成分溶出，不能有异味污染，不得使用非食品级材质。食品包装材料还应该能保证包装的外形要求，不能在包装环节有不安全食用物质产生。

警兆：材料成分不合格；包装的颜色、壁厚不合格。

警源指标：产品质量控制。

（3）食品包装技术 B_{33}

采用包装技术保藏食品时，保障食品与包装设备、包装材料、包装容器接触过程不受污染，在有效期内保护水分、承受环境温度和压力的影响、隔绝异味、防止其他液体的渗透等。随着各种包装技术的应用，技术中所采用的气体成分可能使一些微生物的生存环境改善，从而引起食品安全问题。例如改良气体包装采用的高 CO_2 浓度，使畜禽肉制品和水产品中的厌氧菌肉毒杆菌繁殖污染，造成肉毒中毒。散装食品过于粗放的包装形式，也易导致食品的包装污染。

警兆：包装外形破坏；包装内容物质变。

警源指标：包装技术。

4. 化学性污染指标 B_4

食品原料、辅料以及产品的加工过程容易受到各种污染和危害，因此，引入与食品安全相关的污染指标来表征危害的风险程度，便于及时预警。污染指标采用化学性污染、生物性污染和物理污染的分类方式。

食品中的化学性污染主要分类为农药残留 B_{41}、兽药残留 B_{42}、重金属污染 B_{43}、天然有毒有害物质 B_{44}、环境化学污染 B_{45}。化学性污染危害指标的有关项目和限量按照国家标准、企业标准、国家推荐性指标和企业明示指标规定执行。不允许有限量超标、不得检出物严禁检出。标准没有的项目严禁检出。

化学性污染物是最易产生食品安全警情的敏感性强警兆指标。

（1）农药残留 B_{41}

农业（包括林业）种植过程中使用的杀虫（螨）剂、杀菌剂、除草剂、植物生长激素等，由于农药的毒性，在食品中受到严格限制。

由于农药残留的毒性研究进展和环境污染问题突出，我国对高毒高残留的无机类杀虫剂砷酸铅、氟化钠等，有机氯类杀虫剂六六六、滴滴涕（DDT）等已于 1983 年停止生产。有机磷杀虫剂甲胺磷、对硫磷、甲基对硫磷、久效磷、磷胺 5 个高毒农药已被全部淘汰不生产了。目前允许使用高效低毒低残留农药，如沙蚕毒素类杀虫剂、拟除虫菊酯类杀虫剂、生物源杀虫剂、生物除草剂等。

国家标准规定了农药残留的限量值。按照标准严禁限量超标，严禁标准以外的农药残留检出。一旦限量超标或有非标规定的农药检出，触发警情。

警兆：残留限量超标；有毒农药超范围。

警源指标：原辅料污染。

（2）兽药残留 B_{42}

兽药是畜禽、水产类在养殖过程所施用的抗生素、促生长素激素等药物，兽药残留如金霉素残留、呋喃唑酮残留标识物、AOZ 残留、喹噁啉–2–羧酸残留、3–甲基喹噁啉–2–羧酸残留、动物性组织中磺胺类残留等，当人们食用这类食品时等同于服用了兽药，当残留的兽药剂量足够时，会对人体健康产生影响和危害。

国家标准规定了兽药残留限量，按照标准严禁限量超标，严禁标准以外的兽药残留检出。一旦限量超标或有非标规定的兽药检出，触发警情。

警兆：残留限量超标；残留兽药超范围。

警源指标：原辅料污染。

(3) 重金属污染 B_{43}

食品中的重金属有铅（Pb）（mg/kg）、镉（Cd）（mg/kg）、汞（Hg）（mg/kg）、铬（Cr）（mg/kg）、锡（Sn）（mg/kg）、锌（Zn）（mg/kg）、铁（Fe）（mg/kg）、铜（Cu）（mg/kg）、锰（Mn）（mg/kg）等，其中，镉、汞、铅、铬的毒性最强。非金属砷（以 As 计）（mg/kg）的污染及其毒性也较严重。

重金属严格按照限量执行，严禁限量超标，严禁标准以外的重金属检出。

警兆：限量超标；有毒重金属超范围。

警源指标：环境污染；原辅料污染。

(4) 天然有毒有害物质 B_{44}

一些动植物天然含有某些有毒成分，如河豚毒素、泥螺的毒黏液毒内脏、有毒蘑菇、蓖麻籽、仓耳籽、新鲜的银杏果实、扁豆、黄花菜等；食品在储藏不当时也会生成有毒成分，如马铃薯发芽部位的剧毒成分；食品加工过程生成的新的有害成分，如腌制制品工艺生成的 N–亚硝基化合物、油炸、烘烤高淀粉食品生成的丙烯酰胺、酸水解植物蛋白时产生的氯丙醇（MCDP）有毒成分等。

对于天然存在的有毒有害成分，有些是可以利用加工过程去除毒性物质，如马铃薯发芽部位的剔除，对扁豆进行一定时间和温度的煮制；也有一些成分是加工过程才产生的，如高温油炸淀粉生成的丙烯酰胺。

食品中存在的天然有毒有害物质风险通常以提醒的方式预警，不受时间和地点限制，针对食品发布警情预报。对于加工过程产生的有毒有害物质，在国内外技术尚无法解决的情况下，按照国家有关限量指标规定或参照推荐限量执行。

警兆：有毒有害成分检出。

警源指标：天然存在；环境促成；加工形成。

(5) 其他化学污染 B_{45}

因环境污染、使用设备清洗剂等产生的化学性污染，如环境污染物二噁英及其类似物、苯并［a］芘、工业污染产生的氰化物、酚、多氯联苯等。美国因食品加工设备的清洗剂而在乳制品中检测到三聚氰酸污染等。

加工环境产生的污染物产生了新的食品安全问题，污染物种类、毒性及其致病性也正在得到有关专家学者的进一步深入研究，在预警研究时，有必要针对监测对象和预警目的选择检测。属于严禁的项目指标如二噁英则一概不得检出。一旦检出则触发警情。

警兆：限量超标；检出严禁污染物。

警源指标：清洗工序；加工环境卫生；原辅材料；工艺配方。

5. 生物性污染指标 B$_5$

食品中的生物性污染主要指微生物及其代谢毒素，以及虫鼠类生物。生物性污染指标分类为真菌毒素污染 B$_{51}$、病毒污染 B$_{52}$、细菌污染 B$_{53}$、寄生虫污染 B$_{54}$。

生物性污染指标的有关项目和限量按照国家标准、企业标准、国家推荐性指标和企业明示指标规定执行。不允许有限量超标、不得检出物严禁检出。标准没有的项目严禁检出。

（1）真菌毒素污染 B$_{51}$

食品中存在的真菌毒素主要是霉菌及其霉菌毒素，致病霉菌产生的毒素常具有极强的致病性，并伴有致畸性、致癌性。真菌毒素主要有麦角菌、米曲菌、黄曲霉毒素 B$_1$（μg/kg）、褐曲霉毒素（μg/kg）等。

真菌毒素受国家标准严格限制，有些食品种类有霉菌计数（CFU/g）限量值规定。严禁限量超标，严禁不得检出的致病菌检出。

警兆：不得检出致病菌存在。

警源指标：加工过程污染。

（2）病毒污染 B$_{52}$

病毒有口蹄疫病毒、对人的致死率极高的 SARS 病毒、高致病性禽流感病毒、疯牛病病毒、肝炎病毒、肠道病毒，等等。由于病毒可以利用食品长期残存，一旦形成食源性疾病将造成极强的传染性和传播性，致使爆发极严重的致病病例和致死病例。因此，食品严禁病毒检出。

病毒指标也是强警兆指标。一旦检出立即发布预警，严防食品安全事件的蔓延和扩大。

警兆：检出病毒；疑似人感染病例；有病畜（禽）和死畜（禽）。

警源指标：与食品密切接触的人感染病毒；带毒病禽家畜；水源污染；土壤污染。

（3）细菌污染 B$_{53}$

细菌是致病菌，食品中常有沙门氏菌、肉毒梭菌、椰毒伯菌、李斯特菌、志贺氏菌、金黄色葡萄球菌等。国家标准规定致病菌中的沙门氏菌、志贺氏菌，金黄色葡萄球菌不得检出，其他的致病菌规定限量值，严禁限量超标。标准还对菌落总数（CFU/mL）、大肠菌群数目（MPN/100g）、霉菌计数（CFU/g）等规定了严格的限量值，严禁限量超标。

警兆：细菌限量超标；不得检出的细菌存在。

警源指标：清洗工序；加工环境卫生；产品包装与储藏。

（4）寄生虫污染 B$_{54}$

由于食物中的寄生虫和寄生虫卵多以水果、蔬菜、水产品、畜禽等为宿主，寄生虫卵在污染食物和水源的传播中极具抵抗力，所以，寄生虫及寄生虫卵污染的食物一旦被人食用，将导致食源性疾病。

食品中严禁寄生虫和寄生虫卵检出。

警兆：检出寄生虫（卵）。

警源指标：清洗工序；加工环境卫生。

6. 物理污染 B_6

物理污染主要有灰尘、杂物等，用异物指标 B_{61} 表示。

物理污染主要由加工过程或者包装环节、食品储藏卫生不洁产生，按照国家标准、企业标准、国家推荐性指标和企业明示指标规定执行。

警兆：检出异物。

警源指标：清洗工序；加工环境卫生。

7. 非法添加物 B_7

非法添加物主要指非食品添加剂和非食用物质。根据卫生部 2008 年 12 月 12 日发布的第一批在《食品中可能违法添加的非食用物质和易滥用的食品添加剂品种名单》，非法添加物参考原则为：其一，不属于传统上认为是食品原料的；其二，不属于批准使用的新资源食品的；其三，不属于卫生部公布的食药两用或作为普通食品管理物质的；其四，未列入我国食品添加剂（GB 2760—2007《食品添加剂使用卫生标准》及卫生部食品添加剂公告）、营养强化剂品种名单（GB 14880—1994《食品营养强化剂使用卫生标准》及卫生部食品添加剂公告）的；其五，其他我国法律法规允许使用物质之外的物质。此后，直到 2011 年，卫生部对《食品中可能违法添加的非食用物质和易滥用的食品添加剂品种名单》进行了第五批补充。

非法添加物分为非食品添加剂 B_{71}、非食用物质 B_{72}、以及其他非法添加物 B_{73}。非法添加物造成食品污染、食物中毒等食源性疾病暴发并可能导致致死病例，突发重大食品安全事件。非法添加物按国家有关规定监测（如我国对乳制品、含乳制品中的三聚氰胺实行临时限量值监管规定）。

警兆：检出非食品添加剂、非食用物质、劣质食品物料、其他有毒有害物质。

警源指标：企业违法；个人违法。

（1）非食品添加剂 B_{71}

主要是工业用制剂，例如：工业染料苏丹红色素（辣椒和红色食品染色）、孔雀绿色素（加工海带、藻类等染色）、罗丹明 B 玫红色素（加工调味品）、铅铬绿（染茶叶）、工业黄与绿色素（染陈小米和豆制品）；工业盐等；甲醛、烧碱加工水产品；面粉、面包中使用溴酸价；工业硫酸、二氧化硫加工干菜、干果；双氧水（过氧化氢）加工熟肉制品、豆制品；工业石蜡、工业滑石粉、硼砂、明矾、硫酸镁、墨汁等加工食品。

（2）非食用物质 B_{72}

例如：工业酒精、甲醇勾兑白酒；工业乙酸、工业盐酸勾兑食醋；工业玉米淀粉和工业木薯淀粉制作粉丝；非食用蛋白三聚氰胺制作的乳制品、含乳制品、鸡蛋；非食用蛋白水解液毛发水勾兑酱油。

（3）其他 B_{73}

食品中存在使用劣质物料，例如：使用过期的原料、不能食用的变质原料、低等级原料冒充高等级原料等；使用酸败变质油加工膨化食品；用泔水油、地沟油类不能食用的废弃油脂加工食用油；矿物油加工大米、饼干；陈化粮加工食用粮和粮食制品；药死或病死畜禽制作熟肉制品；过期变质回收肉加工肉制品；糖精钠、奶精、麦芽糊精生产劣质奶粉。

另外，由于食品安全也是公共安全，所以，犯罪分子或恐怖分子利用食品人为投放有毒有害物质，如毒鼠强投毒事件，从而制造大的食品安全事件，这也是食品安全面临的新问题。作为警素指标，设计人为投放有毒有害物质指标 B_{74}，严防有毒有害物质不得检出，严防人为恶性食品安全事件发生。

警兆：检出有毒有害物质；感染病例。

警源：违法企业或个人；犯罪分子、恐怖分子。

五、按食品大类预警

由于同一食品种类中有多种产品品种，因此，在指标设计时主要以质检部门规定的 28 大类食品规范名称为依据，我国已实施食品质量安全市场准入的 28 大类加工食品目录，以及国家标准中的有关产品的检验类别划分。

按照食品大类设计预警指标时，警限主要依据国家标准、企业标准和行业标准，以及国家的有关规定。由于标准中的指标更新具有一定的时效长度，换句话说，无法动态调整，因此，对于一些新的食品安全危害成分的限制措施，以及非食品添加成分无需用标准强制检测的问题，则是预警指标设计的难点和重点。

根据我国已经实施的 33 大类食品类别名称及相关食品质量安全市场准入目录，按照大类分别进行警素指标和警限、警源设计。

（一）粮食加工品

1. 适用范围

（1）小麦粉

通用小麦粉：特制一等小麦粉、特制二等小麦粉、标准粉、普通粉、高筋小麦粉和低筋小麦粉。

专用小麦粉：面包用小麦粉、面条用小麦粉、饺子用小麦粉、馒头用小麦粉、发酵饼干用小麦粉、酥性饼干用小麦粉、蛋糕用小麦粉、糕点用小麦粉、自发小麦粉。

（2）大　米

不包括江米、糙米的食用米。

2. 指标设计

（1）小麦粉的警素、警限与警源指标

详见表 3-23。

表 3-23　小麦粉的警素、警限与警源指标

警素与警限			警　源
理化指标 GB 2761—2011	黄曲霉毒素 B_1（μg/kg）	≤5	
	脱氧雪腐镰刀菌烯醇（DON）（μg/kg）	≤1 000	小麦原料
	玉米赤霉烯酮（μg/kg）	≤60	

（续表）

警素与警限			警　源
重金属 GB 2762—2017	铅（Pb）（mg/kg）	≤0.2	小麦原料， 产品包装
	镉（Cd）（mg/kg）	≤0.1	
	汞（Hg）（mg/kg）	≤0.02	
	总砷（mg/kg）	≤0.5	
农药最大残留限量 GB 2763—2016	磷化物（以 PH_3 计）（mg/kg）	≤0.05	小麦原料， 产品包装材料
	溴甲烷（mg/kg）	≤5	
	甲基毒死蜱（mg/kg）	≤5	
	甲基嘧啶磷（mg/kg）	≤2	
	溴氰菊酯（mg/kg）	≤0.2	
	六六六（mg/kg）	≤0.05	
	林丹（mg/kg）	≤0.05	
	滴滴涕（mg/kg）	≤0.11	
	七氯（mg/kg）	≤0.02	
	艾氏剂（mg/kg）	≤0.02	
	狄氏剂（mg/kg）	≤0.02	
	其他农药	按 GB 2763— 2017 规定 执行	
食品添加剂 GB 2760—2014	过氧化苯甲酰最大使用量（g/kg）	0.06	产品配方
	磷酸三钙最大使用量（g/kg）（面粉中）	5.0	
非食用物质 非食品添加剂	工业滑石粉	不得检出	产品配方，加工 过程
	溴酸钾		
	矿物油		

（2）大米的警素、警限与警源指标

详见表3-24。

表 3-24　大米的警素、警限与警源指标

警素与警限			警　源
感官要求 GB 2715—2016	霉变粒（%）	≤2.0	米源，产品贮藏 环境湿度
有毒有害菌类、 植物种子指标 GB 2715—2016	麦角（%）	≤0.01	米源
	毒麦（粒/kg）	≤1	

（续表）

警素与警限			警　源
真菌毒素 GB 2761—2011	黄曲霉毒素 B$_1$（μg/kg）	≤10	
	脱氧雪腐镰刀菌烯醇（DON）（μg/kg）	≤1 000	米源
	褚曲霉毒素（μg/kg）	≤5	
重金属 GB 2762—2017	铅（Pb）（mg/kg）	≤0.2	大米原料，产品包装材料
	镉（Cd）（mg/kg）	≤0.2	
	汞（Hg）（mg/kg）	≤0.02	
	无机砷（mg/kg）	≤0.2	
农药最大残留限量 GB 2763—2016	磷化物（以 PH$_3$ 计）（mg/kg）	≤0.05	大米原料，产品包装材料
	溴甲烷（mg/kg）	≤5	
	马拉硫磷（mg/kg）	≤0.1	
	甲基毒死蜱（mg/kg）	≤5	
	甲基嘧啶磷（mg/kg）	≤5	
	溴氰菊酯（mg/kg）	≤0.5	
	六六六（mg/kg）	≤0.05	
	滴滴涕（mg/kg）	≤0.05	
	氯化苦（以原粮计）（mg/kg）	≤2	
	七氯（mg/kg）	≤0.02	
	艾氏剂（mg/kg）	≤0.02	
	狄氏剂（mg/kg）	≤0.02	
	其他农药	以 GB 2763 规定执行	
杀虫剂最大 残留限量 GB 14928.11— 1994	杀虫环（mg/kg）	≤0.2	大米原料
非食用物质	不能食用的陈化粮	不得检出	米源

（二）食用油、油脂及其制品

1. 适用范围

含食用调和油，不包括芝麻油。

2. 警素、警限与警源指标设计

（1）食用植物油的警素、警限与警源指标

详见表 3-25。

表 3-25 食用植物油的警素、警限与警源指标

警素与警限			警 源
理化指标 GB 2716—2018	酸价（KOH）（mg/g）	≤3	原料，加工过程，储藏过程
	过氧化值（g/100g）	≤0.25	
	溶剂残留量（mg/kg）	≤20	
	游离棉酚（mg/kg）：棉籽油	≤200	
重金属 GB 2762—2017	铅（Pb）（mg/kg）	≤0.1	原料环境污染，包装材料
	总砷（以 As 计）（mg/kg）	≤0.1	
真菌毒素 GB 2716—2018	黄曲霉毒素 B_1（µg/kg）	花生油、玉米胚油 ≤20	原料
		其他油 ≤10	
农药最大残留限量 GB 2763—2016	涕灭威（mg/kg）	食用花生油 ≤0.01	原料，产品包装材料
		食用棉籽油 ≤0.01	
	毒死蜱（mg/kg）	棉籽油 ≤0.05	
食品添加剂 GB 2760—2014	丁基羟基茴香醚（BHA）（g/kg）	≤0.2	加工过程
	二丁基羟基甲苯（BHT）（g/kg） （抗氧化剂 BHA 与 BHT 混合使用时，总量不得超过 0.2g/kg）	≤0.2	
有毒有机降解物[a]	多氯联苯		
	二噁英		
非食用物质 非食品添加剂 劣质食品原料	泔水油、地沟油等废弃油脂	不得检出	加工环境，食品原料，质量管理
食品包装	食品用材料质量差、回收旧容器		

注：a. 资料来源：陈锡文，邓楠. 中国食品安全战略研究 [M]. 北京：化学工业出版社，2004。

（2）食用调和油的警素、警限与警源指标

详见表 3-26。

表 3-26 食用调和油的警素、警限与警源指标

警素与警限			警 源
理化指标 SB/T 10292—1998	酸价（KOH）（mg/g）	≤1.0	
	水分及挥发物（%）	≤0.1	
	杂质（%）	≤0.1	
	过氧化值（meq/kg）	≤12	
卫生标准	按 GB 2716—2018 的要求执行		工艺配方，加工环境，食品原料
非食用物质 非食品添加剂 劣质食品原料	泔水油、地沟油等废弃油脂	不得检出	
食品包装	包装材料质量差、回收的旧容器		

（三）调味品

1. 适用范围

①酱油：酿造酱油、配制酱油。不包括调味液、酱汁。

②食醋：酿造食醋、配制食醋，不包括醋精。

③味精：谷氨酸钠（99%味精）、强力味精、特鲜味精。

2. 调味品的警素、警限与警源指标设计

（1）酱油的警素、警限与警源指标

酱油的警素、警限与警源指标见表3-27。根据酱油的制造原理生产的产品有配制酱油和酿造酱油两种，配制酱油没有等级之分，由于生产工艺主要是勾兑，所以，配制酱油在满足表3-27的同时，还涉及的警素、警限与警源指标如表3-28所示。酿造酱油分为4个等级，分别是特级、一级、二级、三级，特级质量最好，一级次之，以此类推。因此，酿造酱油在满足表3-27的同时，还涉及的警素、警限与警源指标如表3-29所示。调味品中添加水解植物蛋白（HVP）时，三氯丙醇按照SB 10338—2000规定的限量为3-MCPD≤1mg/kg。

表3-27 酱油的警素、警限与警源指标

警素与警限			警　源
理化指标 GB 2717—2018	黄曲霉毒素 B_1（μg/L）	≤5	原料，加工过程
	氨基酸态氮（g/100mL）	≥0.4	
	总酸（以乳酸计）（g/100mL） （仅用于烹调酱油）	≤2.5	
真菌毒素 GB 2717—2018	黄曲霉毒素 B_1（μg/L）	≤5.0	原料，加工过程
重金属 GB 2762—2017	铅（Pb）（mg/L）	≤1.0	原料，加工过程，产品包装材料
	总砷（以As计）（mg/L）	≤0.5	
微生物 GB 2717—2018	致病菌（沙门氏菌、志贺氏菌、金黄色葡萄球菌）	符合 GB 29921 的规定	加工过程，产品包装材料
	菌落总数（仅适用于餐桌酱油）（CFU/mL）		
	大肠菌群（CFU/mL）		
食品添加剂 GB 2760—2014	苯甲酸（g/kg）	≤1.0	产品配方
	山梨酸（g/kg）	≤1.0	
非食品添加剂	毛发水、非食用蛋白水解液、非食用色素	不得检出	产品配方

表 3-28　配制酱油的警素、警限与警源指标

警素与警限		警　源
理化指标 SB 10336—2012	可溶性无盐固形物（g/100mL）　　　　　　≥8.00	
	全氮（以氮计）（g/100mL）　　　　　　≥0.70	
	氨基酸态氮（以氮计）（g/100mL）　　　　≥0.40	
其　他 SB 10336—2012	铵盐（以氮计）含量不得超过氨基酸态氮含量的28%	企业生产 过程
	酿造酱油的比例（以全氮计）不得少于50%	
	不得添加味精废液、胱氨基酸废液、用非食用物质生产的氨基酸液	
卫生标准	按 GB 2717 的要求执行	

表 3-29　酿造酱油的警素、警限与警源指标

警素与警限							警　源
			特级	一级	二级	三级	
理化指标 GB 18186— 2000	高盐稀态发酵酱油（含固稀发酵酱油）	可溶性无盐固形物（g/100mL）	≥15.00	≥13.00	≥10.00	≥8.00	
		全氮（以氮计）（g/100mL）	≥1.50	≥1.30	≥1.00	≥0.70	
		氨基酸态氮（以氮计）（g/100mL）	≥0.80	≥0.70	≥0.55	≥0.40	
	低盐固态发酵酱油	可溶性无盐固形物（g/100mL）	≥20.00	≥18.00	≥15.00	≥10.00	企业生产 过程
		全氮（以氮计）（g/100mL）	≥1.60	≥1.40	≥1.20	≥0.80	
		氨基酸态氮（以氮计）（g/100mL）	≥0.80	≥0.70	≥0.60	≥0.40	
卫生标准	铵盐（以氮计）含量不得超过氨基酸态氮含量的30%						
	按 GB 2717 的要求执行						

（2）食醋警素、警限与警源指标

食醋的警素、警限与警源指标见表 3-30，酿造食醋的警素、警限与警源指标见表 3-31，配制食醋的警素、警限与警源指标见表 3-32。

表 3-30　食醋的警素、警限与警源指标

警素与警限		警　源
理化指标 GB 2719—2018	食醋总酸（以乙酸计）（g/100mL）　　　　≥5.0	原料，产品包装 材料
	游离矿酸　　　　　　　　　　　　　　不得检出	

（续表）

警素与警限			警源
重金属 GB 2762—2017	铅（Pb）（mg/L）	≤1.0	原料，产品包装材料
	总砷（以 As 计）（mg/L）	≤0.5	
微生物 GB 2719—2018	致病菌（沙门氏菌、志贺氏菌、金黄色葡萄球菌）	不得检出	原料，加工过程，产品包装材料
	菌落总数（仅适用于餐桌酱油）（CFU/mL）		
	大肠菌群（CFU/mL）		
食品添加剂 GB 2760—2014	苯甲酸（g/kg）	≤1.0	产品配方
	山梨酸（g/kg）	≤1.0	
非食用物质	工业乙酸（冰醋酸）、工业盐酸等		原料

表 3-31　酿造食醋的警素、警限与警源指标

警素与警限			警源
理化指标 GB 18187—2000	总酸（以乙酸计） （g/100mL）	固态发酵食醋	≥3.50	加工过程
		液态发酵食醋	≥3.50	
	可溶性无盐固形物（酒精原料的液态发酵食醋不要求）（g/100mL）	固态发酵食醋	≥1.00	
		液态发酵食醋	≥0.50	
	不挥发酸（以乳酸计）（g/100mL）	固态发酵食醋	0.50	
卫生标准	按 GB 2719 的要求执行			

表 3-32　配制食醋的警素、警限与警源指标

警素与警限		警源
理化指标 SB 10337—2012	可溶性无盐固形物（g/100mL）（酒精为原料的酿造食醋配制而成的食醋不要求）	≥0.50	产品配方，企业生产过程
	总酸（以乙酸计）（g/100mL）	≥2.50	
	酿造食醋的比例（以乙酸计）不得少于50%		
卫生标准	按 GB 2719 的要求执行		

（3）味精的警素、警限与警源指标

味精的警素、警限与警源指标如表 3-33。味精产品中谷氨酸钠（99%味精）在满足表 3-33 的同时，增加表 3-34 的警素、警限与警源指标；特鲜（强力）味精在满足表 3-33 的同时，增加表 3-35 的警素、警限与警源指标。

表 3-33　味精的警素、警限与警源指标

警素与警限			警　源
重金属 GB 2762—2017	铅（Pb）（mg/kg）	≤1	原料，产品 包装材料
	总砷（以 As 计）（mg/kg）	≤0.5	
	锌（Zn）（mg/kg）	≤5	
食品添加剂 GB 2760	二氧化硫（g/kg）	≤0.05	产品配方

表 3-34　谷氨酸钠（99%味精）的警素、警限与警源指标

警素与警限		警　源
重金属 GB 2762—2017	铅（Pb）（mg/kg）　　　　　≤1	原料，产品包装 材料
	总砷（以 As 计）（mg/kg）　≤0.5	
	铁（Fe）（mg/kg）　　　　　≤5	
理化指标 GB/T 8967—2000	谷氨酸钠含量（%）　　　　　≥99.0	产品原料
	透光率（%）　　　　　　　　≥98	
	比旋光度（$[a]_D^{20}$）　　　+24.9⁰ ～ +25.3⁰⁺	
	氯化物（以 Cl⁻计）（%）　　≤0.1	
	pH 值　　　　　　　　　　　6.7～7.2	
	干燥失重（%）　　　　　　　≤0.5	
	硫酸盐（以 SO_4^{2-} 计）（%）　≤0.05	

表 3-35　增鲜味精的警素、警限与警源指标

警素与警限			警　源
重金属 GB 2762—2017	铅（Pb）（mg/kg）	≤1.0	原料，产品包装 材料
	总砷（以 As 计）（mg/kg）	≤0.5	
	铁（Fe）（mg/kg）	≤5	
理化指标 GB/T 8967—2007	呈味核苷酸钠（%）	添加 5′-鸟苷酸二钠　≥1.08	产品原料
		添加呈味核苷酸二钠　≥1.5	
		添加 5′-肌苷酸二钠　≥2.5	
	透光率（%）	≥98	
	硫酸盐（以 SO_4 计）（%）	≤0.05	
	干燥失重（%）	≤0.5	

（四）肉制品类

1. 适用范围

①腌腊肉制品（咸肉类、腊肉类、中国腊肠类和中国火腿类等）。

②酱卤肉制品（白煮肉类、酱卤肉类、肉松类和肉干类等）。

③熏烧烤肉制品（熏烧烤肉类、肉脯类等）。

④熏煮香肠火腿制品（熏煮香肠类和熏煮火腿类）。

2. 肉制品类警素、警限与警源指标设计

（1）腌腊肉制品的警素、警限与警源指标（表3-36）

表3-36　腌腊肉制品的警素、警限与警源指标

警素与警限				警源
理化指标 GB 2730—2015	过氧化值（以脂肪计）（g/100g）	火腿、腊肉、咸肉、香（腊）肠	≤0.50	
		腌腊禽制品	≤1.5	
	三甲胺氮（mg/100g）	火腿	≤2.5	
重金属 GB 2762—2017	铅（Pb）（mg/kg）		≤0.5	原料，产品包装材料
	总砷（以As计）（mg/kg）		≤0.5	
	总汞（以Hg计）（mg/kg）		≤0.05	
	镉（Cd）（mg/kg）		≤1.0	
食品添加剂 GB 2760—2014	亚硝酸盐最大使用量（g/kg）		0.15	产品配方
	丁基羟基茴香醚（BHA）最大使用量（g/kg）		0.2	
非食品添加剂 其　他	工业用双氧水、工业色素等		不得检出	加工过程
	激素、抗生素类药物			

（2）酱卤肉制品的警素、警限与警源指标（表3-37）

表3-37　酱卤肉制品的警素、警限与警源指标

警素与警限			警源
微生物指标 GB 2726—2016	致病菌限量	符合 GB 29921	原料，产品包装材料
	菌落总数（CFU/g）	符合 GB 2726—2016	
	大肠菌群（CFU/g）		
重金属 GB 2762—2017	铅（Pb）（mg/kg）	≤0.5	原料，产品包装材料
	无机砷（以As计）（mg/kg）	≤0.5	
	总汞（以Hg计）（mg/kg）	≤0.05	
	镉（Cd）（mg/kg）	≤0.1	

（续表）

警素与警限			警源
食品添加剂 GB 2760—2014	亚硝酸盐最大使用量（g/kg）	0.15	产品配方
	山梨酸最大使用量（g/kg）	0.075	
非食品添加剂 其　他	工业用双氧水、工业色素等	不得检出	加工过程
	激素、抗生素类药物		

（3）熏烧烤肉制品的警素、警限与警源指标（表3-38）

表3-38　熏烧烤肉制品的警素、警限与警源指标

警素与警限			警源
微生物指标 GB 2726—2016	致病菌限量	符合 GB 29921 的规定	原料，产品包装材料
	菌落总数（CFU/g）	符合 GB 2726—2016 的规定	
	大肠菌群（CFU/g）		
重金属 GB 2762—2017	铅（Pb）（mg/kg）	≤0.5	原料，产品包装材料
	无机砷（以 As 计）（mg/kg）	≤0.5	
	总汞（以 Hg 计）（mg/kg）	≤0.05	
	镉（Cd）（mg/kg）	≤0.1	
食品添加剂 GB 2760—2014	亚硝酸盐最大使用量（g/kg）	0.15	产品配方
	山梨酸最大使用量（g/kg）	0.075	
非食品添加剂 其　他	工业用双氧水、工业色素等	不得检出	加工过程
	激素、抗生素类药物		

（4）熏烧烤肉制品的警素、警限与警源指标（表3-39）

表3-39　熏煮香肠火腿的警素、警限与警源指标

警素与警限			警源
微生物指标 GB 2726—2016	致病菌限量	符合 GB 29921 的规定	原料，产品包装材料
	菌落总数（CFU/g）	符合 GB 2726—2016 的规定	
	大肠菌群（CFU/g）		

（续表）

警素与警限			警　源
重金属 GB 2762—2017	铅（Pb）（mg/kg）	≤0.5	原料，产品包装材料
	无机砷（以 As 计）（mg/kg）	≤0.5	
	总汞（以 Hg 计）（mg/kg）	≤0.05	
	镉（Cd）（mg/kg）	≤0.1	
食品添加剂 GB 2760—2014	亚硝酸盐最大使用量（g/kg）	0.15	产品配方
	山梨酸最大使用量（g/kg）	0.075	
非食品添加剂 其　他	工业用双氧水、工业色素等	不得检出	加工过程
	激素、抗生素类药物		

（五）乳制品

1. 适用范围

乳制品类分为乳制品、婴幼儿配方乳粉，产品品种有液体乳、乳粉和其他乳制品，具体品种如下。

①液体乳：巴氏杀菌乳、灭菌乳、酸牛乳。

②乳粉：全脂乳粉、脱脂乳粉、全脂加糖乳粉、调味乳粉。

③其他乳制品：炼乳、奶油、干酪。

2. 乳制品的警素、警限与警源指标设计

（1）液体乳的警素、警限与警源指标设计

巴氏杀菌乳和灭菌乳的警素、警限与警源指标见表3-40。

表 3-40　巴氏杀菌乳和灭菌乳的警素、警限与警源指标

警素与警限				警　源
理化指标 GB 19645—2010	脂肪（g/100g）	牛乳	≥3.1	奶源，加工设备，加工工艺控制，储存条件
	酸度（不适用调味乳）（T°）	羊乳	12~18 6~13	
	蛋白质（g/100g）	牛乳	≥2.9 ≥2.8	
	非脂乳固体（g/100g）	羊乳	≥8.1	
真菌毒素 GB 2761—2011	黄曲霉毒素 M_1（μg/kg）		≤0.5	

（续表）

警素与警限			警源
污染物 GB 2762—2017	亚硝酸盐（以 NaNO₃ 计）（mg/kg）	≤0.4	奶源，加工设备
	铅（Pb）（mg/kg）	≤0.05	
	无机砷（以 As 计）（mg/kg）	≤0.1	
	铬（mg/kg）	≤0.3	
	总汞（mg/kg）	≤0.01	
微生物[a] GB 19645—2010	致病菌（沙门氏菌、志贺氏菌、金黄色葡萄球菌）		奶源污染，加工工艺控制，加工设备污染，储存条件
	菌落总数（CFU/g）	巴氏杀菌乳 ≤3×10⁴ 灭菌乳 ≤1×10⁴	
	大肠菌群（MPN/100g）	巴氏杀菌乳 ≤90 灭菌乳 ≤3	
食品添加剂	符合 GB 2760		工艺配方
非食用物质 非食品添加剂	三聚氰胺[a]	≤2.5mg/kg	原料乳，加工过程
农药兽药残留	原料乳中存在的抗生素（氯霉素、土霉素等）		奶源污染

注：a. 乳制品还可根据实际监管要求，对蜡样芽孢杆菌、李斯特菌和赫曲霉毒素 A 进行限量规定。三聚氰胺的限量规定为 2008 年五部委联合公布的临时监管限量值。

酸乳的警素、警限与警源指标见表3-41。

表 3-41 酸乳的警素、警限与警源指标

警素与警限			警源
理化指标 GB 19302—2010	脂肪（%）	发酵乳 ≥3.1 风味发酵乳 ≥2.5	奶源，加工设备，加工工艺控制，储存条件
	酸度（T°）	≥70	
	蛋白质（%）	发酵乳 ≥2.9 风味发酵乳 ≥2.3	
	非脂乳固体（%）	≥8.1	
真菌毒素 GB 2761—2011	黄曲霉毒素 M₁（μg/kg）	≤0.5	
污染物 GB 2762—2017	亚硝酸盐（以 NaNO₂ 计）（mg/kg）	≤0.4	奶源，加工设备
	铅（Pb）（mg/kg）	≤0.05	
	无机砷（以 As 计）（mg/kg）	≤0.1	

（续表）

警素与警限			警源
微生物 GB 19302—2010	致病菌（大肠菌群、金黄色葡萄球菌、沙门氏菌）		奶源污染，加工工艺控制，加工设备污染，储存条件
	乳酸菌数（CFU/g）	$\geqslant 1\times 10^6$	
	酵母（CFU/g）	$\leqslant 100$	
	霉菌（CFU/g）	$\leqslant 30$	
食品添加剂	符合 GB 2760		产品配方
非食用物质 非食品添加剂	三聚氰胺（mg/kg）	$\leqslant 2.5$	原料乳，加工过程
农药兽药残留	原料乳中存在的抗生素（氯霉素、土霉素等）		奶源污染

（2）乳粉的预警警素、警限与警源指标设计（表 3-42）

表 3-42 乳粉的警素、警限与警源指标

警素与警限				警源
理化指标 GB 19644—2010	脂肪（%）	乳粉 调制乳粉	$\geqslant 26.0$ —	奶源，加工设备，加工工艺控制，储存条件
	蛋白质（%）	乳粉 调制乳粉	非脂乳固体的34% 16.5	
	复原乳酸度（T°）	牛乳 羊乳	$\leqslant 18$ $7\sim 14$	
	水分（%）		$\leqslant 5.0$	
真菌毒素 GB 2761—2011	黄曲霉毒素 M_1（μg/kg）		$\leqslant 0.5$	
污染物 GB 2762—2017	亚硝酸盐（以 $NaNO_2$ 计）（mg/kg）		$\leqslant 2.0$	奶源，加工设备
	铅（Pb）（mg/kg）		$\leqslant 0.5$	
	总砷（以 As 计）（mg/kg）		$\leqslant 0.5$	
	铬（mg/kg）		$\leqslant 2.0$	
微生物 GB 19644—2010	致病菌（大肠菌群、金黄色葡萄球菌、沙门氏菌）			奶源污染，加工工艺控制，加工设备污染，储存条件，配方污染
	菌落总数（CFU/g）			
食品添加剂	符合 GB 2760			产品配方
非食用物质 非食品添加剂	三聚氰胺（mg/kg）		$\leqslant 2.5$	原料乳，加工过程
农药兽药残留	原料乳中存在的抗生素（氯霉素、土霉素等）			奶源污染

（3）其他乳制品的警素、警限与警源指标设计

奶油的警素、警限与警源指标见表 3-43。

表 3-43　奶油的警素、警限与警源指标

警素与警限			警　源
理化指标 GB 19646—2010	脂肪（%）	稀奶油　≥10.0 奶油　≥80.0 无水奶油　≥99.8	奶源，加工设备，加工工艺控制，储存条件
	水分（%）	奶油　≤16.0 无水奶油　≤0.1	
	非脂乳固体（%）	奶油　≤2.0	
	酸度（T°）	稀奶油　≤30.0 奶油　≤20.0	
重金属	按照 GB 2762—2017 进行		奶源，加工设备
微生物 GB 19646—2010	罐头工艺或超高温瞬时灭菌工艺加工的稀奶油产品	符合商业无菌的要求	奶源污染，加工工艺控制，加工设备污染储存条件
	其他	符合 GB 19646	
食品添加剂	符合 GB 2760—2014		产品配方
非食用物质非食品添加剂	三聚氰胺（mg/kg）	≤2.5	加工过程，原料乳
农药兽药残留	原料乳中存在的抗生素（氯霉素、土霉素等）		奶源污染

炼乳的警素、警限与警源指标见表 3-44。

表 3-44　炼乳的警素、警限与警源指标

警素与警限			警　源
理化指标 GB 13102—2010	蛋白质（%）	淡炼乳和加糖炼乳　≥非脂乳固体的34% 调制淡炼乳　≥4.1 调制加糖炼乳　≥4.6	奶源，加工设备，加工工艺控制，储存条件
	水分（%）	加糖炼乳　≤27.0 调制加糖炼乳　≤28.0	
	非脂乳固体（%）	奶油　≤2.0	
	酸度（T°）	≤48.0	
	黄曲霉毒素 M_1（折算为鲜乳计）（μg/kg）	≤0.5	

（续表）

警素与警限			警　源
重金属 GB 2762—2017	铅（Pb）（mg/kg）	≤0.05	奶源，加工设备
	无机砷（mg/kg）	≤0.1	
	锡（mg/kg）	≤250	
微生物 GB 13102—2010	淡炼乳、调制淡炼乳	符合商业无菌的要求，按 GB/T 4789.26规定的方法 检验	奶源污染，加工 工艺控制，加工 设备污染，储存 条件
	加糖炼乳、调制加糖炼乳	符合 GB 13102—2010	
食品添加剂	符合 GB 2760—2014		产品配方
非食用物质 非食品添加剂	三聚氰胺	≤2.5mg/kg	原料乳，加工 过程
农药兽药残留	原料乳中存在的抗生素（氯霉素、土霉素等）		奶源污染

干酪的警素、警限与警源指标见表 3-45。

表 3-45　干酪的警素、警限与警源指标

警素与警限			警　源
重金属污染物 GB 2762—2017	铅（Pb）（mg/kg）	≤0.05	奶源，加工设备
	无机砷（mg/kg）	≤0.1	
微生物 GB 5420—2010	致病菌（沙门氏菌、单核细胞增 生李斯特氏菌、金黄色葡萄球菌）	符合 GB 5420—2010	奶源污染，加工 工艺控制，加工 设备污染，储存 条件
	大肠菌群		
	霉菌	≤50	
	酵母	≤50	
食品添加剂	符合 GB 2760—2014		产品配方
非食用物质 非食品添加剂	三聚氰胺	≤2.5mg/kg	原料乳，加工 过程
农药兽药残留	原料乳中存在的抗生素（氯霉素、土霉素等）		奶源污染

（六）饮　料

1. 适用范围

①瓶（桶）装饮用水：饮用天然矿泉水、饮用纯净水、饮用水。

②碳酸饮料：碳酸饮料、充气运动饮料。

③茶饮料。

④果（蔬）汁及果（蔬）汁饮料。

⑤含乳饮料：包括发酵型、配制型。

⑥植物蛋白饮料：豆乳类、椰子乳（汁）类、杏仁乳（露）类、核桃乳、花生乳等。

⑦固体饮料：果香型如酸梅晶、蛋白型如麦乳精和豆晶粉、其他型如速溶咖啡和速溶茶粉，但不包括烧煮型咖啡。

2. 饮料的警素、警限与警源指标设计

（1）瓶（桶）装饮用水的警素、警限与警源指标（表3-46）

表3-46　瓶（桶）装饮用水的警素、警限与警源指标

警素与警限			警　源
理化指标 GB 19298—2014	亚硝酸盐（mg/L）	≤0.005	水源
	耗氧量（以 O_2 计）（mg/L）	≤2.0	
	余氯（游离氯）（mg/L）	≤0.05	
	挥发性酚（以苯酚计）（mg/L）	≤0.002	
	三氯甲烷（mg/L）	≤0.02	
	四氯化碳（mg/L）	≤0.002	
	氰化物（以 CN^- 计）（mg/L）	≤0.05	
	阴离子合成洗涤剂（mg/L）	≤0.5	
	总 α 放射性（Bq/L）	≤0.5	
	总 β 放射性（Bq/L）	≤1	
重金属 GB 2762—2017	铅（Pb）（mg/L）	≤0.01	水源，包装材料
	总砷（以 As 计）（mg/L）	≤0.01	
	铜（Cu）（mg/L）	≤1.0	
	汞（Hg）（mg/L）	≤0.001	
	锡（Sn）（mg/kg）	≤150	
	镉（mg/L）	≤0.01	
微生物 GB 19298—2014	铜绿假单胞菌（CFU/250mL）	不得检出	加工过程
	大肠菌群（CFU/mL）	不得检出	
食品添加剂	符合 GB 2760		工艺配方

（2）碳酸饮料的警素、警限与警源指标（表3-47）

表3-47　碳酸饮料的警素、警限与警源指标

警素与警限			警　源
理化指标 GB/T 10792—2008	二氧化碳气容量（20℃）（倍）	≥1.5	加工工艺
	果汁含量（％）	果汁型≥2.5	
重金属 GB 2762—2017	铅（Pb）（mg/L）	≤0.3	水源，产品包装材料
	总砷（以 As 计）（mg/L）	≤0.01	
	锡（Sn）（mg/kg）	≤150	
微生物 GB 2759.2—2003	致病菌（沙门氏菌、志贺氏菌、金黄色葡萄球菌）	不得检出	加工过程
	菌落总数（CFU/mL）	≤100	
	大肠菌群（MPN/100mL）	≤6	
	霉菌（CFU/mL）	≤10	
	酵母（CFU/mL）	≤10	
食品添加剂	符合 GB 2760		工艺配方

（3）茶饮料的警素、警限与警源指标（表3-48）

表3-48　茶饮料的警素、警限与警源指标

警素与警限			警　源
重金属 GB 2762—2017	铅（Pb）（mg/L）	≤0.3	
	总砷（以 As 计）（mg/L）	≤0.01	
	锡（Sn）（mg/kg）	≤150	
微生物 GB 29921—2013 GB 2762—2017	沙门氏菌	不得检出	茶原料，水源，产品包装材料，产品加工配方
	金黄色葡萄球菌（CFU/g）	≤100	
	菌落总数（CFU/mL）	≤100	
	大肠菌群（MPN/100mL）	≤6	
	霉菌（CFU/mL）	≤10	
	酵母（CFU/mL）	≤10	
食品添加剂	符合 GB 2760		

（4）果（蔬）汁及果（蔬）汁饮料警素、警限与警源指标（表3-49）

表3-49 果（蔬）汁及果（蔬）汁饮料的警素、警限与警源指标

警素与警限				警源
理化指标 GB 2761—2017	二氧化硫残留量（g/kg）		≤0.05	加工工艺，果蔬原料
	展青霉素（μg/kg）		≤50	
重金属 GB 19297—2003	铅（Pb）（mg/L）		≤0.05	原料，水源，产品包装材料
	总砷（以 As 计）（mg/L）		≤0.2	
	铜（Cu）（mg/L）		≤5.0	
	镉（mg/L）		≤0.01	
	铁（mg/L）		≤15.0	
	锌（mg/L）		≤5.0	
	锌铜铁总和（mg/L）		≤20.0	
微生物 GB 29921—2013 GB 19297—2003	沙门氏菌		不得检出	加工过程
	金黄色葡萄球菌（CFU/g）		≤100	
	菌落总数（CFU/mL）	低复原果汁	≤500	
		其他	≤100	
	大肠菌群（MPN/100mL）	低复原果汁	≤30	
		其他	≤3	
	霉菌（CFU/mL）		≤20	
	酵母（CFU/mL）		≤20	
食品添加剂	符合 GB 2760			工艺配方

（5）含乳饮料的警素、警限与警源指标（表3-50）

表3-50 含乳饮料的警素、警限与警源指标

警素与警限			警源
理化指标 GB/T 21732—2008	蛋白质（g/100g）	配制型、发酵型≥1.0	原料，配方
	脂肪（g/100mL）	≥2.0	
重金属 GB 2762—2017	铅（Pb）（mg/L）	≤0.3	原料，水源，产品包装材料
	总砷（以 As 计）（mg/L）	≤0.01	
	锡（Sn）（mg/kg）	≤150	

（续表）

警素与警限			警　源
微生物 GB 29921—2013 GB 11673—2003	沙门氏菌	不得检出	加工过程
	金黄色葡萄球菌（CFU/g）	≤100	
	菌落总数（CFU/mL）	≤10 000	
	大肠菌群（MPN/100mL）	≤40	
	霉菌（CFU/mL）	≤10	
	酵母（CFU/mL）	≤10	
食品添加剂 GB/T 21732—2008	苯甲酸（g/kg）	发酵型≤0.03 乳酸菌≤0.03	工艺配方
	其他项目	符合 GB 2760	

（6）植物蛋白饮料的警素、警限与警源指标

以原浆豆奶为例，其警素、警限与警源指标见表3–51。

表3–51　原浆豆奶的警素、警限与警源指标

警素与警限			警　源
理化指标 GB/T 30885—2014	蛋白质（g/100g）	≥2.0	原料，配方
	脂肪（g/100g）	≥0.8	
	脲酶试验	阴性	
重金属 GB 16322—2003	铅（Pb）（mg/L）	≤0.3	原料，水源，产品包装材料
	总砷（以 As 计）（mg/L）	≤0.2	
	铜（Cu）（mg/L）	≤5.0	
微生物 GB 29921—2013 GB 16322—2003	沙门氏菌	不得检出	加工过程
	金黄色葡萄球菌（CFU/g）	≤100	
	菌落总数（CFU/mL）	≤100	
	大肠菌群（MPN/100mL）	≤3	
	霉菌和酵母（CFU/mL）	≤20	
食品添加剂	符合 GB 2760		工艺配方

（7）固体饮料的警素、警限与警源指标（表3-52）

表3-52 固体饮料的警素、警限与警源指标

警素与警限			警源
理化指标 GB/T 29602—2013	蛋白质（g/100g）	植物蛋白≥0.5	原料配方
	水分（%）	≤7.0	
重金属 GB 2762—2017	铅（Pb）（mg/L）	≤0.3	水源，产品包装材料
	总砷（以As计）（mg/L）	≤0.01	
	锡（Sn）（mg/kg）	≤150	
微生物 GB 29921—2013 GB 2761—2017 GB 7101—2003（废止）	沙门氏菌	不得检出	加工过程
	金黄色葡萄球菌（CFU/g）	≤100	
	赭曲霉毒素A（μg/kg） 研磨咖啡 速溶咖啡	≤5 ≤10	
	菌落总数（CFU/mL） 蛋白型 普通型	≤30 000 ≤1 000	
	大肠菌群（MPN/100mL） 蛋白型 普通型	≤90 ≤40	
	霉菌（CFU/g）	≤20	
食品添加剂	符合GB 2760		加工过程

（七）方便食品

方便面的警素、警限与警源指标设计见表3-53。

表3-53 方便面的警素、警限与警源指标

警素与警限			警源
理化指标 GB 17400—2015	水分（g/100） 油炸 非油炸	≤10.0 ≤14.0	面饼原料，加工工艺，储藏环境
	酸价（以脂肪计）（KOH）（mg/g） 油炸	≤1.8	
	过氧化值（以脂肪计）（g/100g） 油炸	≤0.25	
重金属 GB 2762—2017	铅（以Pb计）（mg/kg）	≤0.5	原料，产品包装材料，加工设备
	总砷（以As计）（mg/kg）	≤0.5	
	铝（限量MLs）（mg/kg）新标准无此指标	≤100	

（续表）

警素与警限			警源
微生物 GB 29921—2013 GB 17400—2015	沙门氏菌		不得检出	加工过程
	金黄色葡萄球菌（CFU/g）		≤100	
	菌落总数（CFU/g）	面饼和调料	≤10 000	
	大肠菌群（CFU/g）	面饼和调料	≤10	
食品添加剂	符合 GB 2760			

（八）饼 干

1. 适用范围

酥性饼干、韧性饼干、发酵饼干、薄脆饼干、曲奇饼干、夹心饼干、威化饼干、蛋圆饼干、蛋卷、粘花饼干、水泡饼干。

2. 饼干的警素、警限与警源指标设计

饼干类的食品添加剂符合 GB 2760。严禁使用泔水油、地沟油废弃油脂或矿物油等非食品添加剂或非食用物质。产生重金属污染的警源指标是原料、产品包装材料、加工设备。

（1）饼干的警素、警限与警源指标（表3-54）

表3-54　饼干的警素、警限与警源指标

警素与警限			警源
理化指标 GB/T 20980—2007 GB 7100—2015	水分（%）		≤4.0	饼干原料，加工工艺，储藏环境
	酸价（以脂肪计）（KOH）（mg/g）		≤5	
	碱度（以碳酸钠计）（%）		≤0.4	
	过氧化值（以脂肪计）（g/100g）		≤0.25	
重金属 GB 2762—2017	铅（以 Pb 计）（mg/kg）		≤0.5	原料，产品包装材料，加工设备
微生物 GB 29921—2013 GB 7100—2015	沙门氏菌		不得检出	加工过程
	金黄色葡萄球菌（CFU/g）		≤100	
	菌落总数（CFU/g）		≤10 000	
	大肠菌群（CFU/g）		≤10	
	霉菌计数（CFU/g）		≤50	

（2）韧性饼干的警素、警限与警源指标（表3-55）

表3-55　韧性饼干的警素、警限与警源指标

警素与警限				警　源
理化指标 GB/T 20980—2007 GB 7100—2015	水分（%）	普通型 冲泡型 可可型	≤4.0 ≤6.5 ≤4.0	饼干原料，加工工艺，储藏环境
	酸价（以脂肪计）（KOH）（mg/g）		≤5	
	碱度（以碳酸钠计）（%）	普通型 冲泡型 可可型	≤0.4 ≤0.4 pH值≤8.8	
	过氧化值（以脂肪计）（g/100g）		≤0.25	
重金属 GB 2762—2017	铅（以Pb计）（mg/kg）		≤0.5	原料，产品包装材料，加工设备
微生物 GB 29921—2013 GB 7100—2015	沙门氏菌		不得检出	
	金黄色葡萄球菌（CFU/g）		≤100	
	菌落总数（CFU/g）		≤10 000	加工过程
	大肠菌群（CFU/g）		≤10	
	霉菌计数（CFU/g）		≤50	

（3）发酵饼干的警素、警限与警源指标（表3-56）

表3-56　发酵饼干的警素、警限与警源指标

警素与警限		警　源
理化指标 GB/T 20980—2007 GB 7100—2015	水分（%）	≤5.0	饼干原料，加工工艺，储藏环境
	酸价（以脂肪计）（KOH）（mg/g）	≤5	
	酸度（以乳酸计）（%）	≤0.4	
	过氧化值（以脂肪计）（g/100g）	≤0.25	
重金属 GB 2762—2017	铅（以Pb计）（mg/kg）	≤0.5	原料，产品包装材料，加工设备
微生物 GB 29921—2013 GB 7100—2015	沙门氏菌	不得检出	
	金黄色葡萄球菌（CFU/g）	≤100	
	菌落总数（CFU/g）	≤10 000	加工过程
	大肠菌群（CFU/g）	≤10	
	霉菌计数（CFU/g）	≤50	

（4）薄脆饼干的警素、警限与警源指标（表3-57）

表3-57 薄脆饼干的警素、警限与警源指标

警素与警限			警　源
理化指标 GB/T 20980—2007 GB 7100—2015	水分（g/100g）	≤6.5	饼干原料，加工工艺，储藏环境
	酸价（以脂肪计）（KOH）（mg/g）	≤5	
	过氧化值（以脂肪计）（g/100g）	≤0.25	
重金属 GB 2762—2017	铅（以Pb计）（mg/kg）	≤0.5	原料，产品包装材料，加工设备
微生物 GB 29921—2013 GB 7100—2015	沙门氏菌	不得检出	加工过程
	金黄色葡萄球菌（CFU/g）	≤100	
	菌落总数（CFU/g）	≤10 000	
	大肠菌群（CFU/g）	≤10	
	霉菌计数（CFU/g）	≤50	

（5）曲奇饼干的警素、警限与警源指标（表3-58）

表3-58 曲奇饼干的警素、警限与警源指标

警素与警限			警　源
理化指标 GB/T 20980—2007 GB 7100—2015	水分（%）	普通型和花色型 ≤4.0 可可型 ≤4.0 软型 ≤9.0	饼干原料，加工工艺，储藏环境
	酸价（以脂肪计）（KOH）（mg/g）	≤5	
	碱度（以碳酸钠计）（%）	普通型和花色型 ≤0.3 可可型 ≤8.8 软型 ≤8.8	
	脂肪（%）	≤16.0	
	过氧化值（以脂肪计）（g/100g）	≤0.25	
重金属 GB 2762—2017	铅（以Pb计）（mg/kg）	≤0.5	原料，产品包装材料，加工设备
微生物 GB 29921—2013 GB 7100—2015	沙门氏菌	不得检出	加工过程
	金黄色葡萄球菌（CFU/g）	≤100	
	菌落总数（CFU/g）	≤10 000	
	大肠菌群（CFU/g）	≤10	
	霉菌计数（CFU/g）	≤50	

（6）夹心饼干警素、警限与警源指标（表3-59）

表3-59　夹心饼干的警素、警限与警源指标

警素与警限			警　源
理化指标 GB/T 20980—2007 GB 7100—2015	水分（g/100g）	油脂型　≤6.5 果酱型　≤6.0	饼干原料，加工工艺，储藏环境
	酸价（以脂肪计）（KOH）（mg/g）	≤5	
	过氧化值（以脂肪计）（g/100g）	≤0.25	
重金属 GB 2762—2017	铅（以 Pb 计）（mg/kg）	≤0.5	原料，产品包装材料，加工设备
微生物 GB 29921—2013 GB 7100—2015	沙门氏菌	不得检出	加工过程
	金黄色葡萄球菌（CFU/g）	≤100	
	菌落总数（CFU/g）	≤10 000	
	大肠菌群（CFU/g）	≤10	
	霉菌计数（CFU/g）	≤50	

（7）威化饼干的警素、警限与警源指标（表3-60）

表3-60　威化饼干的警素、警限与警源指标

警素与警限			警　源
理化指标 GB/T 20980—2007 GB 7100—2003	水分（%）	普通型　≤3.0 可可型　≤3.0	原料，加工工艺，储藏环境
	酸价（以脂肪计）（KOH）（mg/g）	≤5	
	碱度（以碳酸钠计）（%）	普通型　≤0.3 可可型　pH 值≤8.8 软型　≤8.8	
	过氧化值（以脂肪计）（g/100g）	≤0.25	
重金属 GB 2762—2017	总砷（以 As 计）（mg/kg）	≤0.5	原料，产品包装材料，加工设备
	铅（以 Pb 计）（mg/kg）	≤0.5	
微生物 GB 29921—2013 GB 7100—2015	沙门氏菌	不得检出	加工过程
	金黄色葡萄球菌（CFU/g）	≤100	
	菌落总数（CFU/g）	≤10 000	
	大肠菌群（CFU/g）	≤10	
	霉菌计数（CFU/g）	≤50	

（8）蛋圆饼干的警素、警限与警源指标（表3-61）

表3-61 蛋圆饼干的警素、警限与警源指标

警素与警限			警源
理化指标 GB/T 20980—2007 GB 7100—2015	水分（%）	≤4.0	饼干原料，加工工艺，储藏环境
	酸价（以脂肪计）（KOH）（mg/g）	≤5	
	碱度（以碳酸钠计）（%）	≤0.3	
	过氧化值（以脂肪计）（g/100g）	≤0.25	
重金属 GB 2762—2017	铅（以Pb计）（mg/kg）	≤0.5	原料，产品包装材料，加工设备
微生物 GB 29921—2013 GB 7100—2015	沙门氏菌	不得检出	加工过程
	金黄色葡萄球菌（CFU/g）	≤100	
	菌落总数（CFU/g）	≤10 000	
	大肠菌群（CFU/g）	≤10	
	霉菌计数（CFU/g）	≤50	

（9）粘花饼干的警素、警限与警源指标（表3-62）

表3-62 粘花饼干的警素、警限与警源指标

警素与警限			警源
理化指标 GB/T 20980—2007 GB 7100—2003	水分（g/100g）	≤6.5	饼干原料，加工工艺，储藏环境
	酸价（以脂肪计）（KOH）（mg/g）	≤5	
	过氧化值（以脂肪计）（g/100g）	≤0.25	
重金属 GB 2762—2017	总砷（以As计）（mg/kg）	≤0.5	原料，产品包装材料，加工设备
	铅（以Pb计）（mg/kg）	≤0.5	
微生物 GB 29921—2013 GB 7100—2015	沙门氏菌	不得检出	加工过程
	金黄色葡萄球菌（CFU/g）	≤100	
	菌落总数（CFU/g）	≤10 000	
	大肠菌群（CFU/g）	≤10	
	霉菌计数（CFU/g）	≤50	

（10）水泡饼干的警素、警限与警源指标（表3-63）

表 3-63　水泡饼干的警素、警限与警源指标

警素与警限			警　源
理化指标 GB/T 20980—2007 GB 7100—2003	水分（%）	≤6.5	饼干原料，加工工艺，储藏环境
	酸价（以脂肪计）（KOH）（mg/g）	≤5	
	碱度（以碳酸钠计）（%）	≤0.3	
	过氧化值（以脂肪计）（g/100g）	≤0.25	
重金属 GB 2762—2017	总砷（以 As 计）（mg/kg）	≤0.5	原料，产品包装材料，加工设备
	铅（以 Pb 计）（mg/kg）	≤0.5	
微生物 GB 29921—2013 GB 7100—2015	沙门氏菌	不得检出	加工过程
	金黄色葡萄球菌（CFU/g）	≤100	
	菌落总数（CFU/g）	≤10 000	
	大肠菌群（CFU/g）	≤10	
	霉菌计数（CFU/g）	≤50	

（九）罐　头

1. 适用范围

①畜禽水产罐头。

②果蔬罐头，包括果酱类、果汁类、浓缩果汁类。

③坚果类罐头，如花生米、核桃仁罐头。

④汤类罐头，如蘑菇、牛尾汤罐头。

⑤混合类罐头，如豆干猪肉罐头、榨菜肉丝罐头。

⑥婴儿食品罐头，如肉泥罐头、菜泥罐头。

⑦麦面食类罐头，如八宝粥、茄汁肉末罐头。

⑧调味类罐头，如香菇肉酱罐头。

2. 警素、警限与警源指标设计

（1）肉类罐头的警素、警限与警源指标（表3-64）

表 3-64　肉类罐头的警素、警限与警源指标

警素与警限				警　源
理化指标 GB 2762—2017	N-二甲基亚硝胺（mg/kg） GB 13100 废止，无更新	西式火腿罐头	≤70	肉类原料
		其他研制罐头	≤50	
	苯并（a）芘（μg/kg）		≤5	烧烤和烟熏加工过程

（续表）

警素与警限			警 源
重金属 GB 2762—2017	铅（Pb）（mg/kg）	≤0.5	肉类原料，罐头包装材料，加工过程
	镉（Cd）（mg/kg）	≤0.1	
	总汞（Hg）（mg/kg）	≤0.05	
	无机砷（mg/kg）	≤0.5	
	锡（mg/kg）	≤250	
	铬（mg/kg）	≤1.0	
	锌（Zn）（mg/kg）	≤100	
微生物指标[a] GB 7098—2015	商业无菌		肉类原料，包装材料

注：a. 微生物检测肉毒梭菌的含量。

（2）鱼类罐头的警素、警限与警源指标（表3-65）

表3-65　鱼类罐头的警素、警限与警源指标

警素与警限				警 源
理化指标 GB 2762—2017 GB 7098—2015	组胺（mg/kg）	鲐鱼、鲹鱼、沙丁鱼罐头	≤100	产品原料
	多氯联苯（mg/kg）		≤0.5	
	苯并(a)芘(μg/kg)	熏烤水产品	≤5	
重金属 GB 2762—2017	铅（Pb）（mg/kg）		≤0.5	产品原料，产品包装材料，加工过程
	镉（Cd）（mg/kg）	除凤尾鱼、旗鱼外 凤尾鱼、旗鱼	≤0.2 ≤0.3	
	甲基汞(Hg)(mg/kg)	食肉鱼 非食肉鱼	≤1 ≤0.5	
	无机砷（mg/kg）		≤0.1	
	锡（mg/kg）		≤250	
	铬（mg/kg）		≤1.0	
	锌（Zn）（mg/kg）		≤50	
微生物指标[a] GB 7098—2015	商业无菌			产品原料，产品包装原料
食品添加剂 GB 2760	茶多酚（g/kg）		≤0.3	产品配方
	焦磷酸钠（g/kg）		≤1.0	
	六偏磷酸钠（g/kg）		≤1.0	

注：a. 微生物内容中检测肉毒梭菌、华支睾吸虫和赭曲霉毒素 A 的含量。

（3）果蔬类罐头的警素、警限与警源指标（表3-66）

表3-66　果蔬类罐头的警素、警限与警源指标

警素与警限				警　源
理化指标 GB 2762—2017	亚硝酸盐（以 NO_2^- 计）（mg/kg）		20	产品原料，产品加工
重金属 GB 2762—2017	铅（Pb）（mg/kg）		≤1	产品原料，产品包装材料，产品加工
	镉（Cd）（mg/kg）		≤0.05	
	砷（As）（mg/kg）	新鲜蔬菜	≤0.5	
	汞（Hg）（mg/kg）	新鲜蔬菜	≤0.01	
	锡（mg/kg）		≤250	
微生物指标 GB 11671—2003	商业无菌			产品原料，产品包装材料
食品添加剂 GB 2760	符合 GB 2670			产品配方

（4）食用菌罐头的警素、警限与警源指标（表3-67）

食用菌罐头是指以食用菌为原料，经加工处理、排气、密封、加热杀菌、冷却等工序加工而成的罐头食品。

表3-67　食用菌罐头的警素、警限与警源指标

警素与警限			警　源
重金属 GB 7098—2015 GB 2762—2017	铅（Pb）（mg/kg）		≤1	原料，产品包装材料，加工过程
	镉（Cd）（mg/kg）		≤0.5	
	汞（Hg）（mg/kg）		≤0.1	
	锡（Sn）（mg/kg）		≤250	
	砷（As）（mg/kg）		≤0.5	
微生物毒素	米酵菌酸（mg/kg）	银耳	≤0.25	
农药最大 残留限量	六六六（mg/kg）		≤0.1	
	滴滴涕（DDT）（mg/kg）		≤0.1	
微生物指标 GB 7098—2015	商业无菌			产品原料，产品包装材料
食品添加剂 GB 2760—2007	符合 GB 2670			产品配方

（十）冷冻饮品

1. 适用范围

冰激凌、雪糕、雪泥、冰棍、食用冰、甜味冰。

2. 冷冻饮品的警素、警限与警源指标设计

冷冻饮品的食品添加剂符合 GB 2760，不得检出致病菌毒素。添加剂的警源是配方；致病菌的警源是原料乳、加工工艺和环境卫生。

（1）冰激凌的警素、警限与警源指标（表 3-68）

表 3-68 冰淇淋的警素、警限与警源指标

警素与警限				警源
理化指标 GB /T 31114—2014	蛋白质（g/100g）	清型 组合型	≥2.5 ≥2.2	原料，产品配方
	脂肪（g/100g）	全乳脂 非全乳脂	≥8.0 ≥5.0	
重金属 GB 2762—2017	铅（以 Pb 计）（mg/L）		≤0.3	原料，产品包装 材料，加工设备
	总砷（以 As 计）（mg/L）		≤0.2	
微生物 GB 29921—2013	沙门氏菌		不得检出	加工过程
	金黄色葡萄球菌（CFU/g）		≤100	
	菌落总数（CFU/g）		≤2 500	
	大肠菌群（MPN/100g）		≤450	

（2）雪糕的警素、警限与警源指标（表 3-69）

表 3-69 雪糕的警素、警限与警源指标

警素与警限				警源
理化指标 GB /T 31119—2014	蛋白质（g/100g）	清型 组合型	≥0.8 ≥0.4	原料，产品配方
	脂肪（g/100g）	清型 组合型	≥2.0 ≥1.0	
重金属 GB 2762—2017	铅（以 Pb 计）（mg/L）		≤0.3	原料，产品包装 材料，加工设备
	总砷（以 As 计）（mg/L）		≤0.2	
微生物 GB 29921—2013 GB 2759.1—2003	沙门氏菌		不得检出	加工过程
	金黄色葡萄球菌（CFU/g）		≤100	
	菌落总数（CFU/g）		≤2 500	
	大肠菌群（MPN/100g）		≤450	

（3）雪泥的警素、警限与警源指标（表3-70）

表3-70 雪泥的警素、警限与警源指标

警素与警限			警　源
理化指标 SB/T 10014—2008	总糖（以蔗糖计）（%）	≥13	产品配方
重金属 GB 2762—2017	铅（以 Pb 计）（mg/L）	≤0.3	原料，产品包装 材料，加工过程
	总砷（以 As 计）（mg/L）	≤0.2	
微生物 GB 29921—2013 GB 2759.1—2003	沙门氏菌	不得检出	加工过程
	金黄色葡萄球菌（CFU/g）	≤100	
	菌落总数（CFU/g）	≤100	
	大肠菌群（MPN/100g）	≤6	

（4）冰棍的警素、警限与警源指标（表3-71）

表3-71 冰棍的警素、警限与警源指标

警素与警限				警　源
理化指标 SB/T 10016—2008	总糖（以蔗糖计）（%）		≥7	产品配方
重金属 GB 2762—2017	铅（以 Pb 计）（mg/L）		≤0.3	原料，产品包装 材料，加工设备
	总砷（以 As 计）（mg/L）		≤0.2	
微生物 GB 29921—2013 GB 2759.1—2003	沙门氏菌		不得检出	加工过程
	金黄色葡萄球菌（CFU/g）		≤100	
	菌落总数（CFU/g）	含豆类 含淀粉或果类 食用冰	≤20 000 ≤3 000 ≤100	
	大肠菌群（MPN/100g）	含豆类 含淀粉或果类 食用冰	≤3 000 ≤100 ≤6	

（5）食用冰的警素、警限与警源指标（表3-72）

表3-72 食用冰的警素、警限与警源指标

警素与警限			警　源
重金属 GB 2762—2017 GB 2759.1—2003	铅（以 Pb 计）（mg/L）	≤0.3	原料，产品包装 材料，加工设备
	总砷（以 As 计）（mg/L）	≤0.2	

（续表）

警素与警限			警源
微生物 GB 29921—2013 GB 2759.1—2003	沙门氏菌	不得检出	加工过程
	金黄色葡萄球菌（CFU/g）	≤100	
	菌落总数（CFU/g）	≤100	
	大肠菌群（MPN/100g）	≤6	

（6）甜味冰的警素、警限与警源指标（表3-73）

表3-73　甜味冰的警素、警限与警源指标

警素与警限			警源
重金属 GB 2762—2017 GB 2759.1—2003	铅（以Pb计）（mg/L）	≤0.3	原料，产品包装材料，加工设备
	总砷（以As计）（mg/L）	≤0.2	
	铜（mg/L）	≤5.0	
微生物 GB 29921—2013 GB 2759.1—2003	沙门氏菌	不得检出	加工过程
	金黄色葡萄球菌（CFU/g）	≤100	
	菌落总数（CFU/g）	≤100	
	大肠菌群（MPN/100g）	≤6	

（十一）速冻食品

1. 适用范围

①面点类：水饺、包子等。

②米类：汤圆、粽子、八宝饭、玉米棒等。

2. 速冻食品的预警指标设计

（1）速冻食品的警素、警限与警源指标设计（表3-74）

表3-74　速冻食品的警素、警限与警源指标

警素与警限			警源
理化指标 SB/T 10379—2004	品温（产品中心温度）（℃）	≤-18	产品原料，产品储藏环境
	酸价（以脂肪计）	≤3	
	过氧化值（以脂肪计）（%）	≤0.2	
	挥发性盐基氮（mg/100g）	≤10	动物原料
	黄曲霉毒素 B_1（μg/kg）	≤5	米面原料

（续表）

警素与警限			警 源
重金属 SB/T 10379—2004	铅（Pb）（mg/kg）	≤0.4	产品原料，产品包装材料，产品加工
	镉（Cd）（mg/kg）	≤0.1	
	汞（Hg）（mg/kg）	≤0.3	
	苯并（a）芘（μg/kg）	≤5	
	砷（以 As 计）（mg/kg）	≤0.5	
	甲基汞（mg/kg）	≤0.2	水产品
微生物指标 SB/T 10379—2004	菌落总数（个/g）	熟制	≤10 000	产品原料，产品包装材料
		生制	≤3 000 000	
	大肠菌群（MPN/100g）	熟制	≤230	
	霉菌计数（个/g）	熟制	≤50	
	致病菌（系指肠道致病菌及致病性球菌）		不得检出	

（2）速冻面米食品的警素、警限与警源指标（表3-75）

适用于以面粉、大米、杂粮等粮食为主要原料，也可配以肉、禽、蛋、水产品、蔬菜、果料、糖、油、调味品等为馅料经加工成型（或熟制）、速冻、包装并在冻结条件下销售的各种面米制品。

表 3-75 速冻面米食品的警素、警限与警源指标

警素与警限			警 源
理化指标 GB 19295—2011	过氧化值（以脂肪计）（g/100g）		≤0.25	动物性或坚果类为主要馅料
重金属 GB 2762—2017	铅（Pb）（mg/kg）	带馅（料）	≤0.5	原料，产品加工，产品包装材料
		不带馅（料）	≤0.2	
	镉（Cd）（mg/kg）	不带馅（料）	≤0.1	
	汞（Hg）（mg/kg）	不带馅（料）	≤0.02	
	砷（以 As 计）（mg/kg）		≤0.5	
	锡（Sn）（mg/kg）		≤250	
	铬（Cr）（mg/kg）		≤1	
	苯并［a］芘（μg/kg）		≤5	

（续表）

警素与警限				警　源
微生物指标 GB 19295—2011	菌落总数（个/g）	熟制	≤10 000	产品原料，产品 包装材料
	大肠菌群（CFU/100g）	熟制	≤100	
	霉菌计数（个/g）	熟制	≤50	
	金黄色葡萄球菌（CFU/100g）	生制 熟制	≤1 000 ≤100	
	沙门氏菌（CFU/100g）		不得检出	

（3）速冻水饺的警素、警限与警源指标（表3-76）

表3-76　速冻水饺的警素、警限与警源指标

警素与警限				警　源
理化指标 GB/T 23786— 2009	水（g/100g）		≤70	产品原料
	脂肪（g/100g）	含肉类	≤18	
	蛋白质（指馅料）（g/100g）	含肉类	≥2.5	
	过氧化值（以脂肪计）（g/100g）		≤0.25	馅料
重金属 SB/T 10422—2007	铅（Pb）（mg/kg）	带馅（料）	≤0.5	原料，加工，包 装材料
	镉（Cd）（mg/kg）		≤0.1	
	汞（Hg）（mg/kg）		≤0.02	
	砷（以As计）（mg/kg）		≤0.5	
	锡（Sn）（mg/kg）		≤250	
	铬（Cr）（mg/kg）		≤1	
	苯并［a］芘（μg/kg）		≤5	
微生物指标 GB 19295—2011	菌落总数（个/g）	熟制	≤10 000	产品原料，产品 包装材料
	大肠菌群（CFU/100g）	熟制	≤100	
	霉菌计数（个/g）	熟制	≤50	
	金黄色葡萄球菌（CFU/100g）	生制 熟制	≤1 000 ≤100	
	沙门氏菌（CFU/100g）		不得检出	

（4）速冻汤圆的警素、警限与警源指标（表3-77）

表3-77 速冻汤圆的警素、警限与警源指标

警素与警限				警 源
理化指标 SB/T 10423—2017	水分（g/100g）		≤60	米面原料，馅料
	脂肪（g/100g）		≤19	
	总糖（以葡萄糖计）（g/100g）	有馅类无糖	≤0.5	
		含糖	≥0.5	
	过氧化值（以脂肪计）（g/100g）		GB 19295	
	酸价（以脂肪计）（KOH）（mg/g）		GB 19295	
	黄曲霉毒素 B_1（μg/kg）		≤5	
	挥发性盐基氮（mg/100g）	咸味	≤10	
重金属 SB/T 10423—2017	铅（Pb）（mg/kg）		GB 19295	产品原料，产品包装材料
	总砷（以 As 计）（mg/kg）		GB 19295	
微生物指标 SB/T 10423—2017	菌落总数（CFU/g）		≤1 500 000	产品原料，加工过程，产品包装材料
	致病菌（沙门氏菌、志贺氏菌、金黄色葡萄球菌）		不得检出	

（十二）薯类及膨化食品

1. 适用范围

焙烤型、油炸型、直接挤压型、花色型 4 种类型。例如，雪米饼、妙脆角、炸薯片、油炸膨化红薯、油炸玉米片、油炸籼米片、虾条、虾球、乐芙球、爆米花、挤压膨化玉米条等。

2. 薯片及膨化食品的警素、警限与警源指标设计

（1）马铃薯片的警素、警限与警源指标（表3-78）

表3-78 马铃薯片的警素、警限与警源指标

警素与警限			警 源
理化指标 QB/T 2686—2005	水分（%）		≤5.0	产品原料，产品储藏环境
	脂肪（%）		≤50.0	
	绿色马铃薯片（%）	切片型	≤0.5	
	杂色片（%）	切片型	≤40.0	
		复合型	≤5.0	
	过氧化值（以脂肪计）（g/100g）		≤0.25	
	酸价（以脂肪计）（KOH）（mg/g）		≤3.0	
	氯化钠（%）		≤3.5	
	过氧化值（以脂肪计）（g/100g）		≤0.25	
	羰基价（以脂肪计）（meq/g）		≤20.0	

（续表）

警素与警限			警　源
重金属 QB/T 2686—2005	铅（Pb）（mg/kg）	≤0.5	产品原料，产品包装材料
	总砷（以 As 计）（mg/kg）	≤0.5	
微生物指标 QB/T 2686—2005	菌落总数（CFU/g）	≤1 000	产品原料，产品包装材料
	大肠菌群（MPN/100g）	≤90	
	致病菌（沙门氏菌、志贺氏菌、金黄色葡萄球菌）	不得检出	
食品添加剂 QB/T 2686—2005	辣椒油树脂（g/kg）	≤1.0	产品配方，加工配方
	乳酸钙（g/kg）	≤1.0	
	双乙酸钠（g/kg）	≤1.0	
	胭脂树橙（g/kg）	≤0.01	
	乙酸钠（g/kg）	≤1.0	

（2）膨化食品的警素、警限与警源指标（表 3-79）

表 3-79　膨化食品的警素、警限与警源指标

警素与警限				警　源
理化指标 GB 17401—2014	水分（%）		≤7	产品原料
	酸价（以脂肪计）（KOH）（mg/g）		≤5	
	过氧化值（以脂肪计）（meq/kg）	含油型	≤0.25	
	羰基价（以脂肪计）（meq/kg）	油炸型	≤20	
	黄曲霉毒素 B_1（μg/kg）		≤5	
重金属 GB 2762—2017	铅（Pb）（mg/kg）		≤0.5	产品原料，产品包装材料
	总砷（以 As 计）（mg/kg）		≤0.5	
微生物指标 GB 17401—2014	菌落总数（CFU/g）		≤10 000	产品原料，产品包装材料
	大肠菌群（MPN/100g）		≤10	
	致病菌（沙门氏菌、志贺氏菌、金黄色葡萄球菌）		不得检出	
食品添加剂 GB 17401—2014	按 GB 2760 规定			产品配方
非食品添加剂	酸败变质油		不得检出	

（十三）糖果制品

1. 适用范围

糖果制品包含巧克力及制品，如口香糖、泡泡糖、巧克力（黑巧克力、牛奶巧克力、白巧克力）及巧克力制品（杏仁巧克力、威化巧克力、巧克力豆等）。

2. 糖果制品的警素、警限与警源指标设计

糖果制品的警素、警限与警源指标设计如表 3-80 所示。按照糖果制作的特点，将糖果制品分为胶基糖果和巧克力两种。胶基糖果的警素、警限与警源指标设计为表 3-80 和表 3-81 共同表示，巧克力的警素、警限与警源指标设计为表 3-80 和表 3-82 共同表示。

表 3-80　糖果制品的警素、警限与警源指标

警素与警限		警　源
理化指标 GB 9678.1—2003	铅（Pb）（mg/kg）　　　　　　≤1	产品原料，包装材料，产品加工
	总砷（以 As 计）（mg/kg）　　≤0.5	
	铜（Cu）（mg/kg）　　　　　　≤10	
	二氧化硫残留量　　　按 GB 2760 执行	
微生物指标 GB 17399—2016	菌落总数（CFU/g）　　　　　≤10 000	产品原料，包装材料
	大肠菌群（MPN/100g）　　　　≤10	
	致病菌（沙门氏菌、志贺氏菌、金黄色葡萄球菌）不得检出	
食品添加剂 GB 9678.1—2003	应符合 GB 2760 的规定	产品配方

注：原标准 GB 9678.1—2003 废除，新标准 GB 17399—2016 没有理化指标。

表 3-81　胶基糖果的警素、警限与警源指标

警素与警限		警　源
理化指标 GB 17399—2003	干燥失重（%）　　　　　　　≤7	产品原料，产品包装材料，产品储藏环境
	铅（Pb）（mg/kg）　　　　　≤1	
	总砷（以 As 计）（mg/kg）　≤0.5	
	铜（Cu）（mg/kg）　　　　　≤5	
	锌（Zn）（mg/kg）　　　　　≤10	
	二氧化硫残留量　按 GB 2760 执行	
微生物指标 GB 17399—2003	菌落总数（CFU/g）　　　　　≤500	产品原料，产品包装材料
	大肠菌群（MPN/100g）　　　　≤30	
	霉菌（CFU/g）　　　　　　　≤20	
	致病菌（沙门氏菌、志贺氏菌、金黄色葡萄球菌）不得检出	

（续表）

警素与警限			警　源
食品添加剂	按 GB 2760—2007 规定		产品配方
非食品添加剂	工业滑石粉	不得检出	

表 3-82　巧克力的警素、警限与警源指标

警素与警限			警　源
理化指标 GB 2762—2017	铅（Pb）（mg/kg）	≤0.5	产品原料，产品 包装材料
	总砷（以 As 计）（mg/kg）	≤0.5	
微生物指标 GB 29921—2013	沙门氏菌	不得检出	产品配方

（十四）茶叶及相关制品

1. 适用范围

包括绿茶、红茶、乌龙茶、黄茶、白茶、黑茶和经过再加工制成的花茶、袋泡茶、紧压茶。不包括固态速溶茶、果味茶、保健茶（如减肥茶、降脂茶等），以及各种代用茶（如苦丁茶、绞股蓝、大麦茶等）。

2. 警素、警限与警源指标设计

茶叶及相关制品因为制茶工艺不同，产品质量要求也不完全相同。对于茶叶及制品的警限指标和警源指标设计，根据产品分别设计。茶叶及相关制品共同的警限指标和警源指标如表 3-83 所示。绿茶产品的警限指标和警源指标增加表 3-84 的设计，红茶产品的警限指标和警源指标增加表 3-85 的设计，安溪乌龙茶的警限指标和警源指标增加表 3-86 的设计，安吉白茶产品的警限指标和警源指标增加表 3-87 的设计，紧压茶、花砖茶产品的警限指标和警源指标增加表 3-88 的设计。

表 3-83　茶叶及相关制品的警素、警限与警源指标

警素与警限				警　源
理化指标 GB 9679—1988[a]	铅（Pb）（mg/kg）	GB 2762—2017	≤5	产品原料，产品 包装材料
	铜（Cu）（mg/kg）		≤60	
	六六六（mg/kg）	除压紧茶外	≤0.2	
		紧压茶	≤0.4	
	滴滴涕（mg/kg）		≤0.2	
非食品添加剂	铅铬绿等染色剂	不得检出		配方

注：a. GB 2763—2019《食品安全国家标准　食品中农药最大残留限量》和 GB 2762—2017《食品安全国家标准　食品中污染物限量》代替 GB 9679—1988《茶叶卫生标准》，不再有专门的茶叶卫生标准。

表 3-84　绿茶的警素、警限与警源指标

警素与警限			警　源
理化指标 GB /T14456. 2—2018	水分（%）	炒青绿茶　≤7 烘青绿茶　≤7 蒸清绿茶　≤7 晒青绿茶　≤9	产品原料，产品储藏环境
	总灰分（%）	≤7.5	
	粉末（%）	≤0.8	
	水浸出物（%）	≥36	
	粗纤维（%）	≤16	
	酸不溶性灰分（%）	≤1	
	水不溶性灰分（%）	≥45	
	水溶性灰分碱度（KOH）（%）	1～3	
污染物限量指标 GB /T14456. 2—2018	按 GB 2762 执行		原料，加工，产品包装材料
农药残留限量指标 GB /T14456. 2—2018	按 GB 2763 执行		产品原料

表 3-85　红茶的警素、警限与警源指标

警素与警限			警　源
理化指标 GB /T 13738. 1—2017	水分（%）	≤7.0	产品原料，产品储藏环境
	总灰分（%）	≥4.0；≤8.0	
	粉末（%）	≤2.0	
	水浸出物（%）	大叶种红碎茶　≥34 中小叶种红碎茶　≥32	
	水溶性灰分（%）	≥45	
	水溶性灰分碱度（%）	1.0～3.0	
	酸不溶性灰分（%）	≤1.0	
	粗纤维（%）	≤16.5	
	茶多酚（%）	≥9.0	

（续表）

警素与警限		警源
卫生指标 GB /T13738.1—2017	按 GB 2762 执行	产品加工
农药残留限量 GB /T13738.1—2017	符合 GB 2763 执行	产品原料

表 3-86　安溪乌龙茶的警素、警限与警源指标

警素与警限			警源
理化指标 DB 35405—2000*	水分（%）	≤7.5	产品原料，产品 储藏环境
	总灰分（%）	≤6.5	
	粉末（%）	≤1.3	
	碎茶（%）	≤16	
卫生指标 DB 35405—2000	按 GB 9679 执行		产品加工

注：＊该标准 2017 年被废止，直到 2020 年无新标准替代。

表 3-87　安吉白茶的警素、警限与警源指标

警素与警限			警源
理化指标 GB/T 20354—2006	水分（%）	≤6.5	产品原料，产品 储藏环境
	总灰分（%）	≤6.5	
	碎末和碎茶（%）	≤1.2	
	粗纤维（%）	≤10.5	
	水浸出物（%）	≥32	
	游离氨基酸总量（以谷氨酸计）（%）	≥5	
卫生指标 GB/T 20354—2006	铅（Pb）（mg/kg）	≤5	加工过程，产品 包装材料
	氯氰菊酯（mg/kg）	≤20	
	溴氰菊酯（mg/kg）	≤10	
	顺式氰戊菊酯（mg/kg）	≤2	
	氟氰戊菊酯（mg/kg）	≤20	
	杀螟硫磷（mg/kg）	≤0.5	
	氯菊酯（mg/kg）	≤20	

（续表）

警素与警限		警源
卫生指标 GB/T 20354—2006	乙酰甲胺磷（mg/kg）　　　≤0.1	加工过程，产品包装材料
	大肠菌群（MPN/100g）　　≤300	
	六六六（mg/kg）　　　　≤0.2	
	敌敌畏（mg/kg）　　　　≤0.1	
	联苯菊酯（mg/kg）　　　≤10	
	乐果（mg/kg）　　　　　≤0.1	
	滴滴涕（mg/kg）　　　　≤0.2	

表 3-88　紧压茶、花砖茶的警素、警限与警源指标

警素与警限		警源
理化指标 GB/T 9833.1—2013	水分（%）　　　　　　　≤14	产品原料，产品储藏环境
	总灰分（%）　　　　　　≤8	
	茶梗（%）　　　　　　　≤15	
	非茶类夹杂物（%）　　　≤0.2	
	水浸出物（%）　　　　　≥22	
卫生指标 GB/T 9833.1—2013	符合 GB 2762 规定	产品加工

（十五）　酒　类

1. 适用范围

①白酒。

②葡萄酒及果酒：必须是以葡萄或其他水果经发酵酿制而成的，不得添加酒精；不包括以浸泡或蒸馏方式生产的酒。

③啤酒：生啤酒、熟啤酒、鲜啤酒、特种啤酒（干啤酒、冰啤酒、低醇啤酒、小麦啤酒、浑浊啤酒）。

④黄酒：不包括烹调酒、调料酒、米酒。

2. 酒类的警素、警限与警源指标设计

（1）白酒的警素、警限与警源指标设计（表3-89）

表 3-89　白酒的警素、警限与警源指标

警素与警限		警源
理化指标 GB/T 20821—2007	甲醇（g/100mL）　　　　　　　≤0.30	原料
	氰化物（HCN）（mg/L）　　　　≤5	
	黄曲霉毒素（黄曲霉毒素 B_1）（μg/kg）　≤5	

（续表）

警素与警限			警源
重金属 GB/T 20821—2007	铅（Pb）（mg/L）	≤0.5	原料，产品包装材料
	锰（Mn）（mg/L）	≤2	
非食用物质 非食品添加剂	杂醇油	不得检出	加工过程
	甲醇、工业酒精		

注：理化指标采用的是液态法白酒，白酒有好多小种类，没有统一的白酒类。

（2）葡萄酒及果酒的警素、警限与警源指标设计（表3-90）

表3-90　葡萄酒及果酒的警素、警限与警源指标

警素与警限			警源
理化指标 GB 2758—2012	总二氧化硫（SO_2）（mg/L）	≤250	原料
	菌落总数（CFU/mL）	≤50	
	大肠菌群（MPN/100mL）	≤3	
	肠道致病菌（沙门氏菌、金黄色葡萄球菌）	不得检出	
	展青霉素（μg/L）GB 2761—2017	50	
重金属 GB 15037—2006	铁（mg/L）	≤8.0	原料，产品包装材料
	铜（mg/L）	≤1.0	
	铅（mg/L）GB 2762—2017	≤0.2	
食品添加剂 GB 2760—2014	苯甲酸或苯甲酸钠（苯甲酸）（g/kg）	≤0.4	产品配方
	山梨酸或山梨酸钠（山梨酸）（g/kg）	0.2	
非食用物质 非食品添加剂	杂醇油	不得检出	加工过程
	甲醇、工业酒精		

（3）啤酒的警素、警限与警源指标设计（表3-91）

检测原麦汁浓度；检测食品添加剂和非食品添加剂检测清洗剂、杀菌剂等的残留量和双乙酰含量；检测沙门氏菌、志贺氏菌、金黄色葡萄球菌等肠道致病菌。

表3-91　啤酒的警素、警限与警源指标

警素与警限			警源
理化指标 GB/T 4927—2008	生啤酒、熟啤酒的菌落总数（CFU/mL）	≤50	原料
	大肠菌群（MPN/100mL）	≤3	
	肠道致病菌（沙门氏菌、志贺氏菌、金黄色葡萄球菌）	不得检出	
	甲醛（mg/L）GB 2758—2012	≤2.0	

（续表）

警素与警限			警　源
重金属 GB 2762—2017	铅（Pb）（mg/kg）	≤0.2	原料，产品包装材料
食品添加剂 GB 2760	总二氧化硫（SO_2）（g/kg）	0.01	产品配方

（4）黄酒的警素、警限与警源指标设计（表3-92）

表3-92　黄酒的警素、警限与警源指标

警素与警限			警　源
理化指标 GB 2758—2012	沙门氏菌、金黄色葡萄球菌	不得检出	原料
	甲醛（mg/L）	≤2.0	
重金属 GB 2762—2017	铅（Pb）（mg/kg）	≤0.5	原料，产品包装材料
其　他	异物	不得检出	

（十六）蔬菜制品类

1. 适用范围

①酱渍菜类，如酱黄瓜、酱什锦菜、酱茄子、酱八宝菜等。

②糖醋渍菜，如糖大蒜、糖醋萝卜、蜂蜜蒜米等。

③糟渍菜类，如糟黄瓜、贵州独山盐酸菜等。

④虾油渍菜类。

⑤糠渍菜类，如米糠萝卜等。

⑥酱油渍菜类，如北京辣菜、榨菜萝卜、面条萝卜等。

⑦清水渍菜类，如东北酸菜等。

⑧盐水渍菜类，如泡菜、酸黄瓜等。

⑨盐渍菜类，如泡菜、酸黄瓜、萝卜干、干菜笋、咸香椿芽等。

⑩菜脯类，如安徽糖冰姜、湖北苦瓜脯、糖藕等。

⑪菜酱类，如辣椒酱、番茄酱等。

2. 蔬菜制品类警素、警限与警源指标设计

（1）酱腌菜的警素、警限与警源指标（表3-93）

表3-93　酱腌菜的警素、警限与警源指标

警素与警限			警　源
理化指标 GB 2762—2017	亚硝酸盐（以 $NaNO_2$ 计）（mg/kg）	≤20	产品配方

（续表）

警素与警限			警　源
重金属 GB 2762—2017	铅（Pb）（mg/kg）	≤1	原料，包装材料
	总砷（以 As 计）（mg/kg）	≤0.5	
微生物 GB 2714—2015	致病菌（沙门氏菌、志贺氏菌、金黄色葡萄球菌）	不得检出	原料，加工过程，包装材料
	大肠菌群（MPN/100g）	≤10	
食品添加剂 GB 2760—2014	苯甲酸最大使用量（g/kg）　腌渍的蔬菜	1.0	产品配方
	山梨酸最大使用量（g/kg）　腌渍的蔬菜	1.0	
	糖精钠最大使用量（g/kg）	0.15	
	甜蜜素最大使用量（g/kg）	0.65	
	安赛蜜最大使用量（g/kg）	0.30	
非食品添加剂	工业用盐	不得检出	

（2）酱渍菜类的警素、警限与警源指标（表3-94）

表 3-94　酱渍菜类的警素、警限与警源指标

警素与警限			警　源
理化指标 SB/T 10439—2007	水分（%）	≤85	原料，加工过程，包装材料
	食盐（以 NaCl 计）（%）	≥3.0	
	总酸（以乳酸计）（%）	≤2.0	
	氨基酸态氮（以氮计）（%）	≥0.10	
	还原糖（以葡萄糖计）　甜酱（%）	≥5.00	
	黄酱（%）	≥1.00	
	黄曲霉毒素 B_1（μg/kg）	≤5	
重金属 GB 2762—2017	铅（Pb）（mg/kg）	≤1.0	原料，包装材料
	总砷（以 As 计）（mg/kg）	≤0.5	
微生物 GB 2714—2015	致病菌	不得检出	加工过程
	大肠菌群近似值（个/100 克）	≤10	

（3）糖醋渍菜类的警素、警限与警源指标（表3-95）

表3-95　糖醋渍菜类的警素、警限与警源指标

警素与警限				警　源
理化指标 SB/T 10439—2007	水分（%）	糖渍类 醋渍类 糖醋渍类	≤70.00 ≤80.00 ≤70.00	加工过程，包装材料
	食盐（以 NaCl 计）（%）	糖渍类 醋渍类 糖醋渍类	≤4.00 ≤6.00 ≤6.00	
	总酸（以乳酸计）（%）	糖渍类 醋渍类 糖醋渍类	≤2.00 ≤2.00 ≤3.00	
	全糖（以葡萄糖计）（%）	糖渍类 糖醋渍类	≥20.00 ≥10.00	
重金属 GB 2762—2017	铅（Pb）（mg/kg）		≤1.0	原料，包装材料
	总砷（以 As 计）（mg/kg）		≤0.5	
微生物 GB 2714—2015	致病菌		不得检出	加工过程
	大肠菌群近似值（个/100 克）		≤10	

（4）糟渍菜类的警素、警限与警源指标（表3-96）

表3-96　糟渍菜类的警素、警限与警源指标

警素与警限		警　源
理化指标 SB/T 10439—2007	水分（%）	≤73	原料，加工过程，包装材料
	食盐（以 NaCl 计）（%）	≥6.0	
	总酸（以乳酸计）（%）	≤2	
	氨基酸态氮（以 N 计）（%）	≥0.1	
	还原糖（以葡萄糖计）（%）	≥10.0	
重金属 GB 2762—2017	铅（Pb）（mg/kg）	≤1.0	原料，包装材料
	砷（以 As 计）（mg/kg）	≤0.5	
微生物 GB 2714—2015	致病菌	不得检出	原料，包装材料
	大肠菌群近似值（个/100 克）	10	

（5）虾油渍菜类的警素、警限与警源指标（表3-97）

表3-97　虾油渍菜类的警素、警限与警源指标

	警素与警限		警　源
理化指标 SB/T 10218—1994	水分（%）	≤75	原料，加工过程，包装材料
	食盐（以 NaCl 计）（%）	≤20.00	
	总酸（以乳酸计）（%）	≤2.0	
	氨基酸态氮（以 N 计）（%）	≥0.3	
重金属 GB 2762—2017	铅（Pb）（mg/kg）	≤1.0	原料，包装材料
	砷（以 As 计）（mg/kg）	≤0.5	
微生物 GB 2714—2015	致病菌	不得检出	原料，包装材料
	大肠菌群近似值（个/100 克）	≤10	

（6）酱油渍菜类的警素、警限与警源指标（表3-98）

表3-98　酱油渍菜类的警素、警限与警源指标

	警素与警限		警　源
理化指标 SB/T 10439—2007	水分（%）	≤85	原料，加工过程，包装材料
	食盐（以 NaCl 计）（%）	≥3	
	总酸（以乳酸计）（%）	≤2	
	氨基酸态氮（以 N 计）（%）	≥0.1	
	黄曲霉毒素 B_1（μg/kg）	≤5	
重金属 GB 2762—2017	铅（Pb）（mg/kg）	≤1.0	原料，包装材料
	总砷（以 As 计）（mg/kg）	≤0.5	
微生物 GB 2714—2015	致病菌	不得检出	原料，包装材料
	大肠菌群近似值（个/100 克）	≤10	

（7）盐水渍菜类的警素、警限与警源指标（表3-99）

表3-99　盐水渍菜类的警素、警限与警源指标

	警素与警限		警　源
理化指标 SB/T 10439—2007	水分（%）	≤93	原料，加工过程，包装材料
	食盐（以 NaCl 计）（%）	≤9	
	总酸（以乳酸计）（%）	≤2	

（续表）

警素与警限			警　源
重金属 GB 2762—2017	铅（Pb）（mg/kg）	≤1.0	原料，包装材料
	总砷（以 As 计）（mg/kg）	≤0.5	
微生物 GB 2714—2015	致病菌	不得检出	加工过程
	大肠菌群近似值（个/100 克）	≤10	

（8）盐渍菜类的警素、警限与警源指标（表 3-100）

表 3-100　盐渍菜类的警素、警限与警源指标

警素与警限			警　源
理化指标 SB/T 10439—2007	水分（%）	≤85	加工过程
	食盐（以 NaCl 计）（%）	≥6	
重金属 GB 2762—2017	铅（Pb）（mg/kg）	≤1.0	原料，包装材料
	砷（以 As 计）（mg/kg）	≤0.5	
微生物 GB 2714—2015	致病菌	不得检出	加工过程，包装材料
	大肠菌群近似值（个/100 克）	≤10	

（十七）水果制品

1. 适用范围

①蜜饯类，如蜜陈皮、蜜金橘、糖莲子、糖莲藕、唐樱桃、化皮榄、蜜冬瓜条。

②凉果类，如陈皮梅、西梅、情人梅、嘉应子、杨梅、雪花杏脯。

③果脯类，如杏脯、桃脯、梨脯、苹果脯、太平脯、山楂脯、地瓜脯。

④话化类，如化陈皮、九制陈皮、乌梅、甘草阳桃、杧果干（丝）、话梅（话梅肉、九制话梅、奶油话梅、雪山梅）、话杏（雪梅、杏梅、丁香梅）、话李（相思梅、野乌梅、望梅）。

⑤果丹（饼）类，如陈皮丹、百草丹、佳宝丹、金橘丹、猴王丹、山楂片，不包括果丹皮。

⑥果糕类，如山楂糕、杧果糕、菠萝糕、金糕条、草莓糕。

2. 水果制品的警素、警限与警源指标设计

水果制品的警限指标主要包括理化指标，重金属以及食品添加剂。理化指标中，糖分或盐分依据不同品种的水果制品限量一般都不一样，这就要求具体到某一种食品时，要参考相关的企业或行业标准具体分析。水果制品中微生物指标一般大都相似，现将蜜饯类的警素、警限与警源指标作具体叙述（表 3-101）。

表 3-101　蜜饯的警素、警限与警源指标

警素与警限		警　源
理化指标 GB 14884—2016	菌落总数（CFU/g）　　　　　　　≤1 000	原料
	大肠菌群（MPN/100g）　　　　　　≤10	
	致病菌（沙门氏菌、志贺氏菌、金黄色葡萄球菌）　　　　不得检出	
	霉菌（CFU/g）　　　　　　　　　≤50	
重金属 GB 2762—2017	铅（Pb）（mg/kg）　　　　　　　≤1	原料，产品包装
	铜（Cu）（mg/kg）　　　　　　　≤10	
	总砷（以 As 计）（mg/kg）　　　　≤0.5	
食品添加剂 GB 2760—2014	总二氧化硫（SO_2）（g/kg）　　　≤0.35	产品配方
	苯甲酸及苯甲酸钠（以苯甲酸计）（g/kg）　　≤0.5	
	靛蓝及其铝色淀（以靛蓝计）（g/kg）　　≤0.1	

（十八）炒货食品及坚果制品

1. 适用范围

①烘炒类，如炒黑瓜子、炒白瓜子、炒葵花子、炒松子、炒山核桃、炒香榧子、糖炒栗子、炒榛子、开心果。

②油炸类，如油炸青豆、油炸花生米、怪味花生、油炸豆瓣酥、琥珀桃仁等。不包括水煮产品、果仁类糖制品、粉状产品和未经熟制加工的产品，如水煮后带汤料的花生、豆类等，果仁类糖制的花生糖、芝麻糖等，核桃粉、芝麻粉（酱）、花生酱等研磨、粉碎制品，核桃（仁）、板栗、腰果。

2. 炒货食品的警素、警限与警源指标设计

（1）烘炒食品的警素、警限与警源指标设计（表 3-102）

表 3-102　烘炒类食品的警素、警限与警源指标

警素与警限			警　源
理化指标 GB 19300—2014	酸价（KOH）（mg/g 脂肪）　　　　　　　≤3		产品原料
	过氧化值（g/100g 脂肪）	生干坚果　≤0.08	
		生干籽类　≤0.40	
		熟制葵花籽　≤0.80	
		其他　≤0.50	
	黄曲霉毒素 B_1（μg/kg）	花生仁　≤20	
		其他　≤6	

（续表）

警素与警限			警源
微生物指标 GB 19300—2014	大肠菌群（MPN/100g）	≤10	加工卫生
	霉菌（CFU/g）	≤25	
	酵母（CFU/g）	≤25	
	致病菌（沙门氏菌、志贺氏菌、金黄色葡萄球菌）	不得检出	
食品添加剂[a] GB 2760—2014	糖精钠 带壳炒货食品	≤1.2	产品配方
	糖精钠 去壳炒货食品	≤1.0	
	甜蜜素 炒货 去壳	≤1.2	
	甜蜜素 炒货 带壳	≤6.0	
	乙酰磺胺酸钾（安赛蜜）	≤3.0	
非食品添加剂	瓜子中的石蜡	不得检出	

注：a. 烘炒类食品中食品添加剂的品种和使用量应符合 GB 2760 的规定。表中列出了《产品质量监督抽查实施规范—炒货食品及坚果制品》（CCGF 110—2008）中规定的烘炒类食品添加剂的检验项目。

（2）油炸类食品的警素、警限与警源指标（表3-103）

表中黄曲霉毒素的限量指标是根据《产品质量监督抽查实施规范—炒货食品及坚果制品》（CCGF 110—2008）中规定的油炸类食品的检验项目所加，该项指标限量依据 GB 2761 规定。

表3-103 油炸类食品的警素、警限与警源指标

警素与警限		警源
理化指标 GB 16565—2003	酸价（KOH）（mg/g脂肪） ≤3	产品原料
	过氧化值（g/100g脂肪） ≤0.25	
	羰基价（以脂肪计）（meq/kg） ≤20	
黄曲霉毒素限量 GB 2761—2017	黄曲霉毒素 B_1（MLs）（μg/kg） ≤20	产品原料
重金属 GB 16565—2003	总砷（以 As 计）（mg/kg） ≤0.2	产品包装材料
	铅（Pb）（mg/kg） ≤0.2	
微生物指标 GB 16565—2003	大肠菌群（MPN/100g） ≤30	产品包装材料
	菌落总数（CFU/g） ≤1 000	
	致病菌（沙门氏菌、志贺氏菌、金黄色葡萄球菌） 不得检出	

（续表）

警素与警限		警　源
食品添加剂[a] GB 2760—2014	糖精钠	无明确标注	
	甜蜜素	无明确标注	
	乙酰磺胺酸钾（安塞蜜）	无明确标注	食品配料
	叔丁基羟基茴香醚 BHA[b]（g/kg）	≤0.2	
	2,6-二叔丁基对甲酚 BHT[b]（g/kg）	≤0.2	

注：a. 油炸类食品中食品添加剂的品种和使用量应符合 GB 2760 的规定。表中仅列出了《产品质量监督抽查实施规范—炒货食品及坚果制品》（CCGF 110—2008）中规定的油炸类食品添加剂的检验项目。

b. BHA 与 BHT 混合使用时，总量不得超过 0.2g/kg。

（十九）蛋制品

1. 适用范围

①再制蛋：皮蛋、咸蛋、糟蛋。

②干蛋：蛋粉、干蛋白、干蛋黄。

③冰蛋：冰全蛋、冰蛋白、冰蛋黄。

2. 蛋制品的警素、警限与警源指标设计

各类蛋制品的原料蛋应符合 GB 2748 的规定；辅料应符合国家相应的标准和有关规定。其中，蛋制品中食品添加剂的品种和使用量应符合 GB 2760 的规定。表 3-104 至表 3-106 仅列出了蛋制品生产许可证审查细则（2006 年版）中规定的食品添加剂的质量检验项目。蛋制品的微生物指标除了以下国家标准的规定之外，还需检测副溶血性弧菌、葡萄球菌以及黄曲霉素的含量。

（1）再制蛋的警素、警限与警源指标（表 3-104）

表 3-104　再制蛋的警素、警限与警源指标

警素与警限				警　源
重金属 GB 2762—2017	铅（Pb）（mg/kg）	皮蛋 糟蛋	≤0.5 ≤0.2	原料蛋，产品包装材料
	挥发性盐基氮（mg/kg）	咸蛋	≤10	
	锌 Zn（mg/kg）		≤50	
	无机砷（以 As 计）（mg/kg）		≤0.05	
	总汞（以 Hg 计）（mg/kg）		≤0.05	

（续表）

警素与警限				警源
微生物指标 GB 2749—2015	菌落总数（CFU/g）	皮蛋 糟蛋	≤5 000 ≤1 000	原料蛋，加工卫生，储存环境
	大肠菌群（MPN/100g）		≤10	
	致病菌（沙门氏菌、志贺氏菌）		不得检出	
农药最大残留限量 GB 2763—2016	六六六残留限量（mg/kg）		≤0.1	原料蛋
	滴滴涕（DDT）残留限量（mg/kg）		≤0.1	
食品添加剂 GB 2760—2014	山梨酸（g/kg）		≤0.075	产品配料
	山梨酸钾（g/kg）		≤0.075	
非食品添加剂	苏丹红		不得检出	

（2）干蛋的警素、警限与警源指标（表3-105）

表3-105 干蛋的警素、警限与警源指标

警素与警限				警源
理化指标 GB 2749—2003	酸度（以乳酸计）（g/100g）	蛋白片	≤1.2	原料蛋
重金属 GB 2749—2003	铅（Pb）（mg/kg）		≤0.2	原料蛋，产品包装材料
	锌（Zn）（mg/kg）		≤50	
	总砷（以As计）（mg/kg）		≤0.5	
	汞（以Hg计）（mg/kg）		≤0.05	
微生物指标 GB 2716—2005	菌落总数（CFU/g）	蛋黄粉 巴氏杀菌全蛋粉	≤50 000 ≤10 000	原料蛋，加工卫生，储存环境
	大肠菌群（CFU/g）		≤10	
	致病菌（沙门氏菌、志贺氏菌）		不得检出	
农药最大残留限量 GB 2763	六六六残留限量（mg/kg）		≤0.1	原料蛋，产品包装材料
	滴滴涕（DDT）残留限量（mg/kg）		≤0.1	
食品添加剂 GB 2760	二氧化硅（矽）（g/kg）	蛋粉	≤15	产品配料
	山梨酸（g/kg）		≤1.5	
	山梨酸钾（g/kg）		≤1.5	
非食品添加剂	苏丹红		不得检出	原料蛋

（3）冰蛋的警素、警限与警源指标（表3-106）

表3-106　冰蛋的警素、警限与警源指标

警素与警限			警　源
重金属 GB 2749—2003	铅（Pb）（mg/kg）		≤0.2	原料蛋，产品包装材料
	锌 Zn（mg/kg）		≤50	
	总砷（以 As 计）（mg/kg）		≤0.5	
	总汞（以 Hg 计）（mg/kg）		≤0.05	
微生物指标 GB 2749—2003	菌落总数（CFU/g）	巴氏杀菌冰全蛋 冰蛋黄、冰蛋白	≤5 000 ≤10 000	原料蛋，加工卫生，储存环境
	大肠菌群（CFU/g）	巴氏杀菌冰全蛋 冰蛋黄、冰蛋白	≤10 ≤10	
	致病菌（沙门氏菌、志贺氏菌）		不得检出	
农药最大残留限量 GB 2749—2003	六六六残留限量（mg/kg）		≤0.1	原料蛋，产品包装材料
	滴滴涕（DDT）残留限量（mg/kg）		≤0.1	
防腐剂 GB 2760	山梨酸（g/kg）		≤0.15	产品配料
	山梨酸钾（g/kg）		≤0.15	
非食品添加剂	苏丹红		不得检出	原料蛋

（二十）可可及焙烤咖啡产品

1. 适用范围

①可可制品，包括可可液块、可可脂、可可粉。

②焙炒咖啡，不包含速溶咖啡、焙炒咖啡豆。

2. 可可及焙烤咖啡产品的警素、警限与警源指标设计

（1）可可的警素、警限与警源指标

可可液块的警素、警限与警源指标见表3-107。原料可可仁中的可可壳和胚芽含量，按非脂干物质计算不高于5%，或按未碱化干物质计算不高于4.5%（指可可壳）。

表3-107　可可液块的警素、警限与警源指标

警素与警限				警　源
理化指标 GB 20705—2006	水分及挥发物（%）	可可液块 可可饼块		≤2.0 ≤5.0	产品原料，加工过程
	灰分（以干物质计）（%）	天然可可饼块		≤8.0	
		碱化可可饼块	轻碱化 重碱化	≤10.0 ≤12.0	

（续表）

警素与警限			警源
重金属 GB 20705—2006	总砷（以 As 计）（mg/kg）	≤1.0	产品原料，产品包装
微生物指标 GB 20705—2006	菌落总数（CFU/g）	≤5 000	储存环境
	大肠菌群（MPN/100g）	≤30	
	霉菌（个/g）	≤100	
	酵母（个/g）	≤50	
	致病菌（沙门氏菌、志贺氏菌、金黄色葡萄球菌）	不得检出	

可可脂的警素、警限与警源指标见表3-108。

表 3-108　可可脂的警素、警限与警源指标

警素与警限		警源
理化指标 GB/T 20707—2006	色价（$K_2Cr_2O_7/H_2SO_2$）（g/100mL）	≤0.15	产品原料，加工过程
	水分及挥发物（%）	≤0.20	
	游离脂肪酸（以油酸计）（%）	≤1.75	
	碘价（以 I 计）（g/100g）	33~42	
	皂化价（以 KOH 计）（mg/g）	188~198	
	不皂化物（%）	≤0.35	
重金属 GB/T 20707—2006	总砷（以 As 计）（mg/kg）	≤0.5	原料，产品包装材料

可可粉的警素、警限与警源指标见表3-109。

原料可可饼块应符合 GB/T 20705 的规定。

表 3-109　可可粉的警素、警限与警源指标

警素与警限				警源
理化指标 GB/T 20706—2006	水分（%）			≤5.0	产品原料，加工过程，储存环境
	灰分（以干物质计）（%）	天然可可粉		≤8.0	
		碱化可可粉	轻碱化	≤10.0	
			重碱化	≤12.0	
	pH 值	天然可可粉		5.0~5.8	
		碱化可可粉	轻碱化	5.8~6.8	
			重碱化	>6.8	

（续表）

警素与警限			警　源
重金属 GB/T 20706—2006	总砷（以 As 计）（mg/kg）	≤1.0	产品原料，产品包装材料
微生物指标 GB/T 20706—2006	菌落总数（CFU/g）	≤5 000	产品原料，储存环境
	大肠菌群（MPN/100g）	≤30	
	霉菌（个/g）	≤100	
	酵母（个/g）	≤50	
	致病菌（沙门氏菌、志贺氏菌、金黄色葡萄球菌）	不得检出	

（2）焙炒咖啡的警素、警限与警源指标

由于焙炒咖啡无相应的国家标准，因此警限指标的选取参考《焙炒咖啡的国家农业行业标准》NY/T 605—2006。其中，一级、二级、三级焙炒咖啡应符合 NY/T 604—2006 要求的相应等级生咖啡的规定（表 3-110）。

表 3-110　焙炒咖啡的警素、警限与警源指标

警素与警限			警　源
理化指标 NY/T 605—2006	水分（%）	≤5.0	咖啡原料，焙炒过程
重金属 NY/T 605—2006	总砷（以 As 计）（mg/kg）	≤0.5	产品包装材料
	铅含量（以 Pb 计）（mg/kg）	≤0.5	
微生物指标 NY/T 605—2006	致病菌（沙门氏菌、志贺氏菌、金黄色葡萄球菌、溶血性链球菌）	不得检出	咖啡原料，储存条件
农药残留 NY/T 605—2006	六六六残留限量（mg/kg）	≤0.2	咖啡原料
	滴滴涕（DDT）残留限量（mg/kg）	≤0.2	

（二十一）食　糖

1. 适用范围

白砂糖、绵白糖、赤砂糖、冰糖（单晶冰糖、多晶冰糖）、方糖。

2. 食糖的警素、警限与警源指标设计

制糖用的原料甘蔗、甜菜应符合 GB 2763 的规定。各类食糖按照技术要求的规定，又可分为不同的等级，根据《产品监督抽查实施规范—食糖》（CCGF 115—2008）的各类检验项目，不同级别的各类食糖的警素、警限与警源指标具体见表 3-111 至表 3-117。

表 3-111　食糖的警素、警限与警源指标

警素与警限			警　源
理化指标 GB 13104—2005	不溶于水杂质（mg/kg），原糖	≤350	制糖原料，加工过程
	二氧化硫（以 SO_2 计）（mg/kg）	原糖 ≤20 白砂糖 ≤30 绵白糖 ≤15 赤砂糖 ≤70	
重金属 GB 13104—2005	总砷（以 As 计）（mg/kg）	≤0.5	原料，产品包装材料
	铅含量（以 Pb 计）（mg/kg）	≤0.5	
微生物指标 GB 13104—2005	菌落总数（CFU/g）	白砂糖、绵白糖 ≤100 赤砂糖 ≤500	制糖原料，储存条件
	大肠菌群（MPN/100g）	≤30	
	霉菌（个/g）	≤25	
	酵母（个/g）	≤10	
	致病菌（沙门氏菌、志贺氏菌、金黄色葡萄球菌、溶血链球菌）	不得检出	
其他生物指标 GB 13104—2005	螨	不得检出	制糖原料
添加剂 GB 13104—2005	添加剂品种及其使用量应符合 GB 2760 的规定		食品配料

（1）白砂糖分等级的警素、警限与警源指标（表 3-112）

表 3-112　白砂糖的警素、警限与警源指标

警素与警限						警　源
理化指标 GB/T 317—2018	项目	精制	优级	一级	二级	制糖原料，加工过程
	蔗糖分（%）	≥99.8	≥99.7	≥99.6	≥99.5	
	还原糖分（%）	≤0.03	≤0.04	≤0.10	≤0.15	
	电导灰分（%）	≤0.02	≤0.04	≤0.10	≤0.13	
	干燥失重（%）	≤0.05	≤0.06	≤0.07	≤0.10	
	色值（IU）	≤25	≤60	≤150	≤240	
	浑浊度（MAU）	≤30	≤80	≤160	≤220	
	不溶于水的杂质（mg/kg）	≤10	≤20	≤40	≤60	
重金属 GB 13104—2006	总砷（以 As 计）（mg/kg）				≤0.5	原料，产品包装材料
	铅含量（以 Pb 计）（mg/kg）				≤0.5	

（续表）

警素与警限		警 源
微生物指标 GB 13104—2006	菌落总数（CFU/g） ≤100	
	大肠菌群（MPN/100g） ≤30	
	霉菌（个/g） ≤25	产品原料，储存条件
	酵母（个/g） ≤10	
	致病菌（沙门氏菌、志贺氏菌、金黄色葡萄球菌、溶血链球菌） 不得检出	
其他生物指标 GB 13104—2006	螨 不得检出	产品原料

（2）赤砂糖分等级的警素、警限与警源指标（表3-113）

表3-113　赤砂糖的警素、警限与警源指标

警素与警限				警 源
	项目	一级	二级	
理化指标 QB/T 2343.1	总糖分（%）[a]	≥92.0	≥89.0	制糖原料，加工过程
	干燥失重（%）[a]	≤3.50	≤3.50	
	不溶于水杂质（mg/kg）[a]	≤120	≤200	
	二氧化硫（以 SO_2 计）（mg/kg）	≤70	≤70	
重金属 GB 13104—2005	总砷（以 As 计）（mg/kg）		≤0.5	原料，产品包装材料
	铅含量（以 Pb 计）（mg/kg）		≤0.5	
微生物指标 GB 13104—2005	菌落总数（CFU/g）[a]		≤500	产品原料，储存条件
	大肠菌群（MPN/100g）[a]		≤30	
	霉菌（个/g）[a]		≤25	
	酵母（个/g）[a]		≤10	
	致病菌（沙门氏菌、志贺氏菌、金黄色葡萄球菌、溶血链球菌）[a]		不得检出	
其他生物指标 GB 13104—2005	螨[a]		不得检出	产品原料

注：a. 为推荐性指标。

（3）绵白糖分等级的警素、警限与警源指标（表3-114）

表3-114 绵白糖的警素、警限与警源指标

警素与警限					警　源
理化指标 GB 1445—2000	项目	精制	优级	一级	制糖原料，加工过程
	总糖分（%）	≥98.4	≥98.0	≥97.9	
	还原糖分（%）	1.5~2.5	1.5~2.5	1.5~2.5	
	电导灰分（%）	≤0.03	≤0.05	≤0.08	
	干燥失重（%）	0.8~1.60	0.80~2.00	0.80~2.00	
	色值（IU）	≤25	≤80	≤120	
	浑浊度（MAU）	≤30	≤80	≤160	
	不溶于水杂质（mg/kg）	≤10	≤20	≤40	
	二氧化硫（以 SO_2 计）（mg/kg）	≤15	≤15	≤15	
重金属 GB 13104—2005	总砷（以 As 计）（mg/kg）			≤0.5	原料，产品包装材料
	铅含量（以 Pb 计）（mg/kg）			≤0.5	
微生物指标 GB 13104—2005	菌落总数（CFU/g）			≤100	产品原料，储存条件
	大肠菌群（MPN/100g）			≤30	
	霉菌（个/g）			≤25	
	酵母（个/g）			≤10	
	致病菌（沙门氏菌、志贺氏菌、金黄色葡萄球菌、溶血链球菌）			不得检出	
其他生物指标 GB 13104—2005	螨			不得检出	产品原料

（4）冰糖的警素、警限与警源指标

冰糖的警限指标执行轻工行业标准 QB/T 1173—2002 和 QB/T 1174—2002。参考《产品监督抽查实施规范—食糖》（CCGF 115—2008），表3-115 和表3-116 中所有单晶冰糖与多晶冰糖限量指标为推荐性指标。

表3-115 单晶冰糖的警素、警限与警源指标

警素与警限					警　源
理化指标 QB/T 1173—2002	项目	优级	一级	二级	制糖原料，加工过程
	蔗糖分（%）	≥99.7	≥99.5	≥99.4	
	还原糖分（%）	≤0.04	≤0.08	≤0.12	
	电导灰分（%）	≤0.02	≤0.04	≤0.06	
	干燥失重（%）	≤0.15	≤0.20	≤0.30	
	色值（IU）	≤30	≤70	≤80	
	二氧化硫（以 SO_2 计）（mg/kg）≤20		≤20	≤20	

（续表）

警素与警限				警 源
重金属 QB/T 1173—2002	砷（以 As 计）（mg/kg）		≤0.5	原料，产品包装材料
	铅含量（以 Pb 计）（mg/kg）		≤1.0	
	铜含量（以 Cu 计）（mg/kg）		≤2.0	
微生物指标 QB/T 1173—2002	菌落总数（CFU/g）		≤350	产品原料，储存条件
	大肠菌群（MPN/100g）		≤30	
	致病菌（沙门氏菌、志贺氏菌、金黄色葡萄球菌、溶血链球菌）		不得检出	
其他生物指标 QB/T 1173—2002	螨		不得检出	产品原料

表 3-116　多晶冰糖的警素、警限与警源指标

警素与警限					警 源
	项目	种类	优级	一级	
理化指标 QB/T 1174—2002	蔗糖分（%）	白冰糖	≥98.3	≥97.8	制糖原料，加工过程
		黄冰糖	≥97.5	≥97.0	
	还原糖分（%）	白冰糖	≤0.50	≤0.70	
		黄冰糖	≤0.85	≤0.95	
	电导灰分（%）	白冰糖	≤0.10	≤0.13	
		黄冰糖	≤0.15	≤0.17	
	干燥失重（%）	白冰糖	≤1.0	≤1.4	
		黄冰糖	≤1.10	≤1.4	
	色值（IU）	白冰糖	≤90	≤150	
		黄冰糖	≤200	≤200	
	二氧化硫（以 SO_2 计）（mg/kg）		≤20		
重金属 QB/T 1174—2002	砷（以 As 计）（mg/kg）		≤0.5		原料，产品包装材料
	铅含量（以 Pb 计）（mg/kg）		≤1.0		
	铜含量（以 Cu 计）（mg/kg）		≤2.0		
微生物指标 QB/T 1174—2002	菌落总数（CFU/g）		≤350		产品原料，储存条件
	大肠菌群（MPN/100g）		≤30		
	致病菌（沙门氏菌、志贺氏菌、金黄色葡萄球菌、溶血链球菌）		不得检出		
其他生物指标 QB/T 1174—2002	螨		不得检出		产品原料

（5）方糖分等级的警素、警限与警源指标（表3-117）

表3-117 方糖的警素、警限与警源指标

警素与警限					警源
	项目	精制	优级	一级	
理化指标 QB/T 1214—2002	蔗糖分（%）	≥99.7	≥99.6	≥99.5	制糖原料，加工过程
	还原糖（%）	≤0.03	≤0.05	≤0.10	
	电导灰分（%）	≤0.03	≤0.05	≤0.08	
	干燥失重（%）	≤0.2	≤0.25	≤0.30	
	色值（IU）	≥25	≥60	≥120	
	浑浊度（MAU）	≤30	≤80	≤120	
	二氧化硫（以 SO_2 计）（mg/kg）	≤20	≤20	≤20	
重金属 QB/T 1214—2002	总砷（以 As 计）（mg/kg）			≤0.5	原料，产品包装材料
	铅含量（以 Pb 计）（mg/kg）			≤1.0	
	铜含量（以 Cu 计）（mg/kg）			≤2.0	
微生物指标 QB/T 1214—2002	菌落总数（CFU/g）			≤350	产品原料，储存条件
	大肠菌群（MPN/100g）			≤30	
	致病菌（沙门氏菌、志贺氏菌、金黄色葡萄球菌、溶血链球菌）			不得检出	
其他生物指标 QB/T 1214—2002	螨			不得检出	产品原料

（二十二）动物性水产制品

1. 适用范围

①动物性水产制品：以鲜、冻动物性水产品为主要原料，添加或不添加辅料，经相应工艺加工制成的水产制品，包括即食动物性水产制品、预制动物性水产制品以及其他动物性水产制品，不包括动物性水产罐头制品。

②即食动物性水产制品：可直接食用，无须进一步热处理的动物性水产制品，包括即食生制动物性水产制品和熟制动物性水产制品。

③预制动物性水产制品：以鲜、冻动物性水产品为原料，添加或不添加辅料，经腌制、干制、调制、上浆挂糊等工艺加工制成的，不可直接食用的产品，包括盐渍水产制品、预制水产干制品、鱼糜制品、冷冻挂浆制品、面包屑或面糊包裹鱼块和鱼片等半成品，不包括经清洗（切制或去壳）后冷冻制成的原料水产品。

2. 动物性水产制品的警素、警限与警源指标设计

预制水产干制品的警素、警限与警源指标设计见表3-118。

表 3-118　预制水产干制品的警素、警限与警源指标

警素与警限			警　源
理化指标 GB 10144—2005	过氧化值（以脂肪计）（g/100g）	≤0.6	原料
	挥发性盐基氮（mg/100g）	≤30	
重金属 GB 10144—2005	铅（Pb）（mg/kg）	≤1.0	原料，产品包装材料
	镉（Cd）（mg/kg）	≤0.1	
	甲基汞（以 Hg 计）（mg/kg）	≤0.5	
	铬（以 Cr 计）（mg/kg）	≤2.0	
	无机砷（以 As 计）（mg/kg）	≤0.5	
其他污染物	苯并［a］芘（μg/kg）	≤5.0	原料，产品包装材料
	N-二甲基亚硝胺（μg/kg）	≤4.0	
	多联氯苯（mg/kg）	≤0.5	
农药最大残留量 SC/T 3212—2000	六六六（mg/kg）	≤0.1	原料，产品包装材料
	滴滴涕（mg/kg）	≤0.5	
致病菌 GB 29921—2013	副溶血性弧菌（MPN/g）	≤100	原料
	金黄色葡萄球菌（CFU/100g）	≤100	
	致病菌（沙门氏菌、嗜水气单胞菌、弧菌等）	不得检出	
寄生虫	即食生制动物性水产制品中的吸虫囊蚴、线虫幼虫、绦虫裂头蚴等	不得检出	原料

（二十三）淀粉及淀粉制品

1. 适用范围

包括原淀粉中的谷、薯、豆类淀粉和淀粉制品（粉丝、粉条、粉皮）。

淀粉不包括淀粉副产品（如小麦干面筋、小麦湿面筋、玉米浆、玉米胚芽、玉米蛋白粉）、变性淀粉、原淀粉中的其他类淀粉（如藕粉、橡子粉、百合粉、菱粉等）。

淀粉制品不包括为经过分离蛋白质、脂肪等工序制成的食品（如米粉、米线等）。

2. 淀粉及淀粉制品的警限与警源指标

小麦淀粉的警素、警限与警源指标见表 3-119。

表 3-119　小麦淀粉的警素、警限与警源指标

警素与警限			警　源
理化指标 GB 2713—2003	黄曲霉毒素 B₁（μg/kg）	≤5.0	原料
	水分（%）	≤14.0	
	蛋白质含量（%）	≤0.40	
	霉菌和酵母（CFU/g）	≤100	
	大肠菌群（MPN/g）	<3	
	致病菌（沙门氏菌、志贺氏菌、金黄色葡萄球菌）	不得检出	

（续表）

警素与警限			警　源
重金属 GB 2713—2003	铅（以 Pb 计）（mg/kg）	≤0.2	原料，产品包装材料
	总砷（以 As 计）（mg/kg）	≤0.3	
食品添加剂 GB 2760—2007	二氧化硫残留量（mg/kg）	≤30	
非食品添加剂	工业滑石粉		产品配方
	工业色素（工业黄、工业绿等）		
	工业玉米淀粉和工业木薯淀粉生产粉丝		

（二十四）糕　点

糕点的警素、警限与警源指标见表 3–120。

表 3–120　糕点的警素、警限与警源指标

警素与警限			警　源
理化指标 GB 7099—2003	酸价（以脂肪计）（KOH）（mg/g）	≤5	加工工艺，原料配方，储存环境
	过氧化值（以脂肪计）（g/100g）	≤0.25	
	黄曲霉毒素 B_1（μg/kg）	≤5	
重金属 GB 7099—2003	铅（以 Pb 计）（mg/kg）	≤0.5	产品包装材料
	总砷（以 As 计）（mg/kg）	≤0.5	
微生物 GB 2760 GB 7099—2003	致病菌（沙门氏菌、志贺氏菌）	不得检出	产品原料，储存条件
	金黄色葡萄球菌（CFU/g）	≤100	
	菌落总数（CFU/g）	≤10 000	
	大肠菌群（CFU/g）	≤10	
	霉菌计数（CFU/g）	≤150	
食品添加剂	符合 GB 2760		产品配方
非食用物质	泔水油、地沟油等废弃油脂或矿物油		产品原料

（二十五）豆制品

1. 发酵豆制品

发酵豆制品的警素、警限与警源指标见表 3–121。

表 3-121　发酵豆制品的警素、警限与警源指标

警素与警限			警　源
理化指标 GB 2712—2003	铅（Pb）（mg/kg）	≤1	产品原料，产品包装材料，产品加工
	总砷（以 As 计）（mg/kg）	≤0.5	
	黄曲霉毒素 B_1（μg/kg）	≤5	
微生物指标[a] GB 2712—2003	大肠菌群（MPN/100g）	≤30	产品原料，产品包装材料
	致病菌（沙门氏菌、志贺氏菌、金黄色葡萄球菌）	不得检出	
食品添加剂 GB 2712—2003	符合 GB 2761 的规定		产品配方
非食品添加剂	工业黄、工业绿、双氧水（过氧化氢）和二氧化硫		

注：a. 监测赫曲霉毒素 A 的含量。

2. 非发酵豆制品

（1）豆浆类产品的警素、警限与警源指标（表 3-122）

表 3-122　豆浆类产品的警素、警限与警源指标

警素与警限			警　源
理化指标 GB/T 22106—2008	蛋白质（g/100g）	纯豆浆	≥2	产品原料，产品包装材料，产品加工
		调味豆浆	≥1.8	
	脂肪（g/100g）	纯豆浆	≥0.8	
		调味豆浆	≥0.8	
卫生指标 GB/T 22106—2008	应符合 GB 2711 的规定；产品进行脲酶试验的结果应为阴性			产品原料，产品包装材料

（2）豆腐类产品的警素、警限与警源指标（表 3-123）

表 3-123　豆腐类产品的警素、警限与警源指标

警素与警限				警　源
理化指标 GB/T 22106—2008	类型	水分（g/100g）	蛋白质（g/100g）	产品原料，产品储藏环境
	豆腐花	—	≥2.5	
	内酯豆腐	≤92.0	≥3.8	
	嫩豆腐	≤90.0	≥4.2	
	老豆腐	≤85.0	≥5.9	
	调味豆腐	≤85.0	≥4.5	
	冷冻豆腐	≤85.0	≥6.0	
	脱水豆腐	≤10.0	≥35.0	
卫生指标 GB/T 22106—2008	符合 GB 2711 规定			产品加工，产品包装材料

（3）豆腐干类产品的警素、警限与警源指标（表 3-124）

表 3-124 豆腐干类产品的警素、警限与警源指标

警素与警限				警 源
理化指标 GB/T 22106—2008	类型	水分（g/100g）	蛋白质（g/100g）	产品原料；产品 储藏环境
	豆腐干	≤75.0	≥13.0	
	熏制豆腐干	≤70.0	≥15.0	
	油炸豆腐干	≤63.0	≥17.0	
	调味豆腐干	≤75.0	≥13.0	
	脱水豆腐干	≤10.0	≥40.0	
卫生指标 GB/T 22106—2008	符合 GB 2711 规定			产品加工，产品 包装材料
非食品添加剂	工业黄、工业绿、硼砂、吊白块、工业石蜡、工业保险粉、 乌洛托品			产品配方

（4）腐竹类产品的警素、警限与警源指标（表 3-125）

表 3-125 腐竹类产品的警素、警限与警源指标

警素与警限				警 源
理化指标 GB/T 22106—2008	类型	水分（g/100g）	蛋白质（g/100g）	产品原料，产品 储藏环境
	腐皮	≤20.0	≥43.0	
	未经干燥腐竹	≤40.0	≥20	
	干燥腐竹	≤12.0	≥45.0	
卫生指标 GB/T 22106—2008	符合 GB 2711 规定			产品加工，产品 包装材料
非食品添加剂	工业黄、工业绿、硼砂、吊白块、工业石蜡、工业保险粉、 乌洛托品			产品配方

（二十六）蜂产品

蜂产品中最主要的是蜂蜜制品，现将蜂蜜的警素、警限与警源指标作具体叙述（表 3-126）。

表 3-126　蜂蜜的警素、警限与警源指标

警素与警限				警　源
强制性理化指标 GB 18796—2005	果糖和葡萄糖含量（%）		≥60	
	水分（%）	除下款以外的品种	≤20	原料
		荔枝蜂蜜、龙眼蜂蜜、柑橘蜂蜜、鹅掌蜂蜜、乌桕蜂蜜	≤23	
	蔗糖含量（%）	除下款以外的品种	≤5	
		桉树蜂蜜、柑橘蜂蜜、紫苜蓿蜂蜜	≤10	原料
微生物限量 GB 4789—2016	菌落总数（CFU/g）		≤1 000	
	大肠菌群（MPN/g）		≤0.3	原料
	致病菌（沙门氏菌、志贺氏菌、金黄色葡萄球菌）		不得检出	
	霉菌（CFU/g）		≤200	
理化指标 GB 18796—2005	羟甲基糠醛（mg/kg）		≤40	
	酸度（1mol/L 氢氧化钠，mL/kg）		≤40	原料
	淀粉活性酶［1% 淀粉溶液，mL/（g·h）］	除下款以外的品种	≥4	
		荔枝蜂蜜、龙眼蜂蜜、柑橘蜂蜜、鹅掌蜂蜜	≥2	
重金属 GB 14963—2003	铅（Pb）（mg/kg）		≤200	
	镉（Cd）（mg/kg）		≤100	原料，产品包装材料
	总砷（As）（mg/kg）		≤200	
其他污染物 NY/T 752—2012	氟胺氰菊酯（μg/kg）		≤50	
	氟氯苯氰菊酯（μg/kg）		≤5	
	溴螨酯（μg/kg）		≤100	
	土霉素/金霉素/四环素（总量）（μg/kg）		≤300	原料
	链霉素（μg/kg）		≤20	
	双甲脒、硝基呋喃类、氯霉素、硝基咪唑类、硫铵类（μg/kg）		不得检出	

（二十七）保健食品

1. 说　明

保健食品指声称并具有特定保健功能或者以补充维生素、矿物质为目的的食品。即适用于特定人群食用，具有调节机体功能，不以治疗疾病为目的，并且对人体不产生任何急性、亚急性或慢性危害的食品。

2. 保健食品的警素、警限与警源指标设计（表 3-127）

表 3-127 保健食品警素、警限与警源指标

警素与警限			警源
理化指标	理化指标应符合相应类属食品的食品安全国家标准的规定		
重金属 GB 16740—2014	铅（Pb）（mg/kg）	≤2.0	原材料，加工设备
	总砷（As）（mg/kg）	≤1.0	
	总汞（Hg）（mg/kg）	≤0.3	
微生物 GB 16740—2014	菌落总数（CFU/mL） 液态产品	≤10^3	原材料污染，加工工艺控制，加工设备污染，储存条件
	固态或半固态产品	≤$3×10^4$	
	大肠菌群（MPN/g 或 mL） 液态产品	≤0.43	
	固态或半固态产品	≤0.92	
	霉菌和酵母（CFU/g 或 mL）	≤50	
	金黄色葡萄球菌	≤0/25g（mL）	
	沙门氏菌	≤0/25g（mL）	
食品添加剂	符合 GB 2760		工艺配方

（二十八）特殊医学用途配方食品

1. 说 明

为了满足进食受限、消化吸收障碍、代谢紊乱或特定疾病状态人群对营养素或膳食的特殊需要，专门加工配制而成的配方食品。该类产品必须在医生或临床营养师指导下，单独食用或与其他食品配合食用。

①全营养配方粉。

②特定全营养配方食品：可作为单一营养来源能够满足目标人群在特定疾病或医学状况下营养需求的特殊医学用途配方食品，包括糖尿病全营养配方食品，呼吸系统病全营养配方食品，肾病全营养配方食品，肿瘤全营养配方食品，肝病全营养配方食品，肌肉衰减综合征全营养配方食品，创伤、感染、手术及其他应激状态全营养配方食品，炎性肠病全营养配方食品，胃肠道吸收障碍、胰腺炎全营养配方食品，脂肪酸代谢异常全营养配方食品，肥胖、减脂手术全营养配方食品。

③特殊医学用途婴儿配方食品：指针对患有特殊紊乱、疾病或医疗状况等特殊医学状况婴儿的营养需求而设计制成的粉状或液态配方食品。在医生或临床营养师的指导下，单独食用或与其他食物配合食用时，其能量和营养成分能够满足 0~6 月龄特殊医学状况婴儿的生长发育需求。

2. 特殊医学用途配方食品的警素、警限与警源指标设计

（1）全营养配方粉的警素、警限与警源指标设计

适用于 1~10 岁人群和适用于 10 岁以上人群的全营养配方食品、警素、警限和警

源指标见表3-128和表3-129。

表3-128 适用于1~10岁人群的全营养配方食品警素、警限和警源指标

警素与警限			警 源
能量指标	热量（kJ/100g）	250	
	蛋白质（g/100kJ）	0.5	
	其中优质蛋白含量（%）	≥50	
	亚油酸供能比（%）	≥2.5	
	α-亚麻酸供能比（%）	≥0.4	
理化指标 GB 29922—2013	维生素A（μg RE/100kcal）[a]	75.0~225.0	
	维生素D（μg/100kcal）[b]	1.05~3.14	
	维生素E（mgα-TE/100kcal）[c]	≤0.63	
	维生素K_1（μg/100kcal）	≥4	
	维生素B_1（mg/100kcal）	≥0.05	
	维生素B_2（mg/100kcal）	≥0.05	
	维生素B_6（mg/100kcal）	≥0.05	
	维生素B_{12}（μg/100kcal）	≥0.17	
	烟酸（烟酰胺）（mg/100kcal）[d]	≥0.46	
	叶酸（μg/100kcal）	≥4.0	原料，加工工艺 配方，加工过程
	泛酸（mg/100kcal）	≥0.29	
	维生素和 矿物质指标 维生素C（mg/100kcal）	≥7.5	
	生物素（μg/100kcal）	≥1.7	
	钠（mg/100kcal）	21~84	
	钾（mg/100kcal）	75~289	
	铜（μg/100kcal）	29~146	
	镁（mg/100kcal）	≥5.9	
	铁（mg/100kcal）	1.05~2.09	
	锌（mg/100kcal）	0.4~1.5	
	锰（μg/100kcal）	1.1~100.4	
	钙（mg/100kcal）	≥71	
	磷（mg/100kcal）	34.7~193.5	
	碘（μg/100kcal）	≥5.9	
	氯（mg/100kcal）	≤218	
	硒（μg/100kcal）	2.0~12.0	

（续表）

警素与警限			警　源
理化指标 GB 29922—2013	可选择成分	铬（μg/100kcal）　1.8~24.0	原料，加工工艺 配方，加工过程
		钼（μg/100kcal）　5.0~24.0	
		氟（mg/100kcal）　≤0.20	
		胆碱（mg/100kcal）　7.1~80.0	
		肌醇（mg/100kcal）　4.2~39.7	
		牛磺酸（mg/100kcal）　≤13.0	
		左旋肉碱（mg/100kcal）　≥1.3	
		二十二碳六烯酸（%，总脂肪酸）[e]　≤0.5	
		二十碳四烯酸（%，总脂肪酸）[e]　≤1	
		核苷酸（mg/100kcal）　≥2.0	
		膳食纤维（g/100kcal）　≤2.7	
卫生指标 GB 29922—2013		铅（Pb）（mg/kg）　0.15~0.5	原料，加工工艺 配方，加工过 程，包装材料与 方式
		硝酸盐（以 NaNO$_3$ 计）（mg/kg）[f]　≤100	
		亚硝酸盐（以 NaNO$_3$ 计）（mg/kg）[g]　≤2	
		黄曲霉毒素 M$_1$（μg/kg）[h]　≤0.5	
		黄曲霉毒素 B$_1$（μg/kg）[i]　≤50	
		细菌总数/CFU/g　≤1 000	
		大肠菌群（最近似值）（CFU/g）　≤100	
		沙门氏菌 CFU/g　不得检出	
		金黄色葡萄球菌 CFU（g）　≤10	

注：a. RE 为视黄醇当量。1μg RE=3.33 IU 维生素 A=1μg 全反式视黄醇（维生素 A）。维生素 A
只包括预先形成的视黄醇，在计算和声称维生素 A 活性时不包括任何的类胡萝卜素组分。
1kcal≈4.2kJ，全书同。

b. 钙化醇，1μg 维生素 D=40 IU 维生素 D。

c. 1mg α-TE（α-生育酚当量）= 1 mg d-α-生育酚。

d. 烟酸不包括前体形式。

e. 总脂肪酸指 C$_4$ 至 C$_{24}$ 脂肪酸的总和。

f. 不适用于添加蔬菜和水果的产品。

g. 仅适用于乳基产品（不含豆类成分）。

h. 仅适用于以乳类及乳蛋白制品为主要原料的产品。

i. 仅适用于以豆类及大豆蛋白制品为主要原料的产品。

表 3-129　适用于 10 岁以上人群的全营养配方食品警素、警限和警源指标

警素与警限			警源
理化指标 GB 29922—2013	能量指标	热量（kJ/100g）	295	
		蛋白质（g/100kJ）	0.7	
		其中优质蛋白含量（%）	≥50	
		亚油酸供能比（%）	≥2.0	
		α-亚麻酸供能比（%）	≥0.5	
	维生素和矿物质指标	维生素 A（μg RE/100kcal）[a]	39.0～225.0	原料，加工工艺 配方，加工过程
		维生素 D（μg/100kcal）[b]	0.80～3.14	
		维生素 E（mg α-TE/100kcal）[c]	≤0.80	
		维生素 K₁（μg/100kcal）	≥4.40	
		维生素 B₁（mg/100kcal）	≥0.07	
		维生素 B₂（mg/100kcal）	≥0.07	
		维生素 B₆（mg/100kcal）	≥0.07	
		维生素 B₁₂（μg/100kcal）	≥0.13	
		烟酸（烟酰胺）（mg/100kcal）[d]	≥0.20	
		叶酸（μg/100kcal）	≥22.2	
		泛酸（mg/100kcal）	≥0.29	
		维生素 C（mg/100kcal）	≥5.6	
		生物素（μg/100kcal）	≥2.2	
		钠（mg/100kcal）	≥83	
		钾（mg/100kcal）	≥111	
		铜（μg/100kcal）	44～500	
		镁（mg/100kcal）	≥18.3	
		铁（mg/100kcal）	0.83～2.30	
		锌（mg/100kcal）	0.4～2.2	
		锰（μg/100kcal）	25.0～611	
		钙（mg/100kcal）	≥56	
		磷（mg/100kcal）	≥40	
		碘（μg/100kcal）	≥6.7	
		氯（mg/100kcal）	≤218	
		硒（μg/100kcal）	3.3～22.2	

（续表）

警素与警限			警 源
理化指标 GB 29922—2013	可选择成分	铬（μg/100kcal）	1.8~55.6	原料，加工工艺 配方，加工过程
		钼（μg/100kcal）	5.6~50.0	
		氟（mg/100kcal）	≤0.20	
		胆碱（mg/100kcal）	22.2~166.7	
		肌醇（mg/100kcal）	4.2~140	
		牛磺酸（mg/100kcal）	≤20.0	
		左旋肉碱（mg/100kcal）	≥1.3	
		核苷酸（mg/100kcal）	≥2.0	
		膳食纤维（g/100kcal）	≤2.7	
卫生指标 GB 2672—2017 GB 2671—2017 GB 29921—2017		铅（Pb）（mg/kg）	0.15~0.5	包装材料与方式 原料，加工工艺 配方，加工过程
		硝酸盐（以 $NaNO_3$ 计） （mg/kg）[f]	≤100	
		亚硝酸盐（以 $NaNO_3$ 计） （mg/kg）[g]	≤2	
		黄曲霉毒素 M_1（μg/kg）[h]	≤0.5	
		黄曲霉毒素 B_1（μg/kg）[i]	≤50	
		细菌总数（CFU/g）	≤1 000	
		大肠菌群（最近似值） （CFU/g）	≤100	
		沙门氏菌（CFU/g）	不得检出	
		金黄色葡萄球菌（CFU/g）	≤10	

注：a. 至 i. 同表 3-128。

（2）特殊医学用途婴儿配方食品（表 3-130）

表 3-130 特殊医学用途婴儿配方食品的警素、警限和警源指标

警素与警限			警 源
理化指标 GB 25596—2010	能量指标	热量（kJ/100g）	250~295	原料，加工工艺 配方，加工过程
		蛋白质（g/100kcal）[a]	1.88~2.93	
		脂肪（g/100kcal）[b]	4.39~5.86	
		其中：亚油酸（g/100kcal）	0.29~1.38	
		α-亚麻酸（mg/100kcal）	≥50	
		亚油酸与α-亚麻酸的比值	（5:1）~ （15:1）	
		碳水化合物（g/100kcal）[c]	9.2~13.8	

（续表）

		警素与警限		警　源
理化指标 GB 25596—2010	维生素和 矿物质指标	维生素 A（μg RE/100 kcal）[d]	59.0~180.0	原料，加工工艺 配方，加工过程
		维生素 D（μg/100kcal）[e]	1.05~2.51	
		维生素 E（mg α-TE/100kcal）[f]	0.50~5.02	
		维生素 K_1（μg/100kcal）	4.2~27.2	
		维生素 B_1（mg/100kcal）	59~301	
		维生素 B_2（mg/100kcal）	80~498	
		维生素 B_6（mg/100kcal）	35.6~188.3	
		维生素 B_{12}（μg/100kcal）	0.105~1.506	
		烟酸（烟酰胺）（mg/100kcal）[g]	293~1 506	
		叶酸（μg/100kcal）	10.5~50.2	
		泛酸（mg/100kcal）	402~2 000	
		维生素 C（mg/100kcal）	10.5~71.1	
		生物素（μg/100kcal）	1.5~10.0	
		钠（mg/100kcal）	21~59	
		钾（mg/100kcal）	59~180	
		铜（μg/100kcal）	35.6~121.3	
		镁（mg/100kcal）	5.0~15.1	
		铁（mg/100kcal）	0.5~1.51	
		锌（mg/100kcal）	0.50~1.51	
		锰（μg/100kcal）	5.0~100.4	
		钙（mg/100kcal）	50~146	
		磷（mg/100kcal）	25~100	
		钙磷比值	（1∶1）~（2∶1）	
		碘（μg/100kcal）	10.5~58.6	
		氯（mg/100kcal）	50~159	
		硒（μg/100kcal）	2.01~7.95	

（续表）

警素与警限			警 源
理化指标 GB 25596—2010	可选择成分	铬（μg/100kcal）	1.5~10
		钼（μg/100kcal）	1.5~10
		胆碱（mg/100kcal）	7.1~50.2
		肌醇（mg/100kcal）	4.2~39.7
		牛磺酸（mg/100kcal）	≤13
		左旋肉碱（mg/100kcal）	≥1.3
		二十二碳六烯酸（%总脂肪酸）[hi]	≤0.5
		二十碳四烯酸（%总脂肪酸）[hi]	≤1

原料，加工工艺
配方，加工过程

卫生指标 GB 2672—2017 GB 2671—2017 GB 29921—2017	铅（Pb）（mg/kg）	≤0.15
	硝酸盐（以 NaNO$_3$ 计）（mg/kg）	≤100
	亚硝酸盐（以 NaNO$_3$ 计）（mg/kg）	≤2
	黄曲霉毒素 M$_1$（μg/kg）	≤0.5
	黄曲霉毒素 B$_1$（μg/kg）	≤0.5
	细菌总数（CFU/g）	≤1 000
	大肠菌群（最近似值）（CFU/g）	≤10
	沙门氏菌（CFU/g）	不得检出
	阪崎肠杆菌	不得检出
	金黄色葡萄球菌（CFU/g）	≤10

包装材料与方式
原料，加工工艺
配方，加工过程

其他指标 GB 25596—2010	水分（%）[k]		≤5.0
	灰分[k]	粉状产品（%）	≤5.0
		液态产品（按总干物质计）（%）	≤5.3
	杂质度[k]	粉状产品（mg/kg）	≤12
		液态产品（mg/kg）	≤2
	脲酶活性定性测定[l]		阴性

包装材料与方式
原料，加工工艺
配方，加工过程

注：a. 蛋白质含量的计算：应为氮（N）×6.25。

　　b. 终产品脂肪中月桂酸和肉豆蔻酸（十四烷酸）总量<总脂肪酸的 20%；反式脂肪酸最高含量<总脂肪酸的 3%；芥酸含量<总脂肪酸的 1%；总脂肪酸指 C4~C24 脂肪酸的总和。

　　c. 碳水化合物的含量 A1，按式（1）计算：

$$A_1 = 100 - (A_2 + A_3 + A_4 + A_5 + A_6)$$

式中，A_1——碳水化合物的含量，g/100g；

   A_2——蛋白质的含量，g/100g；

   A_3——脂肪的含量，g/100g；

   A_4——水分的含量，g/100g；

   A_5——灰分的含量，g/100g；

   A_6——膳食纤维的含量，g/100g。

d. RE 为视黄醇当量。$1\mu g$ RE = $1\mu g$ 全反式视黄醇（维生素 A）= 3.33IU 维生素 A。维生素 A 只包括预先形成的视黄醇，在计算和声称维生素 A 活性时不包括任何的类胡萝卜素组分。

e. 钙化醇，$1\mu g$ 维生素 D = 40 IU 维生素 D。

f. 1mg α-TE（α-生育酚当量）= 1 mg d-α-生育酚。每克多不饱和脂肪酸中至少应含有：0.5mg α-TE，维生素 E 含量的最小值应根据配方食品中多不饱和脂肪酸的双键数量进行调整：0.5mg α-TE/g 亚油酸（18：2 n-6）；0.75mg α-TE/g α-亚麻酸（18：3 n-3）；1.0mg α-TE/g 花生四烯酸（20：4 n-6）；1.25mg α-TE/g 二十碳五烯酸（20：5 n-3）；1.5mg α-TE/g 二十二碳六烯酸（22：6 n-3）。

g. 烟酸不包括前体形式。

h. 如果特殊医学用途婴儿配方食品中添加了二十二碳六烯酸（22：6 n-3），至少要添加相同量的二十碳四烯酸（20：4 n-6）长链不饱和脂肪酸中二十碳五烯酸（20：5 n-3）的量不应超过二十二碳六烯酸的量。

i. 总脂肪酸指 C4~C24 脂肪酸的总和。

j. 不适用于添加活性菌种（好氧和兼性厌氧益生菌）的产品［产品中活性益生菌的活菌数应 ≥ 1×10^6 CFU/g（mL）］

k. 仅限于粉状特殊医学用途婴儿配方食品。

l. 液态特殊医学用途婴儿配方食品的取样量应根据干物质含量进行折算。

（二十九）婴幼儿配方食品

婴儿配方奶粉 I 的警素、警限与警源指标设计见表 3-131。

表 3-131　婴儿配方乳粉 I 的警素、警限与警源指标

警素与警限			警源
理化指标 GB 10765—2010	热量（kJ）/100g	≥1 876	原料，加工工艺 配方，加工过程
	蛋白质（g/100g）	≥18.0	
	脂肪（g/100g）	≥17.0	
	灰分（g/100g）	≤5.0	
	水分（g/100g）	≤5.0	
	维生素 A（IU/100g）	1 250~2 500	
	维生素 D（IU/100g）	200~400	
	维生素 E（IU/100g）	≥4.0	

（续表）

警素与警限		警源
理化指标 GB 10765—2010	硫胺素（μg/100g）　　≥400	原料，加工工艺 配方，加工过程
	核黄素（μg/100g）　　≥500	
	烟酸（μg/100g）　　≥4 000	
	维生素 C（mg/100g）　　≥40	
	钙（mg/100g）　　≥500	
	磷（mg/100g）　　≥400	
	镁（mg/100g）　　30~80	
	铁（mg/100g）　　6~10	
	锌（mg/100g）　　2.5~7.0	
	铜（μg/100g）　　270~750	
	碘（μg/100g）　　30~150	
	钠（mg/100g）　　≤300	
	钾（mg/100g）　　400~1 000	
	氯（mg/100g）　　≤600	
	复原乳酸度（T°）　　≤16.0	
	溶解度（%）　　≥99	
卫生指标 GB 2672—2017 GB 2671—2017 GB 29921—2017	铅（Pb）（mg/kg）　　≤0.5	原料，加工工艺 配方，加工过 程，包装材料与 方式
	无机砷（以 As 计）（mg/kg）　　≤0.5	
	硝酸盐（以 $NaNO_3$ 计）（mg/kg）　　≤100	
	亚硝酸盐（以 $NaNO_3$ 计）（mg/kg）　　≤5	
	黄曲霉毒素 M_1　　不得检出	
	酵母和霉菌（个/g）　　≤50	
	脲酶定性　　阴性	
	细菌总数（个/g）　　≤30 000	
	大肠菌群（最近似值）（个/100g）　　≤40	
	致病菌　　不得检出	

（三十）特殊膳食食品

1. 说　明

①婴幼儿谷类辅助食品的警素、警限与警源指标设计：包括婴幼儿谷物辅助食品、婴幼儿高蛋白谷物辅助食品、婴幼儿生制类谷物辅助食品、婴幼儿饼干或其他婴幼儿谷

物辅助食品。

②婴幼儿罐装辅助食品的警素、警限与警源指标设计：包括泥（糊）状罐装食品、颗粒状罐装食品、汁类罐装食品。

③其他特殊膳食食品。

2. 特殊膳食食品的警素、警限与警源指标设计

（1）婴幼儿谷类辅助食品的警素、警限与警源指标（表3-132）

表3-132 婴幼儿谷物辅助食品的警素、警限与警源指标

警素与警限			警 源
理化指标 GB 10765—2010	能量（kJ/100g）	≥1 250	原料，加工工艺配方，加工过程，包装材料与方式
	蛋白质（g/100kJ）	≥0.33（1.4）	
	脂肪（g/100kJ）	≤0.8（3.3）	
	不溶性膳食纤维（%）	≤5.0	
	水分（%）	≤6.0	
	维生素 A（μg RE/100kJ）	14~43	
	维生素 D（μg/100kJ）	0.25~0.75	
	维生素 B_1（μg/100kJ）	≥12.5	
	维生素 C（mg/100kJ）	≥1.4	
	钙（mg/100kJ）	≥12.0	
	铁（mg/100kJ）	0.25~0.50	
	锌（mg/100kJ）	0.17~0.46	
	钠（mg/100kJ）	≤24.0	
卫生指标 GB 10765—2010	铅（Pb）（mg/kg）	添加鱼类、肝类、蔬菜类的产品 ≤0.30	原料，加工工艺配方，加工过程，包装材料与方式
		其他产品 ≤0.20	
	无机砷（以 As 计）（mg/kg）	添加藻类的产品 ≤0.30	
		其他产品 ≤0.20	
	硝酸盐（以 $NaNO_3$ 计）（mg/kg）	≤100	
	亚硝酸盐（以 $NaNO_3$ 计）（mg/kg）	≤2	
	黄曲霉毒素 B_1（μg/kg）	≤0.5	
	脲酶定性	阴性	
	菌落总数（CFU/g 或 CFU/mL）	≤10 000	
	大肠菌群（最近似值）（CFU/g 或 CFU/mL）	≤100	
	致病菌	不得检出	

（2）婴幼儿罐装辅助食品的警素、警限与警源指标设计

以下以畜肉、禽肉、鱼肉或动物内脏是产品中除水以外的唯一配料或唯一蛋白质来源的产品（不包括汁类产品）为例（表3-133）。

表3-133　婴幼儿罐装辅助食品的警素、警限与警源指标

警素与警限			警　源
理化指标 GB 10770—2010	配料比（%）	≥40	原料，加工工艺配方，加工过程，包装材料与方式
	蛋白质（g/100kJ）	≥1.7	
	脂肪（g/100kJ）	≤1.4	
	总钠（mg/100g）	≤200.0	
卫生指标 GB 2672—2017 GB 2671—2017 GB 29921—2017	铅（Pb）（mg/kg）	以水产及动物肝脏为原料的产品　≤0.30	原料，加工工艺配方，加工过程，包装材料与方式
		其他原料的产品　≤0.25	
	无机砷（以As计）（mg/kg）	以水产及动物肝脏为原料的产品　≤0.30	
		其他原料的产品　≤0.10	
	汞（mg/kg）	≤0.02	
	锡（mg/kg）	≤50	
	硝酸盐（以NaNO₃计）（mg/kg）	≤200	
	亚硝酸盐（以NaNO₃计）（mg/kg）	≤4	
	霉菌（%视野）（CFU/g或CFU/mL）	≤40	
	致病菌	不得检出	

（三十一）食品添加剂

1. 说　明

①食品添加剂：为改善食品品质和色、香、味，以及为防腐、保鲜和加工工艺的需要而加入食品中的人工合成或者天然物质。食品用香料、胶基糖果中基础剂物质、食品工业用加工助剂也包括在内。

②食品用香精：食用香精是用来起香味作用的浓缩配制品（只产生咸味、甜味或酸味的配制品除外），它可以含有也可不含有食用香精辅料。通常不直接用于消费，包括食品用香精、饲料用香精和接触口腔与嘴唇用香精。

③复配食品添加剂：为了改善食品品质、便于食品加工，将两种或两种以上单一品种的食品添加剂，添加或不添加辅料，经物理方法混匀而成的食品添加剂。

2. 特殊膳食食品的警素、警限与警源指标设计

（1）食品添加剂警素、警限与警源指标

以茶黄素为例，其警素、警限与警源指标设计如表3-134所示。

表 3-134 茶黄素的警素、警限与警源指标

警素与警限			警源
理化指标 GB 2760—2014	茶黄素（%）	≥20.0	原料，产品包装材料
	咖啡因（%）	≤5.0	
	水分（%）	≤6.0	
	总灰分（%）	≤2.0	
	砷（以 As 计）（mg/kg）	≤2.0	
	重金属（以 Pb 计）（mg/kg）	≤10	
微生物指标 GB 2760—2014	菌落总数（CFU/25g）	≤1 000	原材料污染，加工工艺控制，加工设备污染，储存条件
	霉菌和酵母（CFU/25g）	≤100	
	大肠菌群（MPN/25g）	≤3.0	
	大肠埃希氏菌	不得检出	
	沙门氏菌	不得检出	

（2）食品用香精警素、警限与警源指标

以膏状香精为例，其警素、警限与警源指标设计如表 3-135 所示。

表 3-135 膏状香精的警素、警限与警源指标

警素与警限			警源
重金属 GB /T 1505—2007	铅（Pb）（mg/kg）	≤10	原材料，加工设备
	砷（As）（mg/kg）	≤3	
微生物 GB /T 1505—2007	菌落总数（个/g 或个/mL）	≤1×10^4	加工工艺控制，加工设备污染，储存条件
	大肠菌群（MPN/100g 或 MPN/100mL）	≤30	

（3）复配食品添加剂警素、警限与警源指标（表 3-136）

表 3-136 复配食品添加剂的警素、警限与警源指标

警素与警限			警源
重金属 GB 26687—2011	砷（As）（mg/kg）	≤2.0	原材料，加工设备
	铅（Pb）（mg/kg）	≤2.0	
微生物 GB 26687—2011	根据所有复配的食品添加剂单一品种和辅料的食品安全国家标准或相关标准，对相应的致病性微生物进行控制，并在最终产品中不得检出		加工工艺控制，加工设备污染，储存条件

第四章 国外食品安全预警体系

第一节 国际食品安全当局网络预警体系

"民以食为天"，食品是人类赖以生存和发展的物质基础，是全世界所有人每天都必须面对的现实需要。食品安全既关乎个体的生命健康，又关乎社会稳定，更关乎国家和民族的未来。由于食品安全牵涉面广泛，加上影响因素众多，自有历史记载以来一直是影响人类健康的重大问题。为了在全球范围内更好地构筑共同防范和应对食品安全事件的屏障，世界卫生组织（World Health Organization，WHO）与联合国粮食及农业组织（Food and Agriculture Organization of the United Nations，FAO）携手，共同建立了旨在促进食品安全信息交流及国家一级和国际一级食品安全当局之间合作的网络——国际食品安全当局网络（International Food Safety Authorities Network，INFOSAN）。这一由世界卫生组织下辖的食品安全、人畜共患病和食源性疾病司运行和管理的信息网络已成为当今世界最为重要的食品安全信息系统，对促进全球范围内食品安全信息的共享及世界各国针对食品安全的联合行动有着十分重要的意义。学习和研究这一系统的运作模式，对促进我国食品安全信息系统的建设无疑有着重要的借鉴意义。

国际上有食品预警体系的主要组织有国际食品安全当局网络 INFOSAN、全球环境监测系统/食品污染监测与评估计划 GEMS/Food、食源性疾病监测 GFN、全球疫情预警与反应网 GOARN、全球卫生情报网络 GPHIN。其中，国际食品安全当局网络 INFOSAN 是主要的也是综合的食品预警平台，而其他几个都是针对某一问题的预警平台。

一、INFOSAN 的建设背景与发展过程

越来越多的重大食品安全事件使世界各国的食品安全当局意识到，食品安全问题不但需要在国家一级处理，而且还必须在国际一级进行更密切的合作。随着食品贸易日益全球化，增加了受污染食品在全球迅速传播的风险。因此，有必要建立一种机制，以促进各国之间在食品安全领域的互信和合作。

在 2000 年 5 月举行的 WHO 世界卫生大会通过了一项决议，要求 WHO 与各成员国在食品安全问题上加强联系，以提升全球食品安全水平。2002 年的世界卫生大会对食品受到自然、意外或蓄意污染所造成的卫生紧急情况表示严重关注，并要求 WHO 向成员国提供手段和支持，以加强各成员国应对这种紧急情况的能力。2004 年 7 月，FAO/WHO 食品法典委员会通过了一份文件，题为《在食品控制紧急情况下交流信息的原则

和方针》，其中指定了每个国家的信息交流正式联络点。根据相关规定，由 WHO 负责维持一份食品安全紧急联络点清单，这就是在 INFOSAN 下维持的紧急联络点清单。

2004 年 3 月，WHO 开始着手建立 INFOSAN，并在 INFOSAN 下嵌入了 INFOSAN 应急网。2006 年 6 月，WHO 设立了由来自世界不同地区、国家当局的 10 名成员组成的 INFOSAN 咨询委员会，为项目的实施提供全面的指导。随后，测试系统开发完成，并得到了进一步的优化。图 4-1 是 INFOSAN 的发展过程示意图（截至 2010 年）。

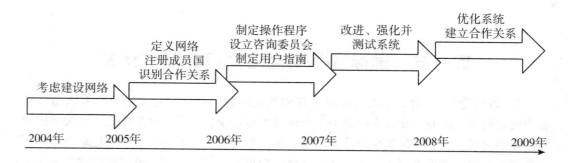

图 4-1　INFOSAN 的发展过程示意图

INFOSAN 是一个连接各国食品安全当局的全球网络，由 FAO 和 WHO 合作管理，其秘书处设在世界卫生组织。通过国际食品安全当局网络，世界卫生组织协助会员国管理食品安全风险，确保在食品安全突发事件期间迅速分享信息以阻止受污染食品由一国向另一国传播。

国际食品安全当局网络还促进国家之间分享经验和已得到测试的解决办法，以便优化未来的干预措施，保护消费者的健康。截至 2010 年有 181 个会员国的政府当局参加了该网络。新的国际食品安全当局网络社区网站于 2012 年上线，这是该网络发展的重要里程碑，将继续加强各网络成员之间的合作（注册成员可在如下网址登录：https：//extranet. who. int/infosan/）。因为 INFOSAN 是一个国际性质的网络，2012 年新的国际食品安全当局网络社区网站上线以后，仅注册成员有查阅权。

二、INFOSAN 概述

（一）INFOSAN 的宗旨

INFOSAN 致力于：促进食品安全相关事件信息的快速交流；共享全球关注的重大食品安全问题的相关信息；增进各国、各网络之间的伙伴关系和协作关系；帮助各国加强其处理食品安全紧急事件的能力。

（二）INFOSAN 的建设目的

作为一个食品安全信息交流网络，它的建设目的主要包括以下几个方面。

①促进食品安全事件期间相关信息在国家层面之间的快速交换。

②共享全球关注的重大食品安全问题的信息。

③促进不同国家之间与不同食品安全网络之间的合作与交流。

④应对重大的国际食品安全事件。

⑤帮助一些国家提升食品安全风险管理的能力。

（三）INFOSAN 的网络结构

INFOSAN 是一个信息网络，分发的是关于食品安全问题的重要信息。其网络结构如图 4-2 所示。

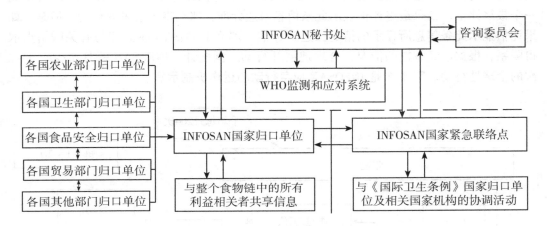

图 4-2　INFOSAN 网络结构示意

（四）INFOSAN 的应用范围

INFOSAN 应用的范围是应对可能导致多个国家产生微生物、化学和物理危害的食品安全事件，为国家内部和国家之间应对食品安全问题起重要作用的合作伙伴提供指导，完善国家层面之间的信息交流机制，而不是取代现有的国家与贸易合作伙伴之间的信息交流方式。

（五）INFOSAN 的日常管理

INFOSAN 的日常工作由秘书处负责，当遇到相关问题时可以询问咨询委员会成员，INFOSAN 秘书处分发的信息称为"情况说明"（Information Notes），提供的是新发生或受关注的食品安全问题有关的重要信息，一般每年向 INFOSAN 网络成员分发 6～12 次。而各成员国通常都指定了相应的 INFOSAN 归口单位，以方便双向信息的传递。如果一国的食品安全当局设在若干个机关内，则可能指定若干个归口单位。因此，INFOSAN 归口单位有可能设在若干个部门内，诸如卫生部门、商业部门、农业部门和贸易部门等。

（六）INFOSAN 的运行机制

通常情况下，INFOSAN 会对其各联络点进行平均每个月至少 200 次的监视行动，保证及时获取食品安全信息，而各联络点也应与 INFOSAN 保持紧密的联系，当发现任何问题时及时向 INFOSAN 汇报并提供已有的全部资料信息，以便对 INFOSAN 的下一步行动提供帮助。当 INFOSAN 收到联络点提供的信息之后，会及时地对其信息作出一个初始的评估，判断其信息的真实性、可靠性以及其利用价值。如果 INFOSAN 通过对食品安全信息的评估，确认本地并无产生任何食品安全问题，那么 INFOSAN 将向提供信息的联络点及时反馈信息，并不会对其产生任何行动。但是当 INFOSAN 对食品安全信息进行评估的同时，并不能根据已有的信息确定是否应该采取行动时，那么 INFOSAN 会利用其网络资源，联合各联络点的力量，迅速搜集额外的有价值信息，以提高对食品安全信息的评估价值。通过对初始信息以及额外信息的跟进及确认，INFOSAN 会得到一个最终评估。如果最终评估显示此条信息未达标准，那么将不会采取行动，但是，如果评估显示此条信息所显示的情况已达到标准，那么 INFOSAN 将立即与有关联络点取得联系，根据已经掌握的情况，合理地展开行动。据统计，INFOSAN 每月至少有 1~2 次的全球性行动。图 4-3 是 INFOSAN 应急行动的运作机制示意。

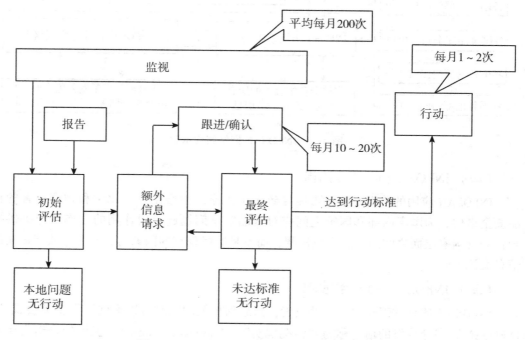

图 4-3　INFOSAN 应急行动的运作机制示意

三、INFOSAN 应急网

（一）应急网的运行

设在 INFOSAN 之内的 INFOSAN 应急网可以把成员国家官方联络点同整个网络连接起来，以应对具有国际影响的有关食品安全事件和紧急情况，INFOSAN 应急网络的设计目的是使各国政府之间能够以机密方式迅速交流信息。图 4-4 是 INFOSAN 应急网示意。

INFOSAN 应急网每周 7 天、每天 24 小时运行，并与其他 WHO 监测和应对系统密

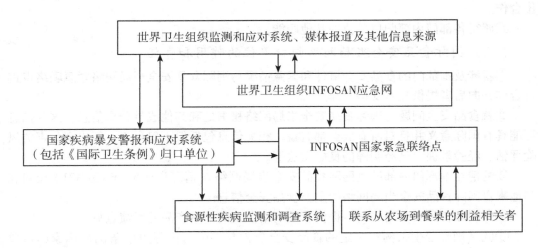

图4-4 INFOSAN 应急网示意

切连接。INFOSAN 应急网每月调查10~20起食品安全事件，以确定是否需向网络或特定网络成员发出警报。2007年2月向70个国家发布花生酱中含沙门氏菌警告。通过这个程序，INFOSAN 应急网每月通常向符合下列情况的国家发出1~2次警报：一是经由国际分销而遭受污染的食品；二是可能发生了与跨界疾病暴发有关的食源性疾病病例。

为了确保成员国有快速和稳定的官方联络渠道，每个注册成员国必须而且仅设有1个 INFOSAN 紧急联络点，由各成员国正式指定。INFOSAN 紧急联络点的工作主要包括以下内容。

①与《国际卫生条例》国家归口单位及食品安全事件和紧急情况应对行动所涉及的相关机构协调各项活动。

②向 INFOSAN 应急网通报具有国际影响的有关食品安全事件和紧急情况。

③请求协助应对食品安全事件或紧急情况。

④答复 INFOSAN 应急网提出的关于国际性有关食品安全事件和紧急情况的具有紧迫性的问题。

⑤在收到通过 INFOSAN 应急网发出的警报后采取行动，例如回收食品、限制进口食品或警告消费者等应对措施。

（二）国际食品安全当局网络紧急联络点的作用和责任

①向国际食品安全当局网络秘书处报告可能具有重大国际影响的紧急食品安全事件。

②在核实和评估事件方面应国际食品安全当局网络秘书处请求向其提供包括所有必要信息在内的协助，并审查与本国国内事件有关的国际食品安全当局网络预警信息。

③酌情通过国际食品安全当局网络秘书处要求的获得国际援助，以应对食品安全事件或紧急情况。

④根据国际食品安全当局网络的预警信息采取行动，并据此传播信息。

⑤就《国际卫生条例》规定的食品安全事件与本国《国际卫生条例》国家归口单

位合作。

⑥履行各部门内部归口单位的其他职能。

（三）国际食品安全当局网络归口单位的作用和责任

①就涉及本部门的食品安全事件和紧急情况与国际食品安全当局网络紧急联络点进行合作并向后者提供技术支持。

②就食品安全问题与国际食品安全当局网络秘书处和其他成员分享信息，这些信息可能具有国际意义并且对所有成员都有益。相关信息包括但不仅限于：新出现危害的风险评估、经验教训、已经明确的良好做法等。

③酌情在本部门内部散发国际食品安全当局网络《情况说明》、FAO/WHO 指南和其他来自国际食品安全当局网络的重要食品安全信息。

④向国际食品安全当局网络提供有关网络散发的信息产品的反馈意见。

⑤就《国际卫生条例》规定的食品安全事件与本国《国际卫生条例》国家归口单位合作。

四、INFOSAN 的实际应用

2007—2008 年，阿富汗 Heart 省 Gulran 地区上报因食用含有吡咯里西啶类生物碱的小麦而致使人发病，176 个病例中有 13 人死亡。经过调查发现，Gulran 地区经常使用的 Charmac 小麦种子中含有吡咯里西啶类生物碱。由于 Charmac 小麦是当地农民的主要食粮。小麦受到污染后，当地农民由于没有其他食物可食用，很多贫困家庭不得不继续食用受污染的小麦做成的食品，从而使得该病的预防变得很困难。

该事件发生后，WHO 通过 INFOSAN 立即采取了相应的措施，包括协调多个合作伙伴支持阿富汗政府采取行动，WHO 咨询委员会向受灾区域提供农业技术援助，帮助阿富汗研究机构实验室对样本进行分析，用联合国粮农组织提供食品代替很多贫困家庭食用的受污染的小麦。在这一事件中，INFOSAN 的使用，对减轻 Gulran 地区因小麦受污染的食品安全问题起到了巨大的作用。

此外，INFOSAN 在近年来的国际食品安全预警中发挥着越来越重要的作用。图 4-5 和图 4-6 分别是 2013 年 INFOSAN 发布的关于可能与氯霉素污染的天然健康产品召回的通知，以及可能与急性肝炎潜在危害相关的膳食补充剂产品警报。

此外，2009 年国际食品安全当局发布了关于《世界卫生组织全球食品安全战略》的实施的计划书，战略包括 7 项措施以降低食源性疾病给健康和社会带来的负担，该战略将继续作为 WHO 加强全球食品安全工作的一部分加以实施。其中涉及全球环境监测系统（GEMS/食品）、世界卫生组织沙门氏菌全球监测网络（WHO GSS）、人畜共患病在内的主要动物疾病全球预警系统（GLEWS）是与食品预警有关的系统。人畜共患病在内的主要动物疾病全球预警系统（GLEWS）阐述了实时预警和全球预警警报及反应框架的报告。

五、INFOSAN 对促进我国食品安全发展的启示

INFOSAN 是全球范围内促进食品安全信息共享、促进国际间食品安全事件应急协

INFOSAN Notice
Important Recall Information: Natural health products potentially contaminated with chloramphenicol
Date: November 9, 2013
Countries: Canada
Countries: United States of America
WHO regions:Region of the Americas
Hazard: Toxin/Chemical›Other Chemical ›Chloramphenicol
Food category: Products for special nutritional use
Food involved: Vega nutritional shakes
Illness reported: No
Reported to IHR: Yes
Notice details: Since 10 October 2013, a number of Canadian companies have been voluntarily recalling several natural health products due to a possible contamination with chloramphenicol, an antibiotic associated with a rare risk of aplastic anemia, a serious blood disorder that can be fatal.

图 4-5　INFOSAN 召回通知示例

INFOSAN Alert
INFOSAN Alert - Outbreak of Acute Hepatitis Potentially Associated With Dietary Supplement Products Labeled OxyElite Pro
Date: November 1, 2013
Countries: United States of America
WHO regions:Region of the Americas
Hazard: Toxin/Chemical›Unknown
Food involved: Dietary supplement for energy boost
Food involved: body building and weight loss
Illness reported: Yes
Number of Ill people: 56
Reported to IHR: Yes
Alert details: Acute Hepatitis Illnesses Potentially Associated With Dietary Supplement Products Labeled OxyElite Pro
The U.S. Food and Drug Administration (FDA), the Center for Disease Control and Prevention (CDC), and state and local officials are investigating a number of hepatitis

图 4-6　INFOSAN 产品警报示例

调的重要创举，对提高全世界食品安全的总体水平无疑有着积极的贡献。食品安全是人类生存与发展永恒的主题，在当今经济全球化快速推进、各种不安全因素与日俱增的形势下，食品安全比过去面临着更为严峻的挑战。促进食品安全信息的共享、致力于在国家之间和地区之间食品安全事件的协同应对，已成为提高食品安全水平的重要法宝。INFOSAN 的发展经验告诉我们，在中国，要提升食品安全的管理能力和水平，促进食品安全信息的共享、推动全国范围内跨地区食品安全事件的应急协调是当前一项重要而迫切的任务。具体的对策建议如下。

第一，由国家市场监督管理总局牵头，建设全国性的食品安全信息网，统筹全国食品安全信息的汇集和集中分析处理，动态监控各种与食品安全相关的信息，以期能在第一时间对可能发生的食品安全事件作出响应。

第二，建立跨地区的食品安全协作联动机制，使各省级、地市级政府中承担食品安全监管职责的相关部门通过网络连接起来，共同推进食品安全的监管和应急联动。等条件成熟时，这一网络进一步向县区级政府以及街道、乡镇级政府延伸。

第三，建立全国食品安全预警机制，变被动的食品安全信息监控为主动的食品安全预警信息服务，让政府相关部门和利益相关方能及时获取政府食品安全预警信息，以便做到防范到位、应对有方。

第四，构建"群防群控"的食品安全突发事件应急管理体制，引导全社会共同参与食品安全应急管理体系的建设，形成政府主导、社会参与的应急体制，共筑保障食品安全的"铜墙铁壁"。

食品安全既是人类发展繁衍的基本条件，也是国家和民族兴旺发达的重要支撑。无论是过去、现在还是将来，食品安全始终是一项十分复杂的系统工程，很难找到一种包治百病、一劳永逸的良方使食品安全做到高枕无忧、万无一失。从实际可行的角度来看，充分发挥信息网络的作用，加强应急处置力量的整合，这是 INFOSAN 发展所总结出来的宝贵经验，同样也应是我国食品安全事业赢得更好更快发展的有效途径。

第二节　欧盟食品和饲料快速预警系统

快速有效的食品预警系统在应对食品消费安全挑战中具有重要作用。欧盟的食品和饲料快速预警系统涉及范围广泛，反应迅速，实现了信息的综合利用，有效地保证了食品和饲料的消费健康。我国的食品安全预警系统是近些年才出现的。目前，我国还缺少一套快速有效、覆盖面广的预警机制。我国在建立预警机制时，应借鉴欧盟食品和饲料快速预警系统的有益之处，加强对整个食物链的综合管理，强调系统性与协调性，将风险的概念引入管理领域，同时依法建立科学分析与信息交流咨询体系，提高信息搜集的客观性、准确性，保证决策程序的透明性、有效性。

一、欧盟食品和饲料快速预警系统概况

欧盟作为世界上经济最发达、科技最先进、法制最完备、公民生活质量最高的地区之一，食品安全问题亦不断出现。从 1986 年英国发生疯牛病，到 2001 年新一轮疯牛病

相继在法国、德国等国发生。1999 年比利时维克斯特饲料公司的二噁英污染饲料事件，2000 年初法国古德雷食品公司肉制品的李斯特杆菌事件，2001 年 9 月英国和爱尔兰等国持续了 11 个月的口蹄疫等事件，使欧盟国家消费者陷入恐慌之中。

欧盟委员会在反思、检讨和总结经验教训的基础上，开始构建统一完善的食品安全体系，于 2002 年实施了共同体快速警报系统。目前有 2 种网络：食品网络和非食品产品网络。欧盟食品和饲料快速预警系统（Rapid Alert System for Food and Feed，RASFF）的主要目标是保护消费者免受不安全食品和饲料的危害。它被用来收集源自所有成员国的相关信息，以便于各监控机构就食品安全保障措施进行信息交流。

二、运行管理

RASFF 的建立为欧盟成员国食品安全主管机构提供了有效的交流途径，促进了彼此之间的信息交换，并为采取确保食品安全的有效措施提供了重要支撑。依托这一系统，欧盟成员国主管机构发现任何与食品及饲料安全有关的信息后都会上报委员会，委员会将进行判断，必要时将此信息传达至网络下其他成员。所有参与其中的机构都建有各自的联络点，各联络点彼此联系，形成沟通渠道顺畅的网络系统。系统及时收集源自所有成员的相关信息，以便各监控机构就食品安全保障措施进行信息交流。

在不违反其他欧盟规章的前提下，系统各成员国主要通过快速预警系统向委员会迅速通告如下各类信息。

一是各国为保护人体健康而采取的限制某食品或饲料上市、或强行使其退出市场、或回收该食品或饲料并需要紧急执行的措施。

二是由于某食品或饲料对人体健康构成严重威胁而旨在防止、限制其上市或最终使用，或旨在对该食品或饲料的上市和最终使用附加特别条件，并需要紧急执行的专家建议或一致意见。

三是由于涉及对人体健康的直接或间接威胁，欧盟内边境主管机构对某食品或饲料集装箱或成批运输货物的拒收情况。

RASFF 的启动仅限于那些可能对超过一个以上的欧盟成员国造成危害的食品或饲料，即当某一食品或饲料风险在某一成员国被发现后，可能还会危及其他成员国的时候才启动此系统。根据规定，一旦出现来自成员国或者第三方国家的食品或饲料可能会对人体健康产生危害，而该国没有能力完全控制风险时，欧盟委员会将启动快速预警系统，并采取终止或限制问题食品或饲料的销售、使用等紧急控制措施。成员国获取预警信息后，必须采取相应的措施，并将危害情况告知公众。预警系统是否启动取决于委员会对具体情况的评估结果，成员国也可建议委员会就某种危害启动预警系统。

RASFF 的通报是借助于欧盟委员会的通信与信息资源管理中心完成的。其具体的运转程序如下：欧盟成员国的 RASFF 国家联系点将发现的问题产品的通报上传到只有欧洲自由贸易联盟食品监督局可读的数据库，监督局通过电子邮件接收上传的信息，根据特定的标准，决定信息进一步传播的程度。欧盟委员会快速预警系统工作组由监督局进行联系，通知该信息是否是预警通报委员会指定了预警代号、非预警通报的字母代号。监督局将通报上传到一个所有欧洲经济区国家都可以访问的网络，所有 CIRCA 成员可通过该网络下载通报的电子文本，各成员国依据风险等级采取反应措施。欧洲食品安全局则给出科学的风险评估以及所有需要的科学信息及建议，之后将这些信息反馈回欧盟委员会。与此同时，发布国还要对发现的风险进行进一步的调查，给出更详细的资料以便其他成员国能采取更为有效的措施。各成员国也会将他们采取何种措施等信息发布到系统上。如果发布的信息不准确或者在发布过程中发生错误，在发布国的要求下，委员会可以取消通过 RASFF 发布的预警或者信息通报。可见，RASFF 并不是一个单向运作的系统，而是一个互动的交流网络。

为避免被监测到的问题再度出现，欧盟食品和饲料快速预警系统还设立了第三国特殊保障机制，即将发现的问题反馈给原产国。除通报外，还会有相关的信息从监督局转发到 RASFF 的国家联系点，这也就是所谓的第三国信函。这一信函由委员会提交给那些与欧洲经济区成员在食品领域有相关问题的国家。

图 4-7 是 RASFF 信息流转示意。一般成员国在得到由消费者、第三方国家、跨国组织或者企业等报告的可能产生危险的食品安全情况时，及时将相关信息传递到 RAS-FF 委员会进行评估，委员会根据食品安全事件等级发布相应的通报给各相关成员国、欧洲食品安全局、欧洲自由贸易联盟以及第三方国家，并接收成员国和第三方国家的反馈信息。此外，还会发布每周快速通报和 RASFF 年度报告。

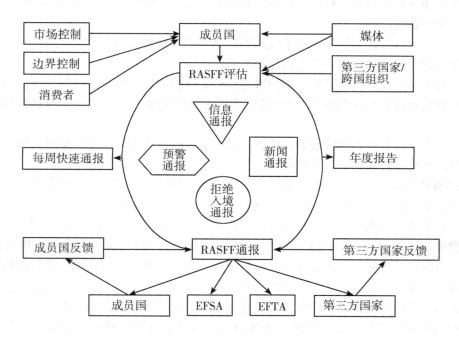

图 4-7　RASFF 信息流转示意

三、RASFF 系统的通报类型

当 RASFF 的任何一个成员国发现存在对人体健康有直接或间接危害的食品安全事

件时，发现国需要将产品的风险程度和所在市场的分布情况及时向委员会报告，委员会评估后根据事件等级向所有成员国发布相应的通告。通报类型主要有预警通报、信息通报、新闻通报和拒绝入境通报 4 类。

（一）预警通报

针对已经上市且构成危险的食品或饲料，由首先检测到并已采取相关措施（如召回或回收）的成员国发出预警通报。将信息告知各成员国，其他各国检查该产品是否出现在自己的市场上，以便能采取相应的措施。预警通报也可向消费者解释，通报的商品已经或正在被清除出市场，使消费者明白、安全且有信心地消费，各成员国根据自己的情况来执行这些行动，包括必要时的媒体披露。

（二）信息通报

针对某种还没有到达成员国市场，但是经过鉴定受到污染、具有高度威胁或具有风险的食品或饲料。这类通报主要包括这类食品或饲料在欧盟的口岸如何被检出和受到抵制的情况。

（三）拒绝入境

这是 2008 年 RASFF 新增加的通报类型，主要针对在欧盟边防站检测出的存在健康危险并被拒绝入境的食品及饲料。为了加强对该产品的监控及避免该产品通过其他边防站进入欧盟市场，这类通报将分发给欧盟所有的边防站。

（四）新闻通报

这类信息与食品或饲料的安全有关，但却不属于预警、拒绝入境或信息通报的范畴，同时各成员国相关机构又对此非常关注，这些信息被统称为新闻通报。

四、预警系统的通报程序

RASFF 通过欧盟委员会的交流与信息资源管理中心进行通报。预警系统的启动取决于委员会对具体情况的评估结果，成员国也可建议委员会就某种危害启动预警系统。

RASFF 的通报程序是：各成员国联系点将发现的有缺陷食品的通报上传到只有欧洲自由贸易联盟监督局可读的数据库。监督局根据特定的标准，与欧盟委员会快速预警系统工作组进行联系，决定信息进一步传播的程度和通知他们该通报的类型。

特别说明的是，为避免所发现的问题再度出现，RASFF 还设立了第三国特殊保障机制，将发现的问题反馈给原产国。除通报外，欧盟委员会出具信函，转发到各成员国联系点，将相关信息反馈给那些在食品领域发生问题的国家。

五、预警系统的运作特点

（一）执行层面

RASFF 纳入欧盟条例框架之中，具有明确的食品安全法律依据。RASFF 涵盖了欧盟各个成员国，欧洲经济区的挪威、冰岛和列支登士敦，欧盟委员会及其健康和消费者保护总署、食品安全管理局（EFSA）、欧洲自由贸易联盟（EFTA）食品监督局在内的巨大网络。与过去相比,调整后的范围扩大到了边境检查站网络。

（二）食物链层面

RASFF 涉及预警范围广泛,几乎覆盖了整个食物链。监测不仅局限于人们平时狭义上所指的食品,还明确地将饲料纳入了安全管理的范畴,强调对整个食物链的安全风险与危机的有效预防和遏制,对有效地保证食品和饲料的消费健康至关重要。

（三）信息交流层面

RASFF 的信息流反应迅速,并非单向而是互动的,能够实现网络内信息的多向交流,成员国联系点不仅收集本国内的食品和饲料安全信息上传到欧盟委员会,同时也负责接收欧盟委员会传来的其他成员国的信息并向本国进行通报。此外,预警系统还通过通报以及第三国信函的方式将信息扩展到第三国,引起原产地国家和地区的注意,防止问题的再次发生。

（四）运行效果层面

RASFF 运行以来,发出了大量通报。2002 年发布 3 024 个,2003 年 4 414 个,2004 年 5 562 个,2005 年 7 170 个,2006 年 6 840 个,2007 年 7 138 个,2008 年 6 904 个,其中有许多与食品有关。通过 RASFF,欧盟实现风险管理,有效地控制了食品安全事件的发生。

六、预警系统的等级

RASFF 通过通报制度发现商品危害后,对该商品发出风险预警通报。通报的预警等级分为以下两种。

1. 预警通报（Alert Notification）

预警通报分为两种情况,即可能造成严重健康后果甚至死亡的,以及可能造成暂时性不良健康后果的食品。这类食品通常包括:对消费者有危害的食品;对消费者有潜在危害的食品;易感人群可能食用的食品;储藏或销售过程中可能与其他商品交叉污染的食品;已被确认有产品质量问题的食品。

2. 非预警通报（Non-Alert Notification）

非预警通报分为两种情况,即不大可能造成严重健康后果的,以及由于卫生原因被封存的食品。对于这类情况主要是通报成员国的有关食品管理部门,引起他们对食品安全问题的重视。这类食品包括:由于卫生原因被封存的食品;不符合食品要求但也不会产生直接危害的食品;实验室检测结果超过 15 天,而这些食品在市场上流通不会超过 15 天（这取决于食品的类型）。

七、RASFF 系统建设对中国的启示

RASFF 经历了 30 余年的发展和完善,目前已经成为欧洲食品和饲料安全体系的一道稳固的防线。通过使用 RASFF,欧盟可以对进入欧洲的食品和饲料进行快速的预警发布,再通过其良好的食品和饲料安全可追溯制度,可以迅速追溯到食品和饲料威胁的源头,可见欧盟的整个食品和饲料安全管理体系已经达到了较高的水平。

RASFF 系统作为欧盟不断发展并运行良好的食品与饲料安全预警系统，对于我国具有的启示主要包括以下几点。

第一，必须为食品安全预警体系的构建提供法律和政策保障。欧盟在法律层面对 RASFF 系统的运行提供了强有力的法律支持，使得系统的运行和食品安全预警信息在各成员国之间的流转具有法律的强制性，确保了系统能有计划、有步骤地推进，保证了实施的效果。我国在这一方面还缺乏相应的政策和法规，必须及时补上这一"短板"。

第二，食品安全预警系统的建设应强调食品安全全过程的覆盖。欧盟在建设 RASFF 系统的过程中，较为全面地考虑到了对整个食物链进行综合管理，非常强调对食品安全风险与危机的有效预防和遏制，涉及范围广泛，几乎覆盖了整个食物链。这对全面保障食品安全具有重要的作用。

第三，食品安全预警系统应该反应迅速并实现网络内信息的多向交流。RASFF 通过快速预警系统及时处理食品安全事件，尽量减少食品安全事故的发生，它的信息流并非单向而是互动的。国家联系点不仅收集本国内的食品和饲料安全信息上传到欧盟委员会，同时也负责接收欧盟委员会传来的其他成员的信息并向本国进行通报。

第四，食品安全预警系统应始终以服务公众作为系统发展的目标和方向。RASFF 根据公众需求，2009 年新开通了可以在线查询的数据库，可以根据通报主题、通报时间、通报所在国家、通报类型和涉及的产品类型进行查询，从而使得用户可以在线实时获得任何的食品安全预警通告的详细记录。这进一步体现了 RASFF 以人为本的理念，而这正是食品安全预警系统建设与发展的目标。

欧盟的食品安全预警系统经过了 30 余年的发展，目前已经在保障整个欧盟的食品安全方面起到了非常重要的作用。我国的食品安全预警系统建设与其相比，还显得比较薄弱，在很多方面还需要改进和完善。学习和借鉴欧盟的食品安全预警系统建设和发展经验，并结合我国的实际情况，相信我国的食品安全预警系统一定会取得快速的发展，从而在保护公众的食品安全方面发挥出更大的作用。

第三节　美国食品安全预警体系建设

一、预警工作概述

美国的食品安全监管主要由美国农业部和美国食品药品监督管理局（FDA）负责，美国农业部负责肉、禽和蛋类产品的监管，FDA 负责农业部管辖范围以外的其他食品的监管。虽然两个部门同时负责所管辖产品的预警工作，但 FDA 管辖的食品大约占美国消费食品的 80%，是食品安全预警的主要执行部门，因此主要对 FDA 的预警工作进行介绍。FDA 开展食品安全管理的法律依据是《联邦食品、药品和化妆品法》。

（一）预警信息来源

食品安全信息是进行食品安全预警的基础，FDA 通过多种渠道收集食品安全信息，包括下列主要方式：FDA 对食品生产企业和零售食品进行监督检查；企业自我检查发现问题并向 FDA 报告，FDA 提供了在线报告方式，企业可以通过 FDA 网站上 Reportable Food Registry（RFR）报告食品安全问题，联邦、州及地方管理人员也可以通过该系统报告食品安全信息；FDA 通过各种报告系统收到的问题报告，如消费者可以就食品相关问题向 FDA 投诉；来自疾病控制中心（CDC）的食源性疾病报告。

（二）预警类型

1. 安全提示和建议（Safety Alerts & Advisories）

FDA 会针对所管辖的范围，就消费者关注的可能存在健康风险的问题发出安全提示、消费建议或提供其他相关的安全信息，此类信息主要针对消费者。例如，FDA 建议消费者食用特定来源的河鲀，并给出具体来源信息，提示消费者其他来源的河鲀可能含有可致死的毒素，具有一定的风险，不要食用；对消费者关注的苹果汁和无机砷的相关问题进行解释说明。

2. 召回信息

当 FDA 管辖的产品不合格或有潜在危害时，进行产品召回是保护公众的有效方式。召回一般是自愿的，一种情况是企业发现了问题，自己进行召回；有的情况是在 FDA 关注某个问题后，企业开始召回；少数情况下，企业没有主动召回，而是在 FDA 要求下进行召回。

在召回实施过程中，FDA 的职责是对企业的召回措施进行监督及评估。对于召回企业采取的召回措施，FDA 要进行评价，以确定企业是否已采取了所有可行措施去清除或纠正问题。如果 FDA 认为企业已采取了所有可行的、恰当的措施，就认为该召回完成。召回完成后，FDA 还需确认召回的产品被销毁或者进行了适当处理，同时还要调查导致问题的原因，以防止同类问题再次出现。

FDA 对所监管产品的召回分为 3 类：Ⅰ类为可能引起严重的健康、导致死亡或存在明确缺陷的产品，例如，含有肉毒毒素的食品，含有未标识过敏原的食品；Ⅱ类为可能引起暂时健康问题的产品；Ⅲ类为不太可能引起任何健康危害，但是违反了 FDA 的标签或生产法律，如包装有小缺陷或零售食品没有英文标签。

3. 警告信（Warning Letters）和提示信（Untitled Letters）

警告信和提示信均是针对企业发出的。如果 FDA 发现企业明显违反了相关法规，就会以警告信的形式通知相关企业。警告信会明确违规事项，如生产操作不当或者不恰当的使用说明。另外，警告信会明确提出企业必须修正所发现的问题，并要求企业按照一定的要求和时间表向 FDA 提交修正计划。发出警告信后，FDA 会在一段时间后对企业进行再次检查，核查企业是否采取了充分的措施修正之前存在的问题。

提示信的作用和警告信相似，如果 FDA 发现企业存在一定的问题，但又未达到发警告信的程度，就会向企业发提示信。

（三）信息发布

FDA 发出的各类预警中，警告信和提示信是针对食品企业的，安全提示和建议以及召回信息是针对消费者，上述信息均可在 FDA 官方网站上查询。FoodSafety. gov 是公众获取官方食品安全信息的网站（图 4-8），FDA 和 USDA 的食品安全及食品召回信息都会发布在该网站上，包括食品安全预警和召回、食品安全知识、食物中毒、食品安全教育等相关信息，同时提供了报告食品安全问题的途径和专家咨询的途径。公众可以上网查询，也可以通过邮件自动接收预警信息。

图 4-8　FoodSafety. gov 网站

对于召回信息，FDA 会发布每周执法报告（weekly Enforcement Report），按照分类列出该周的所有召回信息，并列出企业采取的行动措施。每周执法报告中的召回信息并非都会向媒体发布，只有针对可能严重危害公众健康的问题产品召回，FDA 才会公布信息。如果被召回产品分布范围很广，为了扩大信息传递范围，还会通过新闻媒体发布，可用召开新闻发布会、发布新闻稿、更新网页等方式。在信息发布中，FDA 会力争透明度，如果认为健康风险较大，会每天向媒体发布信息更新，并且将获得的所有信息公布在其网站上。

二、预警工作小组

美国有专门的预警工作小组，包括 1 个信号监控组、3 个响应组、1 个跟进组。这几个团队互相协作完成预警及召回等工作。

工作流程一般如下：由信号和监控小组开始，为了提前限制或者预防由食品等引起的人或者动物患病。团队成员通过梳理当地和国家卫生机构报告的各种数据库信息，甚至是新闻内容。他们寻找可能成为安全事件爆发早期预警的"信号""红色警报"，他们直接与 CDC 讨论新的疾病监测趋势，并且通过 FDA 和地方的卫生机构联系。另外，信号组会在 FDA 数据库中搜索企业的历史记录，比如过去检查抽样的结果，所有这些都为了找到预警的信息的"触发点"。

一旦一个事件确定是由 FDA 管辖的产品所引起，所有这些信息移交给 3 个响应小组。响应小组都有一个目标：控制和阻止事件暴发。首先，他们要找到源头，然后确保污染的产品已经从流通中移除。要做到这一点，一个响应小组直接与 FDA 当局合作制定响应策略。由小组、FDA 办事处、国家和当地机构跟踪线索，跟踪产品分布。根据疾病的信息，对这个调查组提供的信息进行评估以确保调查的方向正确。在 FDA、CDC、州和地方的监管部门之间的密切协调下，公共卫生和农业部门是阻止暴发的关键。CORE 是所有 FDA 资源的协调点。

当响应完成后，职责转交给跟进小组，这个团队着眼于爆发的各个方面和因素，从原料采购到生产和销售，包括来自国外的。团队成员的工作是为了确定暴发的来源，以及如何防止这些污染源在今后的污染。他们的工作可能会对污染如何发生有新的研究结果，或可能会推广到行业和其他食品安全机构合作伙伴的新方法，以防止未来的暴发。改善 FDA 的内部流程也是团队的一个关键工作，整个工作小组的研究会促使吸取经验教训，并不断完善今后的应对措施。

三、预警实施案例

（一）美国李斯特菌食品安全事件调查

2013 年 9 月至 2016 年 3 月，CDC 报告了来自 3 个州的 8 人感染李斯特菌患病，患者年龄 56~86 岁。流行病学资料和实验证据表明污染源可能是 CFR 公司生产的冷冻蔬菜食品。经进一步讨论，公司启动召回。

俄亥俄州农业部门作了常规产品抽样检查，从零售点抽取冷冻蔬菜产品，从冷冻有机甜玉米和冷冻小豌豆分离出了李斯特菌，都是由 CFR 公司生产。

全基因组测序表明，冷冻玉米中的李斯特菌和 7 种菌株基因密切相关，冷冻豌豆中的菌和一个病人体内分离出的一个菌株基因层面相关，这些基因证据证明这次疾病和 CFR 公司有关。

基于实证结果 CFR 公司于 2016 年 4 月 22 日召回 11 种可能污染的产品。2016 年 5 月 2 日，FDA 和 CDC 与 CFR 公司谈话之后，决定召回自 2014 年 5 月 1 日之后该公司生产加工的全部冷冻果蔬产品，包括大约 42 个品牌 358 个产品被召回。

另外，2016 年 3 月，FDA 从马铃薯公司采集的样品基因层面上和之前患者分离出的病原菌相似，基于这个信息，马铃薯公司自愿召回所有的洋葱产品。FDA 还在继续调查供应链的其他部分，但是基于法律规定不能公开供应链的信息，因为可能包含商业机密。

FDA 会继续调研以确定产品菌株和环境的关系。

（二）关于产志贺毒素大肠杆菌 O121 的食品安全事件调查

FDA、CDC、国家和地方官员曾调查一种产志贺毒素大肠杆菌 O121 多州暴发（STEC O121）感染。

CDC 报告 38 人感染大肠杆菌 O121，来自美国 20 个州。疾病开始于 2015 年 12 月 21 日至 2016 年 5 月 3 日。10 个生病的人已经住院。在调查中，疾病预防控制中心了解到，一些生病的人吃过或处理过生面团。

FDA 的追踪调查确定，生病的人或其用餐的地点使用了米尔斯将军公司（一家面粉公司名称）在 2015 年 11 月的同一周内在堪萨斯市生产的面粉。流行病学调查和追踪的证据表明，米尔斯将军公司生产的面粉是暴发的最可能的来源。2016 年 6 月 10 日，FDA 经过全基因组测序，证实产品中的大肠杆菌 O121 和病人携带的是遗传相关的，临床分离株的基因与人类疾病基因遗传相关。2016 年 5 月 31 日，在 FDA、CDC 和米尔斯将军公司的电话会议上，米尔斯将军对 2015 年 11 月 14 日至 2015 年 12 月 4 日生产的面粉制品进行了自愿性召回。召回的产品包括 3 个品牌，品种包括原色、通用和升级面粉。

米尔斯将军公司还向顾客出售散装面粉，顾客用它来制造其他产品。米尔斯将军公司已经联系了这些顾客，直接通知他们召回。FDA、CDC 与米尔斯将军公司合作工作，以确保客户得到了通知，并且评估召回的有效性。由于对商业机密信息的法律限制，FDA 和 CDC 未授权公布这些客户的名字或他们购买的产品。

第四节　加拿大食品安全预警体系建设

一、加拿大主要的食品安全法律法规及管理机构

加拿大食品安全法律法规主要包括《加拿大食品检验署（CFIA）法案1997》《加拿大农产品法》《食品检验机构法》《食品与药品法》《动物健康法》《肉与肉制品检验法》《植物保护法》《种子法》以及《消费品包装及标签法》等。

加拿大最重要的食品安全管理机构是加拿大食品检验署（以下简称CFIA），该机构成立于1997年，由加拿大卫生部、工业部、海洋渔业部、农业部中负责食品安全的有关部门重新整合而成。CFIA的成立不仅明确了与其他部门的职责和分工，避免重复和交叉管理，提高了工作效率，而且加强了联邦和省级的协调与合作，在保护加拿大动植物健康、食品安全，促进加拿大农林产品及食品的出口贸易方面发挥了重要作用。CFIA的职能主要是负责实施联邦政府规定的所有食品检验、植物保护和动物健康工作，其中食品安全项目包括鱼类乳制品、蛋类、肉类卫生、蜂蜜、新鲜水果和蔬菜、加工产品食品安全调查公平标签行为等9个方面。

二、加拿大食品安全紧急事件处理做法和经验

处理紧急事件是预警工作的重要部分。紧急事件是指引起或可能引起人员伤亡、财产损失或环境破坏，需要采取特别程序和紧急措施以避免损害的非正常情况。处理紧急事件有四大支柱：预防、准备就绪、反应、恢复。四大支柱不是纵向的，而是横向的结构，不同的部门主管的重点不同。预防涉及所有部门；准备就绪由各业务部门具体负责；反应主要是尽快使工作人员和资源供应到位；恢复也涉及所有部门。所有部门都有责任使其恢复到正常情况，使国际社会能重新接受加拿大的产品。加拿大负责紧急事件处理的部门主要是公共安全与灾害应急署（PSEPC）、食品检验署（CFIA）。PSEPC是加拿大紧急事件处理的关键，涉及不同部门，其主要职责是：制定应急计划；促进不同部门的相互合作；主管加拿大政府运作中心，监测可能对国家造成危害的事件；出现的紧急事件属于不同部门共同管辖时，对其进行协调，等等。CFIA主要管理有关动植物卫生和食品安全的紧急事件，负责CFIA内部的紧急事件的管理，是同其他部门和利益相关者的中心联络点。按照地理划分，全国分为4个地区；按业务可划分，可分为动物、植物、食品、自然灾害四大领域。CFIA下设的紧急事件处理办公室（OEM），在紧急事件处理中负责全面协调，其具体职责主要是：维护CFIA的应急计划；制定出应急模板和标准，供其他部门使用；开展相关培训；协调CFIA的活动；建立应急经验数据库；信息共享；提供后勤支持；消除紧急事件的负面影响等。

召回工作是食品安全事件发生后，预警工作的重要措施之一。加拿大对食品召回的管理建立了体系较为成熟、适应市场经济发展要求的食品召回制度，从而能迅速从市场召回缺陷食品，在很大程度上保证了消费者的安全。

（一）加拿大食品召回流程

1. 触 发

Trigger 可能是食源性疾病暴发、消费者投诉、食品检测结果、公司自查发现问题、其他国家的召回等。以食源性疾病为例，公共卫生工作人员会询问病人最近吃了什么，并进行一些实验室检测来确定食源性疾病暴发的潜在原因。当 CFIA 怀疑是某种食物使人们患病时，将进行食品安全调查。

2. 食品安全调查

食品安全调查很复杂，涉及下面几个重要的步骤，确定是否要进行食品召回和召回什么样的产品。当处理潜在的不安全食品时，CFIA 会尽快收集信息并做出决策。调查是由 CFIA 的各类专家进行，包括检验人员。

（1）目 标

①要确定哪些食物可能被污染，被什么污染。

②要确定是否有更多人生病的风险。

③确定食品链分布体系里面有潜在危害的食品已分布传播到哪里（即生产商/进口商，分销商，零售商或消费者层面）。

④要确定是否要召回和/或其他行动（如扣留食品或吊销经营许可证），以保护消费者。

⑤尽可能找出问题的根本原因。

（2）追溯、追踪活动

①CFIA 从生病的消费者这个环节开始追溯产品。

②加拿大食品检验局专家确定食品的购买点，最终确定最初来源。

③通过追溯到食品生产或加工厂或进口商，加拿大食品检验局专家可以尝试找出问题到底发生在哪里。

④为了确定具体哪些食品召回时，CFIA 必须从问题出现的环节向前追踪。例如，如果怀疑发生在生产或加工设施的问题，CFIA 将向前跟踪，以确定这些问题设备生产的产品都分布在哪里。

⑤加拿大食品检验局专家必须获取，整理和分析大量分布信息，例如在加拿大食品在哪出售，在哪些商店出售。食品可能被出售其他公司，重新包装或用作原料生产其他产品，使得 Traceforward 工作更加复杂。

⑥加拿大食品检验局的专家与业界合作，确定召回产品的品牌名称、代码、通用产品代码、标签、包装、到期日、最佳食用日期、购买日期等详细信息。这些详细信息对于警示消费者不要食用这些有危害的产品，以及确保零售商下架这些产品是至关重要的。

（3）现场活动

一旦潜在有害食品被追溯到生产或加工设备或进口商，加拿大食品检验局检查人员立即进行现场参观，可能进行以下程序。

①观察加工或生产过程。

②审查文件程序。

③观察/检查设备和状况。

④生产保证和分布记录；核实信息的准确性和完整性。

⑤收集食物样本，并发实验室测试。

⑥找出问题可能的根本原因。

⑦确定何时问题开始和结束。

⑧确定公司应采取的纠正措施（如需要）。

⑨现场观察，收集和记录的内容是食品安全调查的关键部分。

3. 健康风险评估

如果一个潜在的健康风险已经确定，对于健康风险评估的正式、书面申请被提交给加拿大卫生部。

健康风险评估的目的是确定某种食物暴露于加拿大居民的风险等级。

4. 召回过程

食品召回是由公司采取的消除潜在的不安全食品产品或者不符合相关规定的产品。这是行业的责任，从销售和分销后消除这些问题食品。CFIA 的作用是告知公众，监督实施召回，并验证行业已经移除了商店货架上的应召回产品。CFIA 负责监督大约每年250 起召回事件。在加拿大召回大多是自愿的。如果一家公司不能或拒绝自愿回收产品，加拿大卫生部长有权责令该构成健康风险产品的强制召回。

（1）作决定

①当加拿大卫生部通过风险评估确定存在健康风险，加拿大食品检验署确定最适当的风险管理措施，包括是否召回产品。

②当 CFIA 决定召回是必要的，也要确定召回类别。

③决定召回主要是基于加拿大卫生部风险评估确定的以下 3 类风险水平。Ⅰ类（高风险）：有高风险，即食用或饮用该食品会导致严重的健康问题或死亡。Ⅱ类（中度危险）：食用或饮用该食品很可能会导致短期的、非危及生命的健康问题。健康人群出现任一严重症状的风险很低。Ⅲ类（低和无风险）：食用或饮用该食品不会导致任何不良的健康影响。此类别可包括不构成健康和安全风险但不符合相关法律规定（如产品添加剂超标）的食品。

（2）实施召回

①当确定召回是必要的，CFIA 将要求其所在公司发起自愿性召回。

②该公司负责立即联系所有召回产品的客户（如分销商或零售商）。

③CFIA 密切监察公司的活动，并在需要时提供指导或协助。

（3）告知公众

①关于高风险召回，通知公众是非常关键的，因为消费者的家中可能已经有召回产品。

②根据风险水平（即召回类别），在加拿大食品检验署作出召回决定的 24 小时内发出警报，通过媒体告知公众。

③CFIA 对于Ⅰ类召回和一些Ⅱ类召回发出警报，发送电子邮件到有召回食品电子邮件服务的用户。

④所有召回的信息发布到加拿大食品检验署网站。CFIA 也通过 Twitter 信息发布渠道、订阅信息，以及智能手机免费下载程序来发布信息。

⑤在某些情况下，CFIA 还提供媒体技术简报。

⑥既要有可靠的信息还要尽快告知公众，意味着 CFIA 有时在调查正在进行的时候就发出警报。由于调查过程中可能确定其他需要召回的产品，CFIA 会为了告知潜在风险发出额外的公共警报。

（4）召回验证活动

①如果食品已被召回，行业有责任将其从市场上立即清理。

②CFIA 进行有效性检查，以验证不安全食品已经下架。

③如果召回被确定为无效时，CFIA 将要求公司重新进行召回，如果需要，会建议加拿大卫生部长发出强制召回。

④如果企业不愿意停止销售该产品并适当处理它时，CFIA 可扣押及扣留该产品。

⑤CFIA 也将核实公司正确处理被召回的产品。例如，如果召回企业选择在填埋场处置召回的商品，CFIA 的专家可监督产品的运输，以保证适当的处置。

（5）跟　进

①一旦召回完成后，召回的产品已经从货架移除，CFIA 将继续与生产商、制造商或进口商合作，以确保所有导致召回的问题都能解决。

②在食品安全调查，CFIA 可能要求公司采取纠正措施，以防止再次发生的问题，并避免以后还要召回。这可能包括改变工厂的卫生程序或操作规程。

③CFIA 检验人员将监督该公司以确保任何必要的纠正措施得到有效实施。CFIA 可以提高监督、抽样和检测频率，以确保问题不会再次发生。

④CFIA 根据需要决定是否有必要修改标准和政策。

⑤CFIA 有时与行业部门或其他国家合作，以解决问题。

（二）加拿大食品安全调查报告案例

加拿大食品检验署（CFIA）致力于加拿大的食品安全体系的持续改进。CFIA 还专门针对已在加拿大引起严重疾病或涉及加拿大公众显著利益的食品安全事故进行调查报告。

CFIA 对奶酪中含有大肠杆菌 O157：H7 引起的疾病做了详细报告，奶酪来源于 Gort's Gouda 奶酪农场。这份报告是对食品安全调查和召回活动的总结。

1. 背　景

2013 年 9 月 12 日，加拿大公共卫生署（PHAC）通知 CFIA，E. 大肠杆菌 O157：H7 疾病在艾伯塔省和不列颠哥伦比亚省暴发。由疫情调查协调委员会（OICC）收集和分析的初步流行病学信息表明，Gort's Gouda 奶酪农场奶酪产品（预估 4478）是这些疾病的潜在来源。

2013 年 9 月 14 日 CFIA 启动了在 Gort's Gouda 奶酪农场食品安全调查，以确定问题的严重程度，确定有风险的产品和采取必要的措施。

2013 年 9 月 17 日，CFIA 与 Gort's Gouda 奶酪农场合作发出了健康危害警报，呼吁公众不要食用某些奶酪产品，因为它们可能被 E. 大肠杆菌 O157：H7 细菌污染。Gort's

Gouda 奶酪农场奶酪产品还从酒店、餐馆和公司制度层面召回。

2013 年 10 月 2 日 CFIA 正式结束食品安全调查，本次调查过程中发现的所有食品安全问题已经由 Gort's Gouda 奶酪农场纠正。非食品安全相关的问题也在相应时间内解决。

2. CFIA 活动

（1）Gort's Gouda 奶酪农场调查

CFIA 对于 Gort's Gouda 奶酪农场的食品安全调查，源于被引导 PHAC 的流行病学调查，包括收集和生产标本，试验和检测数据分析。加拿大卫生部门随后使用这些信息来支持其健康风险评估。

（2）采样和召回活动

2013 年 9 月 14 日，CFIA 采样 120 个单位此奶酪农场生乳酪进行测试，以确定是否有产品污染。

从这些测试和 PHAC 的流行病学评估报告确定奶酪与疾病有很大关系，促使 CFIA 向 PHAC 于 2013 年 9 月 16 日提交健康风险评估要求。在 2013 年 9 月 17 日，PHAC 对所有在 2013 年 5 月 27 日后生产、包装、切割的产品确定的健康风险类别为 1，就在同一天，Gort's Gouda 奶酪农场发起奶酪产品自愿性召回，并在 CFIA 署发布召回警示公众。

CFIA 对 Gort's Gouda 奶酪农场生产的其他原料和巴氏杀菌奶产品进行了测试。这是为了评估该公司所有的产品的安全性，并进一步调查污染的根源。未检测到有召回范围之外的测试产品携带 E. 大肠杆菌 O157：H7。

3. 成立调查

CFIA 从 2013 年 9 月 18—25 日在 Gort's Gouda 奶酪农场对设施进行了深入的调查，研究潜在的污染源。不列颠哥伦比亚省农业部的 BC 疾病预防控制中心和不列颠哥伦比亚省室内卫生监督所还视察了工厂，包括挤奶和零售区。

CFIA 详细审查了处理、切割、包装等领域，从那里可能发生污染的地点获得设施环境样本，最终所有的调查结果都明确指向 E. 大肠杆菌 O157：H7。

4. 根本原因分析

此事件的根本原因分析基于检查结果和流行病学的检验分析数据。

最初的流行病学显示，未经高温消毒或巴氏消毒，奶酪产品有可能成为爆发流行病的源头。这一结论得到了 CFIA 对抽样选中的产品检测结果的支持，也得到了加拿大卫生部健康风险评估的支持。整体的证据表明，在原料乳干酪制造过程的早期阶段有若干机会产生污染。并且发现，在切割、处理和包装过程中被污染也是一种可能的危险因素。

5. 发　现

尽管进行了广泛努力，CFIA 得出结论，但没有证实 E. 大肠杆菌 O157：H7 的污染来源。

CFIA 确定需要改善的设备设施，并要求 Gort's Gouda 奶酪农场提交纠正措施计划。该公司被要求增强卫生情况、设备的设计和建筑的维护。

6. 跟 进

在调查过程中发现的所有食品安全问题已得到纠正。在规定时间内，Gort's Gouda 奶酪农场管理上的问题和非食品安全有关的问题也得到了处理。

CFIA 将继续与不列颠哥伦比亚省合作伙伴合作，监测该工厂的合规性。

第五节　英国食品安全预警体系建设

一、部门及职能

英国食品标准局是英国食品安全最核心的权力机关，负责食品法律法规的制定实施，也在食品预警中起关键作用，最常行使的职能就是监测和召回。为避免多头管理时常出现的部门之间互相推诿，特别是因地方政府的不当干预而出现的"齐抓共管、谁都不管"现象，英国成立了独立的食品安全监督机构——食品标准局。

英国食品标准局是不隶属于任何部门的独立监督机构，代表女王履行职能，实行卫生大臣负责制，每年向议会报告工作。同时，负责监督中央、地方主管当局等执法部门的执法情况。

英国食品安全监管的执法工作由中央（联邦）政府、地方主管当局和多个组织共同承担。在中央一级，由环境、食品及农村事务部负责，地方各郡、区设立相应机构，实行垂直管理。

英国食品标准局的职能主要有如下4项。

①制定政策：制定或协助公共政策机关制定食品（饲料）政策。

②服务：向政府和公众提供与食品（饲料）有关的从生产到消费的建议和信息。通过提倡和促进准确而富有意义的标识来支持消费者的选择。

③检查：为获得并审查与食品（饲料）有关的信息，对食品和食品原料的生产、流通，以及饲料的生产、流通和使用的任何方面进行监测。

④监督：对其他食品安全监管机构的执法活动进行监督、评估和检查。

二、工作方式

①信息收集：信息来源于风险监测、企业报告、消费者投诉。

②风险评估。

③发布预警：当某产品确认存在食品安全隐患时，英国食品标准局会发布食物安全预警通报。通报的内容包括存在的风险、公司采取的行动（产品撤销和产品召回的通知）以及对消费者的建议等。英国作为欧盟 RASFF 成员，要将国内的食品安全信息通过该系统向欧盟传递，同时也接收来自其他成员的信息。

三、工作流程

英国食品安全预警体系工作流程见图 4-9。

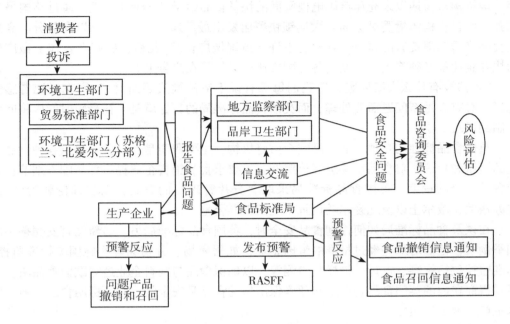

图4-9　英国食品安全预警体系工作流程

四、具体工作

英国食品标准局曾发布报告，点名警告亨氏、雀巢等知名品牌在英国的产品致癌物升高，并提醒英国市民长期食用这些产品具有的风险。这个被称为"餐桌守护神"的部门，是英国政府为解决近年来日益严重的食品安全问题而专门设立的独立监督机构。成立以来，它不仅让英国没有再次面临"疯牛病""口蹄疫"的困扰，而且成了英国人食品安全的"实时预报员"。

例如，英国食品标准局发言人贝弗利·库克表示她电子邮箱曾收到的一条食品质量消息：英国当地最大的一家连锁超市萨里伯里宣布全面召回一款250g包装的英国下午茶饼干，召回的理由是这批产品的过期时间是2012年的9月1日，距离当前不足4个月，超市担心消费者可能会吃到过期产品。库克说："这样的食品召回是常有的事情，超市会主动向我们汇报。"如果超市疏忽了，却又被食品标准局在经常性抽查中发现，就会被处以重罚。通常大型超市都不会冒这样的风险，这就是为什么在英国超市里，长年都有工作人员在整理检查摆放在货架上的物品，并且把检查过期时间作为核心工作。

自2000年成立以来，英国食品标准局破获的"大案要案"并不多，但为数不多的几次事件始终是英国老百姓在饭桌上经常提起的。对食品安全十分在意的伦敦居民卢克说，2005年2月，英国食品标准局突然宣布，在"沃赛斯特调味酱"中发现了"苏丹红一号"有害物质，随后展开全国市场调查，最终撤下超过400种同类产品，这让他和身边的人意识到，原来这些一向觉得口感不错的酱料，其实含有对自己身体产生慢性危害的物质。另一名市民马克·洛克回忆起让英国食品标准局名声大噪的事件。2007

年，该机构对长期以来充斥英国电视画面的快餐食品给予"全面打击"，通过英国另一家独立监督机构传播委员会向各大连锁快餐店发出最后通牒："今后再以高盐分、高热量食品来诱惑消费者的胃口，就永远不许在英国做广告。"此后，所有在媒体上做广告的快餐企业都必须将出售产品的各种配方比例详细写在广告上。

"虽然没有什么大案要案，但我们每天有说不清的挑战要面对。"库克对记者感慨地说，总有大量新问题需要处理，而英国食品标准局的目标就是，在最短时间内将问题控制到风险最小。

英国食品标准局是独立的食品安全监督机构，主要职能是：向公众提供各种食品安全的资讯和建议；对食品市场进行追踪调查；要求食品销售企业提供食品配方细节；判定食品安全的程度。英国食品标准局采取"分片管理"的方式，以首都伦敦为中心，在苏格兰、威尔士以及北爱尔兰设置了全国性办公室。

在谈及食品标准局如何控制食品安全时，英国食品标准局另一名新闻官安德鲁·库珀举例说，他们对那些经过批准的鲜肉企业，如屠宰场、分切场等实施国家标准监控，标准监控包括视察、审计、抽样与检测等，以确保食品与饲料企业遵守欧盟食品法。包括零售商在内的英国食品企业，必须确保出售的食品是安全的，必须标明食品产地，确保生产场地卫生达标。

除了食品标准局工作人员去定期检查，库珀说，当怀疑食品有问题时，英国民众首先与地方食品安全机构联系。一旦确认，英国食品标准局就会发布"食品下架通告"或"食品召回通告"，让地方机构和消费者及时了解情况，他们发布"安全警告"时还会提供采取具体措施的细节。该局发布的关于食品中致癌物质丙烯酰胺与呋喃的报告就是一例。库珀介绍说，英国食品标准局检验了 248 种食品样品，发现其中 13 种食品的致癌物质丙烯酰胺含量有上升趋势，包括亨氏香蕉儿童手指饼干、雀巢金牌低咖啡因速溶咖啡等国际品牌。

库珀表示，这份年度例行报告是他们滚动工作日程的一部分，特为回应欧盟委员会关于调查零售食品中丙烯酰胺与呋喃含量的建议而做，英国食品标准局已经就此问题发布 4 份食品监测信息报告。库珀表示，与之前的报告一样，该食品丙烯酰胺与呋喃含量监测报告已经发给欧洲食品安全局，以便与其他欧盟成员监测数据进行比对、趋向分析，并对食品中呋喃含量进行风险评估。此外，英国食品标准局一般每年与欧盟委员会会晤 4 次，讨论应对食品污染的政策及风险管理。

库珀提醒说，该报告不是警告，而是一份建议。他解释道，丙烯酰胺与呋喃不是食品原料，而是食品在加工过程中生成的化学物质，在家庭烹饪时也可能产生。目前这些产品的丙烯酰胺与呋喃含量对公众不形成实时风险，但长时期摄入会增加患癌风险。他们没有要求民众停止消费这些食品，但建议民众在家中烹调薯条、烤面包等食品时，颜色宜浅不宜深。

库珀表示，他们还发布饮食建议，旨在培养英国国民良好的饮食习惯，同时在该局官方网站上发布最新的国家食品安全战略规划，从食品进入英国到出现在消费者的餐桌上，涵盖食品供应链每一个阶段该局应做的工作。

对食品安全如此细致是因为英国以前在此方面吃了不少亏。在库珀看来，对食品安全的疏忽和前期不重视的确让英国蒙受不小损失。1996 年 3 月，英国突遭"疯牛病"，在短短几个月中，先后宰杀约 400 万头牛，经济损失高达 30 亿英镑，成立食品标准局是英国在食品安全问题上"亡羊补牢"的一个体现。

"更糟糕的是，原先的食品安全监督框架是非常麻烦且低效的程序设计。"库珀说。之前有关食品安全的问题都是细化到各个政府部门的，其中包括英国贸工部、渔业部以及环境、食品及乡村事务部等。如果是涉及进出口食品的质量问题，以往需要联系贸工部。如果是本土生产的食品，像牛奶、火鸡肉被认为有问题，要找环境、食品及乡村事务部。库克说，正是因为英国食品安全问题被一次次久拖不决，甚至造成英国民众人心惶惶，食品标准局最终产生。

食品标准局的建立对欧盟也是一个触动。库珀说，欧盟意识到，如果没有统一的欧盟食品安全监督机构，各国相互流通的食品很可能引发社会危机。2001 年英国和爱尔兰相继暴发口蹄疫，危机长达 11 个月，导致欧盟肉类市场全面萎缩。为避免类似事件再次导致局面失控，2002 年 1 月，欧洲食品安全局也宣告成立。

"要想让民众相信我们的判断，必须建立科学判断的高标准。"库克拿食品添加剂安全性这个即便是在英国也备受争议的问题举例说，由于英国民间不断有人怀疑食品添加剂与儿童多动症之间存在联系，食品标准局决定花大力气寻求科学证据。他们委托的英国南安普顿大学研究证实了这一怀疑。但欧洲食品安全局称，这份研究的证据有限，不能就此禁止食品业使用这些色素。食品标准局则采取了非常透明的处理方式，公开介绍了不同机构在这个问题上的不同观点，同时建立一个自愿禁用这些色素的食品企业名单。库克说，英国最终顶住来自欧盟的质疑颁布严格的规定，要求一岁以下婴儿食品中禁止含有任何添加剂。他们的坚持和学者的研究成果最终引起关注，英国各大婴幼儿食品公司纷纷宣布停用包括食用色素在内的添加剂。

第六节　荷兰食品安全预警体系建设

一、食品安全理念

当前，荷兰所有食品安全立法均建立在这样一种理念基础上：即人的健康是第一位的，只要认为对人类健康存在危害或潜伏危险因素，就要求采取一切必要措施进行保护，而不必等到有充分科学论证的评估结果，更不用等到发生了危害消费者健康和安全的事实和后果。

这一理念从根本上改变了过去的食品安全立法理念，即未被证明不安全就是安全或相对安全，未被证明有害就是无害或相对无害。

根据新的食品安全理念，所有立法的原则均为最高程度地保护消费者健康与安全，最大限度地防止任何危害食品安全行为的发生。

为此，即便在科学上未证明因果关系之前，也必须首先充分考虑产品、程序和行为可能存在的潜在危害性，并采取以预警原则为基础的各种必要措施，直至该产品、程序和行为经全面充分的科学评估得到证实，预警措施才可能修正或撤除。

同样，基于上述理念，对于任何侵害消费者健康和安全的行为，法律将给予最严厉的处罚，并对被侵害者进行最大程度的补偿。

二、部门及职能

荷兰食品安全执法标准高，监管措施和手段极为严苛。在食品安全执法过程中，荷兰政府监管机构素来以执法严厉、执行能力强、手段多样和透明度高著称。

荷兰的食品安全主要由农业部和卫生部负责。

荷兰农业部下属的食品和消费者产品安全局（NVWA）是荷兰食品安全的主要监管机构，在具体执行中，总检验局（AID）和全国农作物保护组织（PD）是重要的配合机构。

荷兰卫生部的主要职能是应对重大食品卫生和防疫事件，如疯牛病、二噁英、群体性中毒等。此外，经济部和海关则在食品进出口贸易方面承担部分监管职能。

荷兰食品和消费者产品安全局成立于2002年7月，其主要任务包括食品监管、风险评估、政策建议、预警和通报、事件和危机处理等方面。通过制订5年规划及每年详细的年度计划，荷兰食品和消费者产品安全局履行对食品安全领域的监管、风险评估和危机处理等职能。

（一）食品监管

荷兰食品和消费者产品安全局对食品生产企业的监管主要通过各相关行业协会实施，采取企业自行负责、行业协会监督汇报、荷兰食品和消费者产品安全局不定期随机抽查的方式。具体内容有：执行食品生产、加工、流通的相关法律和规定；颁发食品安全生产许可证；通报和处理食品疫情；实施预防性措施及协调疫苗接种；对食品进出口进行检验检疫；对违规企业和个人的处罚等。

（二）风险评估

风险评估是荷兰食品和消费者产品安全局的工作重点。荷兰食品和消费者产品安全局内设有专业部门，通过与国内外研究机构合作等方式，对环境气候变化、动植物进化、人类和动植物疫病、新产品培植、新技术和药物使用等进行研究，就其对食品安全的影响和风险作出评估，指导整个食品行业发展。

（三）政策建议、预警和通报

基于风险评估，荷兰食品和消费者产品安全局向政府和议会提出政策建议及具体应对措施，在获得批准后，荷兰食品和消费者产品安全局负责向公众、企业及其他利益相关方进行预警和通报并实施相关应对措施，同时负责解答利益相关方提出的质疑。

第七节　日本食品安全预警体系建设

日本的食品安全预警贯穿整个监管过程，主要由农林水产省、厚生劳动省、食品安全委员会、消费者厅4个部门实现。农林水产省主要负责对生鲜农产品（植物、肉类、水产品）的监管，厚生劳动省主要负责流通和消费环节农产品的监管，食品安全委员会负责实施食品安全风险评估以及风险信息沟通与公开，消费者厅负责处理消费者权益保护相关事件。并且有着一套完整的法律法规、标准体系和体制支撑。在健全食品安全法律体系和监管制度方面为我国提供了诸多优秀经验。

日本食品安全预警系统如图4-10所示，主要包括两个子系统，分别为信息交流中心和风险路径查找器。信息交流中心又分为3部分：最内层是核心数据，往外是周围数据，最外层是信息交流中心。综合数据中心和周围数据的信息，交给风险路径查找器来查找可能存在风险的点，然后由风险交流中心承担与消费者的沟通交流，即达到预警作用。

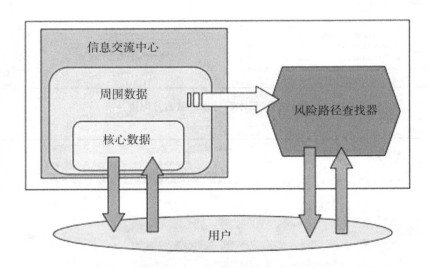

图4-10　日本食品安全预警系统

一、参与部门及其职能

日本的食品安全监管按照农产品从生产、加工到销售流通等环节来明确有关政府部门的职责。主要由农林水产省（MAFF）、厚生劳动省（MHLW）、食品安全委员会（FSC）、消费者厅和地方政府组成的四位一体机构组成。

（一）农林水产省

农林水产省主要负责对生鲜农产品（植物、肉类、水产品）的监管，监管机构主要包括负责制定并指导实施突发食品安全事件应急预案的食品安全危机领导小组、负责监管JAS制度和追溯制度实施情况的8个地方农政局、负责农产品质量知识宣传和监督食品消费市场的消费安全局。日本农林水产省官方网页见图4-11。

（二）厚生劳动省

厚生劳动省主要负责流通和消费环节农产品的监管，下设31个食品卫生检验所和7个地方厚生局，负责制定农产品安全标准，对农产品生产企业实行统一许可管理，并负责进口农产品的监管。日本厚生劳动省官方网页见图4-12。

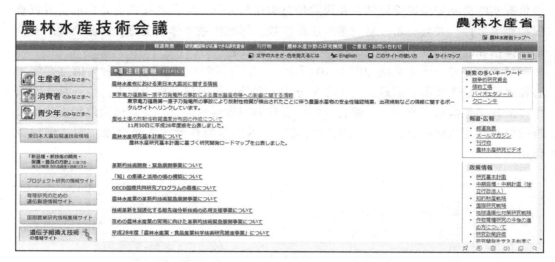

图4-11　日本农林水产省官方网页

图4-12　日本厚生劳动省官方网页

（三）日本食品安全委员

2003年，日本食品安全委员会由公共卫生、毒理学、微生物学等领域专家组建，负责评估食品对健康的影响，基于风险评估结果向政府监管机构如农林水产省、厚生劳动省等提出监管建议与对策。食品安全委员会对农产品的风险评价是独立于风险管理的，体现了科学性与公正性。此外，食品安全委员会开设了"食品安全综合信息体系"官方网站，通过该网站消费者可以检索到最新的日本国内外食品安全信息、食品安全委员会相关决定、国内食品安全评价书以及食品安全调查报告等信息。日本食品安全委员会的官方网页见图4-13。

（四）日本消费者厅

2009年，日本消费者厅成立，负责处理消费者权益保护相关事件，具体包括食品

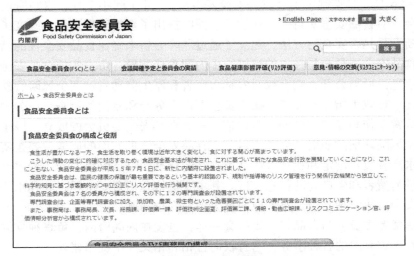

图 4-13　日本食品安全委员会官方网页

安全事故调查以及提出防止同样问题再次发生的建议。该机构负责承担原先由各相关部门分别管辖的有关维护消费者权益的各种事务，可以根据消费者的诉求，将消费者的建议转化为政策。与此同时还新设立了消费者委员会，这一委员会是由民间人士组成的、对消费者厅进行监督的组织。日本消费者厅官方网页见图 4-14。

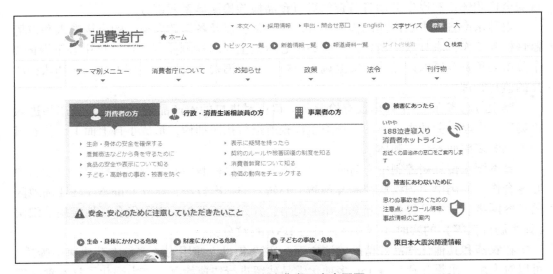

图 4-14　日本消费者厅官方网页

二、协调机制

2003 年之前，日本主要由厚生劳动省和农林水产省共同承担食品安全的管理工作。两个部门根据相关法律法规对食品安全管理进行分工，农林水产省负责食物的生产和质量保证，厚生劳动省负责稳定的食物分配和食品安全。

2003 年 6 月, 日本制定了《食品安全基本法》, 并于同年 7 月在内阁府设立了食品安全委员会, 对食品安全实行一元化管理。同时提出了新的管理理念, 改变了过去依靠成品来判断食品是否安全的方法, 建立了通过风险分析来确保食品安全性的新理念。

日本食品安全委员会是独立的组织, 由内阁直接领导, 负责实施食品安全风险评估以及风险信息沟通与公开, 它有权对农林水产省和厚生劳动省这两个风险管理部门的执法治理状况进行政策指导和监督。该委员会下设事务局和专门的调查会, 分别负责处理委员会的日常工作和专项案件的检查评估。随着食品安全委员会的成立, 厚生劳动省有关食品安全风险评估的职能被剥离, 目前在食品安全管理方面的职能主要是实施风险管理; 农林水产省负责制定和执行农产品类食品的标准, 重点保障农产品和水产品的卫生安全, 促进消费者和生产者的信息交流, 其主要机构是消费安全局。农林水产省还新设立了食品安全危机管理小组, 负责应对重大食品安全问题。

日本消费者委员会与食品安全委员会一样, 也设在内阁府内, 负责独立调查审议与消费者权益保护有关的各种事务, 它有权向首相和相关大臣提出建议。

三、工作内容及方式

(一) 信息收集

1. 监 测

日本的食品安全检测体系相对完善, 主要分为由农林水产省负责的国内农产品的质量安全检测体系和厚生劳动省负责的进口食品检验检测体系两部分。

农林水产省负责农产品的检测、鉴定、评估, 以及各级政府委托的市场准入和市场监督检验工作, 农林水产消费技术服务中心承担主要的检测监督工作, 该中心下设的 7 个分中心负责全国农产品质量安全调查分析、受理消费者投诉、办理 JAS 认证和认证产品的监督管理。

厚生劳动省在 13 个口岸设有检验所, 负责对进口的农产品进行抽检。农产品进入市场后, 由厚生劳动省所属的市场卫生检查所进行执法抽检, 形成了自上而下、从农田到餐桌的多层面安全检测体系。

日本国家传染病控制中心与香港卫生署公共卫生检测中心、美国疾病控制及预防中心等合作, 使用由美国疾病控制及预防中心研发的标准方法, 建立 PulesNet 在亚洲地区的扩容网络。日本已经建立起 PulesNet 网络, 并开始积极投入对引发食源性疾病的细菌(如大肠杆菌等) 的实时亚型分级, 进行 DNA 指纹分析。

在农药和其他化学品残留的检测方面, 1999 年投入使用的"多种农药快速检验法"可以对大米、水果和蔬菜等 150 多项化学品残留进行快速检测, 有力强化了日本食品安全管理的手段。

2. 消费者监督

日本消费者厅成立的同时也成立了消费者委员会, 该委员会由民间人士组成, 对消费者厅进行监督, 独立调查审议与消费者权益保护有关的各种事务, 它有权向首相和相关大臣提出建议。日本曾先后曝出多家老店的食品造假事件, 一时间引起日本社会对食品安全性的忧虑。这一系列丑闻得以曝光均是内部告发的功劳。食品安全如果仅仅依靠政府的力量是远不够的，还需要社会共治。

（二）风险评估

日本在 2003 年开始引入风险分析手法。日本《食品安全基本法》对风险分析手法的引进、实施从法律上给予明确规定，并对其实施给予法律上的支持和保障。具体内容有：成立食品安全委员会，由内阁府统辖，负责食品安全风险评估，并指导、协调其他部门做好有关工作；食品安全风险管理由农林水产省和厚生劳动省负责，接受食品安全委员会的政策指导；食品安全风险交流要求各部门密切配合，及时互动，确保信息的交流通畅。

各部门紧密联系，风险评估以食品安全管理机构提供的请求为依据，将评估结果及时告知风险管理机构，并全程做好分享交流。食品安全委员会的最高决策层是由 7 名专家组成，这 7 人跟政治的渊源不深，不易在决策中受影响；食品安全委员会下设很多调查组，负责风险交流、突发事件应对、计划编制等，全员约 250 人。此外，具体负责部门也进行了改革，增设有关部门。如厚生劳动省成立食品安全部，强化对安全信息的发布，管理的职能的发挥；农林水产省设立消费安全局，加强安全生产流通环节管理，特别是在农产品的生产加工消费环节实施 HACCP（危害分析与关键控制点）技术。

（三）预警反应

日本具有相对先进和完善的应急处理机制。厚生劳动省设有健康危机管理调整会议，突发事件发生时能够迅速地进行健康危机管理；农林水产省设有食品安全危机管理小组，负责应对重大食品安全问题；食品安全委员会则会加强信息沟通，会迅速、适当地将与紧急事态相关的信息向国民公开。2011 年日本福岛核危机发生后，日本政府迅速修订了《食品卫生法》等相关法律，农林水产省则在其官网公布了日本食品中放射性物质的实时检测结果，并对重灾区的农产品采取了"食用限制"措施。

第五章 中国食品安全预警体系建设

食品安全预警系统通过对食品安全监测信息采集和数据分析，评估食品安全的状况及变化趋势并识别风险，在发现可能出现食品安全危害的征兆时，发出预警信息，将危害消除在萌芽状态。对于已经发生的食品安全危害，食品安全预警系统也可以对风险进行化解，有效控制安全危害。同时，通过高效、及时、充分的风险交流工作，化解公众对于食品安全问题的担忧和误解，使监管变得"事半功倍"。

第一节 中国食品安全预警体系建设

一、中国食品安全预警体系的历史

我国政府向来高度重视食品安全问题，切实保障广大人民群众的生命健康。2015年5月29日，习近平总书记在中央政治局第二十三次集体学习时发表重要讲话，对包括食品药品安全在内的公共安全工作作出重要指示。总书记指出，要切实加强食品药品安全监管，用最严谨的标准、最严格的监管、最严厉的处罚、最严肃的问责，加快建立科学完善的食品药品安全治理体系，坚持产管并重，严把从农田到餐桌、从实验室到医院的每一道防线。在国家"十三五"规划中更是将食品安全问题提到国家战略高度，提出实施食品安全战略。

2013年国家食品药品监督管理总局成立，对食品生产、流通、消费环节实施统一监督管理。2015年10月1日期施行的新《中华人民共和国食品安全法》，以及近年来不断出台、修订、更新的一系列与食品质量安全相关的法律、法规、管理办法、食品生产和检测标准，更使我国食品安全法律法规和标准体系得到进一步完善，为食品质量安全提供了强有力的保障，使得我国食品质量安全总体上得到了提高。

我国食品安全状况不断好转，近年来总体上没有发生较大的食品安全问题。国家食品药品监督管理总局自2013年起负责组织开展了全国范围内的食品安全监督抽检和风险监测工作，并从2015年起进一步完善了抽检监测工作安排，按照统一制定计划、统一组织实施、统一数据汇总、统一结果利用的"四统一"要求部署，突出重点品种、重点区域、重点场所和高风险品种的监督抽检力度。

从对外公布的监督抽检结果来看，近年来我国食品安全状况始终处于稳中有升的状态。在监督抽检的食品种类、抽检批次、抽检项目不断增加的基础上，抽检结果总体合格率始终保持上升的趋势。以2017年为例，在全国范围内组织抽检了237个食品细类，

23.33 万批次的食品样品，检验项目共达到 672 项，总体抽检合格率为 97.6%，比 2016 年提高了 0.8%，比 2014 年提高了 2.9%。

通过分析这些公布数据可以发现，近年来我国在大宗消费食品，如粮食、肉蛋、乳制品、水产和蔬菜水果方面的整体合格率都比较高。受到"三聚氰胺"事件严重打击的国产婴幼儿配方乳粉，其 2017 年抽检合格率达到了前所未有的 99.5%。其他表现突出的食品还包括：在奶粉中三聚氰胺连续 5 年零检出；蛋制品中的苏丹红连续 4 年未发现问题样品；乳制品中的黄曲霉毒素 M_1 连续 4 年未发现不合格样品；大米中的镉污染、白酒中甜蜜素、蜂蜜中氯霉素等问题也有所减少，这些结果都显示我国的食品安全形势处于总体稳中向好的趋势中。

我国的食品安全预警工作起步较早，作为全球食品污染监控计划的成员，我国早在 1992 年就开始开展食品污染监测，积累了一些污染监测数据和监测经验，形成了中国自身的食品安全风险监测和预警理念。我国早期对食品安全实行分段监管，2015 年实行新版《中华人民共和国食品安全法》后，我国食品安全预警在组织上、法律上、制度上逐渐完善。2018 年之前，我国的食品安全预警工作主要由国家卫生和计划生育委员会、国家食品安全总局和国家质量监督检验检疫局分管，2018 年国务院机构改革之后，该项工作主要由国家卫生健康委员会和国家市场监督管理总局负责。

1. 国家卫生健康委员会

国家卫生健康委员会的前身是国家卫生和计划生育委会员。起初，国家卫生和计划生育委员会涉及食品安全预警的部门主要是食品安全标准与监测评估司。食品安全标准与监测评估司的职责主要是组织拟订食品安全标准，组织开展食品安全风险监测、评估和交流，承担新食品原料、食品添加剂新品种、食品相关产品新品种的安全性审查，参与拟订食品安全检验机构资质认定的条件和检验规范。其中食品安全风险监测、评估和交流工作是食品安全预警的技术基础。食品安全标准与监测评估司网站定期公布风险交流信息，如谨防食用野生蘑菇中毒，专家就婴幼儿配方食品不得添加牛初乳以及用牛初乳为原料生产的乳制品等事件答疑，以及速冻面米微生物指标问题等。2015 年 4 月 24 日，第十二届全国人民代表大会十四次会议修订通过新版《中华人民共和国食品安全法》，同年 10 月 1 日起施行。此后，食品安全风险评估相关工作逐步转移至其国家卫生和计划生育委员会的直属单位国家食品安全风险评估中心。

国家食品安全风险评估中心（China National Center for Food Safety Risk Assessment, CFSA），成立于 2011 年 10 月 13 日，主要职责是拟订国家食品安全风险监测计划，开展食品安全风险监测工作；承担食品安全风险评估相关工作，对食品、食品添加剂、食品相关产品中生物性、化学性和物理性危害因素进行风险评估；承担食品安全标准等信息的风险交流工作；为政府制定相关的法律、法规、部门规章和技术规范等提供技术咨询及政策建议等。风险评估中心的日常工作从总体上可以分为风险监测，风险评估，风险交流三大块。

食品安全风险监测，是通过系统和持续地收集食源性疾病、食品污染以及食品中有害因素的监测数据及相关信息，并进行综合分析和及时通报的活动。食品安全风险监测是构建食品安全预警体系的数据来源。自 2009 年 6 月正式实施《中华人民共和国食品安全法》后，卫生部会同有关部门成立了国家食品安全风险评估专家委员会、食品安全国家标准审评委员会，并逐步建立了全国食品安全风险监测体系。2010年初，《食品安全风险监测管理规定》颁布实施，对食品安全风险监测第一次进行了法律界定与约束。国家食品安全风险评估中心的风险监测工作主要是围绕食源性疾病的监测展开的，根据监测结果，不定期发布致病性微生物监测信息。此外，风险评估中心也定期开展食品安全监测结果分析研讨会，食品安全数据处理培训班等活动。

食品安全风险评估是指对食品、食品添加剂中生物性、化学性和物理性危害对人体健康可能造成的不良影响所进行的科学评估，包括危害识别、危害特征描述、暴露评估、风险特征描述等。2009年12月8日，卫生部组建国家食品安全风险评估专家委员会，负责开展我国食品安全风险评估工作。专家委员会主要承担如下职责：起草国家食品安全风险监测、评估规划和年度计划，拟定优先监测、评估项目；进行食品安全风险评估；负责解释食品安全风险评估结果；开展食品安全风险交流；承担卫生部委托的其他风险评估相关任务。食品安全风险评估是食品安全预警的技术支撑部分。

风险交流是指在风险评估人员、风险管理人员、生产者、消费者和其他利益相关方之间就与风险有关的信息和意见进行相互交流。风险交流应当与风险管理和控制的目标一致，且贯穿于风险管理的整个过程，它不仅是信息的传播，更重要的作用是把有效进行风险管理的信息纳入政府的决策过程中，同时对公众进行宣传、引导和培训，也包括管理者之间和评估者之间的交流。国家食品安全风险评估中心不定期发布食品安全风险解析和食品安全消费提示，有效地连接了消费者和专家意见，减少了风险交流不畅带来的消费者信任问题。

2. 国家市场监督管理总局

根据第十三届全国人民代表大会第一次会议批准的国务院机构改革方案（2018年3月），将国家工商行政管理总局的职责，国家质量监督检验检疫总局的职责，国家食品药品监督管理总局的职责，国家发展和改革委员会的价格监督检查与反垄断执法职责，商务部的经营者集中反垄断执法以及国务院反垄断委员会办公室等职责整合，组建国家市场监督管理总局，作为国务院直属机构。在食品安全预警工作上，国家市场监督管理总局承担了较大的任务和责任。

2018年国务院机构改革前，国家食品药品监督管理总局（CFDA）的主要职责是负责起草食品安全、药品、医疗器械、化妆品监督管理的法律法规草案，建立食品药品重大信息直报制度；制订全国食品安全检查年度计划、重大整顿治理方案并组织落实，建立食品安全信息统一公布制度，公布重大食品安全信息；参与制定食品安全风险监测计划，根据食品安全风险监测计划开展食品安全风险监测工作；建立问题产品召回和处置制度并监督实施；负责食品药品安全事故应急体系建设，组织和指导食品药品安全事故应急处置和调查处理工作，监督事故查处落实情况；负责制定食品药品安全科技发展规划并组织实施，推动食品药品检验检测体系、电子监管追溯体系和信息化建设。国家食品药品监督管理总局下属负责食品安全管理的部门主要有食品监管一司、食品监管二司、食品监管三司和特殊食品注册管理司。食品安全监管一司主要负责食品生产加工环节以及拟定不安全食品召回制度；食品二司主要负责监管食品流通和餐饮消费环节；食品三司负责拟定食品安全风险监测工作制度和技术规范，组织开展食品安全统计、风险监测、风险预警和交流领域的项目研究，指导下级行政机关开展食品监督抽检工作，组织开展全国食品监督抽检。食品三司及地方食品药品监督管理局定期组织抽检并将抽检结果以食品公告/通告的形式公布在官网上。食品公告/通告主要包括食品抽检公告、食品生产监管、食品生产许可审查、违法广告公告、食品添加剂及其他公告。食品公告/通造一方面告知了被抽查企业存在的问题，并要求其进行整改；另一方面也向消费者发出了食品安全消费提示。

2018 年国务院机构改革前，国家质量监督检验检疫总局是国务院主管全国质量、计量、出入境商品检验、出入境动植物检疫、进出口食品安全和认证认可、标准化等工作，并行使行政执法职能的直属机构。共有 17 个司（厅、局），与食品相关的主要有进出口食品安全局和动植物检疫监管司。进出口食品安全局的主要职能是拟订进出口食品和化妆品安全、质量监督和检验检疫的工作制度；承担进出口食品、化妆品的检验检疫、监督管理以及风险分析和紧急预防措施工作；按规定权限承担重大进出口食品、化妆品质量安全事故查处工作。进出口食品安全局每月定期发布进境食品风险预警，公开未予准入的食品化妆品信息。同时针对进口商、境外生产企业、境外出口商以及国内的进出口相关方不定期发布食品安全预警通告。动植物检疫监管司的主要职能是承担出入境动植物及其产品的检验检疫、注册登记、监督管理，组织实施风险分析和紧急预防措施；承担出入境转基因生物及其产品、生物物种资源的检验检疫及检疫审批工作。欧盟食品和饲料快速预警系统 RASFF 在中国的对口单位是国家质检总局，因此动植物检疫监管司通报信息来源主要是抽检信息及 RASFF 通报信息。动植司的通报信息主要有警示通报和紧急通报两种形式。警示通报常以风险预警表的方式呈现，风险预警表由以下几个方面信息组成：标题、预警事由、涉及产品编码、涉及国家或地区、预警信息。相较警示通报，紧急通报提供的信息较少，一般只包括预警事由和涉及地区。

二、中国食品安全预警体系的法制建设进程

《中华人民共和国食品安全法》将有关食品安全风险监测、评估和预警确立为一项法律制度，并做了具体的规定。我国已初步构建了具有中国特色的食品安全风险监测评估与预警的法律法规、制度体系。

十届全国人大常委会第二十一次会议于 2006 年 4 月 29 日审议通过、2006 年 11 月 1 日起实施的《中华人民共和国农产品质量安全法》，在总则的第六条中明确要求农业行政主管部门设立"农产品质量安全风险评估专家委员会"，对可能影响农产品质量安全的潜在危害进行风险分析和评估，并根据农产品质量安全风险评估结果，采取相应管理措施，将风险评估结果及时通报国务院有关部门。

2009 年 6 月 1 日实施的《中华人民共和国食品安全法》首次规定在我国实行"食品安全风险监测制度"和"食品安全风险评估制度"。2014 年 6 月 30 日（修订草案）审议并公开征求意见。

卫生行政部门根据《中华人民共和国食品安全法》的要求，创新国家食品安

全风险监测评估制度体系，先后会同相关部门共同制定与实施了《食品安全风险评估管理规定（试行）》和《食品安全风险监测管理规定（试行）》等系列管理制度。

自 2010 以来，国家每年制定并组织实施年度国家食品安全风险监测计划，各省区市依据国家监测计划组织制定并实施符合自身实际情况的食品安全风险监测方案，着重解决监测内容、监测点的选择、监测方法等具体问题，有效促进了风险监测评估工作的展开。

在中央和地方的共同努力下，我国已基本建成"原则性基础法律—原理性指导法规—实施性细则规定"三位一体的国家食品安全风险监测评估的法律法规体系。2006年以来颁布实施的相关法律法规与政策如表 5-1 所示。

表 5-1　中国食品安全风险监测评估的相关法律法规与政策

法律法规与政策名称	颁布主体	颁布时间	实施时间
《中华人民共和国农产品质量安全法》	全国人大常委会	2006 年 4 月 29 日	2006 年 11 月 1 日
《中华人民共和国食品安全法》	全国人大常委会	2009 年 2 月 28 日	2009 年 6 月 1 日
《中华人民共和国食品安全法实施条例》	国务院	2009 年 7 月 20 日	2009 年 7 月 20 日
《食品安全风险评估管理规定（试行）》卫监督发（2010）8 号	卫生部等	2010 年 1 月 21 日	2010 年 1 月 21 日
《食品安全风险监测管理规定（试行）》卫监督发（2010）17 号	卫生部等	2010 年 1 月 25 日	2010 年 1 月 25 日
《中华人民共和国农产品质量安全法》修正	全国人大常委会	2018 年 10 月 26 日	2018 年 10 月 26 日
《中华人民共和国食品安全法》修正	全国人大常委会	2018 年 12 月 29 日	2018 年 12 月 29 日
《中华人民共和国食品安全法实施条例》修正	国务院	2019 年 10 月 11 日	2019 年 12 月 1 日

（一）体制建设

与此同时，依据《中华人民共和国食品安全法》等法律规范，有关部门从我国的实际出发，努力构建以国家食品安全风险监测评估中心为龙头，地方风险评估技术支持机构为支撑，协调高效、运转通畅的全国食品安全风险监测评估与预警的体制。

1. 国家食品安全风险评估专家委员会

2009 年 12 月 8 日，卫生部成立了第一届国家食品安全风险评估专家委员会，并明确了专家委员会的主要职责：承担国家食品安全风险评估工作，参与制订食品安全风险评估相关的监测评估计划，拟定国家食品安全风险评估的技术规则，解释食品安全风险评估结果，开展食品安全风险评估交流，并承担卫生部委托的其他风险评估相关任务。首届国家食品安全风险评估专家委员会由 42 名委员组成。国家食品安全风险评估专家委员会在组织开展优先和应急风险评估、风险监测与交流，以及加强能力建设等方面做了大量卓有成效工作，较充分地发挥了专家学术和咨询作用。

2. 国家食品安全风险评估中心

2011 年 10 月 13 日，卫生部成立"国家食品安全风险评估中心"，作为食品安全风险评估的国家级技术机构，采用理事会决策监督管理模式，负责承担国家食品安全风险的监测、评估、预警、交流和食品安全标准等技术支持工作。食品安全风险评估中心是我国第一家国家级食品安全风险评估专业技术机构，在增强我国食品安全研究和科学监管能力，提高食品安全水平，保护公众健康，加强国际合作交流等方面发挥重要作用。

2013 年国家卫生和计划生育委员会为全面提升我国食品安全风险监测能力，增强省级监测水平，在 31 个省（区、市）和新疆生产建设兵团设置了"国家食品安全风险监测（省级）中心"机构，以省级疾病预防控制中心为挂靠单位，承担省级食品安全风险监测方案的制订、实施，以及数据分析，并提交辖区内食品安全风险监测报告。

根据国家食品安全风险监测参比实验室的建设，2013 年在北京、上海、江苏、浙江、湖北及广东的 6 家疾控机构，首批设置了"国家食品安全风险监测参比实验室"，主要负责承担全国食品安全风险监测的质量控制、监测结果复核等相关工作，同时承担技术培训、新方法新技术等科学研究的研究工作。

3. 国家农产品质量安全风险评估专家委员会

2007 年 5 月 17 日，农业部依据《中华人民共和国农产品质量安全法》的要求，成立了国家农产品质量安全风险评估专家委员会。委员会涵盖了农业、卫生、商务、工商、质检、环保和食品药品等部门，汇集了农学、兽医学、毒理学、流行病学、微生物学、经济学等学科领域的专家，建立了国家农产品质量安全风险评估工作的最高学术和咨询机构。2008 年农业部办公厅印发了《国家农产品质量安全风险评估专家委员会章程》，对农产品质量安全风险评估的工作程序和相关要求做出明确规定。

为加强农产品质量安全风险评估、科学研究、技术咨询、决策参谋等工作需要，充分发挥专家的"智库"作用，根据《中华人民共和国农产品质量安全法》和《中华人民共和国食品安全法》的有关规定，农业部于 2011 年 9 月 30 日成立了农产品质量安全专家组，首批聘任 66 位农产品质量安全专家，按照农产品质量安全危害因子和产品类别设置了综合性问题、农药残留、兽药残留、重金属、生物毒素和病原微生物等共 16 个专业组。吉林、安徽、上海等地也相继成立了农产品质量安全专家组，建立了农产品质量安全风险评估的专家队伍。

4. 农产品质量安全风险评估体系

为推进农产品质量安全风险评估工作，2011 年农业部启动了农产品质量安全风险评估体系建设规划，逐步构建起由国家农产品质量安全风险评估机构、风险评估实验室和主产区风险评估实验站共同组成的国家农产品质量安全风险评估体系。2011 年年底在全国范围内遴选了 65 家首批农产品质量安全风险评估实验室，组织制定了《农业部农产品质量安全风险评估实验室管理规范》。首批风险评估实验室包括 36 家专业性风险评估实验室和 29 家区域性风险评估实验室，基本涵盖了我国农产品的主要类别和各行政区域，并推动辽宁、河北、甘肃、海南等省级农业科学院相继成立了质量标准研究机构。

（二）食品安全风险监测体系

食品安全风险监测是通过系统和持续地收集食源性疾病、食品污染物以及食品中有害因素的监测数据及相关信息，并进行综合分析和及时通报的活动。国家食品安全风险监测是实施食品安全监督管理的重要手段，建立与国际接轨的食品安全风险监测体系，有利于早发现、早报告、早处置食品安全风险，积累食品安全管理经验，防范可能发生的系统性和区域性的食品安全事故，为食品安全风险评估和食品安全标准的制定等提供科学数据和实践经验，有助于提高食品安全水平并保障公众的生命健康权利。从 2000 年开始，我国启动建设食品安全风险监测体系，到 2011 年年底基本形成了相对完整的风险监测体系。

1. 国家层次的食品安全风险监测体系

国家食品安全风险监测体系的基础是全国食品污染物监测网络和全国食源性疾病监测网络（以下简称"两网"）。从 2000 年开始，经历了如下 3 个发展阶段。

（1）2000—2002 年的试点

为了改善多年来我国食品污染监测数据零散、缺乏动态的哨点式监测、难以掌握食品污染源头的现状，卫生部负责组建国家食品污染物监测网络和全国食源性疾病监测网络，并从 2000 年 3 月开始启动监测工作，参照全球环境监测规划/食品污染监测与评估计划（GEMS/FOOD），选择监测项目和品种，在全国各省（区、市）逐步建立两网的监测点，针对消费量大的食品以及常见的化学污染物和食品致病菌进行常规监测，最初有北京、广东等 9 个省、直辖市参加。2000—2001 年，卫生部在北京、河南、广东等 10 个省（市）进行了食品污染物监测试点工作，12 个省级卫生技术机构纳入监测网，开展了食品中重金属、农药残留、单核细胞增生李斯特菌等致病菌的监测工作，基本摸清了试点地区部分食品的污染状况。

（2）食品安全行动计划的实施

在试点工作基础上，为进一步完善全国食品污染物监测网，卫生部门于 2002 年在全国将食品污染物监测点扩大到北京、广东、河南、湖北、吉林、江苏、山东、陕西、浙江、重庆、广西、上海、云南、内蒙古等 15 个省（区、市）。2003 年 8 月 14 日《食品安全行动计划》发布，以初步绘制我国食品中主要污染物和主要化学污染物的污染状况趋势图为重点，以建立和完善食品污染物监测与信息系统、食源性疾病的预警与控制系统为目标，明确了食品安全风险监测的基本内容、主要步骤和监测目标（表 5-2）。

表 5-2　食品安全行动计划的监测步骤与监测目标

时　间	监测数据	监测对象
2004—2005 年	监测数据 5 万个	监测肉与肉制品、蛋与蛋制品、乳与乳制品、水产品中的沙门氏菌、单核细胞增生性李斯特菌、弯曲菌、大肠杆菌 O157：H7；监测玉米、花生及其制品中的黄曲霉毒素，玉米中的伏马菌

（续表）

时　间	监测数据	监测对象
2006—2007 年	监测数据 10 万个	增加副溶血性弧菌、苹果与山楂制品中的展青霉素 初步绘制我国食品中主要污染物污染状况趋势图
2008 年	监测数据 15 万个	增加志贺氏菌、金黄色葡萄球菌、谷物中呕吐毒素和棕曲霉毒素 A 绘制出我国食品中主要化学污染物污染状况趋势图

　　至 2006 年 3 月，我国"两网"建设取得重大进展，已初步查清消费量较大食品中重要污染物和食源性疾病发病状况及原因。同时，针对 2003 年、2004 年出现的副溶血性弧菌食源性疾病，卫生部组织专家开展了对生食牡蛎中的副溶血性弧菌的危险性评估，评估发现显著相关的危险性因素，并提出 4 项控制措施，可使每餐患病平均风险降低到十万分之一以下。组织专家对食源性疾病流行和致病菌防治进行了评估，评估结果显示，导致中国食物中毒致病因素依次为微生物性、化学性、有毒动植物性病原。2007 年 7 月的公开信息表明，我国已基本掌握消费量较大食品中常见污染物和重要致病菌的含量水平及动态变化趋势。截至 2009 年，全国已有 22 个省（直辖市）参加了食源性疾病监测网，食品污染物监测网扩大到 17 个省（直辖市），覆盖全国约 80% 以上的人口。

　　（3）国家层面体系的初步形成

　　为深入推进食品安全风险监测、评估与预警工作，2010 年我国首次在 31 个省（区、市）和新疆生产建设兵团开展了食源性疾病及食品污染和有害因素监测工作，主动开展对高风险食品原料、配料和食品添加剂的动态监测，扩大检测范围逐步覆盖到食品生产、流通和消费各个环节，312 个县级医疗技术机构开展了疑似食源性疾病异常病例和异常健康事件的主动监测试点工作，国家食品安全风险监测在"边工作、边建设、边规范"中有序开展，初步形成了国家食品安全风险监测网络。

　　2011 年国家继续启动食品安全风险监测能力建设试点项目，建设了食品中非法添加物、真菌毒素、农药残留、兽药残留、有害元素、重金属、有机污染物及二噁英 8 个食品安全风险监测国家参比实验室，进一步保证食品安全风险监测质量。在全国共设置化学污染物和食品中非法添加物以及食源性致病微生物县级监测点 1 196 个，覆盖了 31 个省、244 个市和 716 个县，承担监测任务的技术机构发展至 405 个，同比增幅 17.73%；监测的样品扩大至 15.55 万份，同比增幅 25.81%。在全国范围内全面启动食源性疾病主动监测系统建设，主动监测疑似食源性疾病异常病例/异常健康事件监测点发展至 465 家医疗技术机构，同比增幅 49.04%，在国家级、省级、地（市）级和县（社区）级的 2 854 个疾控机构实施食源性疾病（包括食物中毒）报告工作，基本形成主动监测疑似食源性疾病异常病例/异常健康事件报告子系统和食源性疾病（食物中毒）报告子系统，初步形成了国家食品安全风险监测网络体系。我国国家食品安全风险监测网络建设进展概况如表 5-3 所示。

表 5-3 我国国家食品安全风险监测网络建设进展

时间	网络覆盖与监测数据	食品中化学污染物有害因素、食源性致病菌监测情况与水平
2000 年—2001 年 12 月	监测点覆盖 10 个省（区、市），覆盖人口占总人口的 40%；12 个省级监测机构，44 个监测点，监测数据 3 万余个	监测 10 类食品中的重金属；8 类食品中的有机氯农药；3 类食品中的有机磷农药；6 类食品中的沙门氏菌、肠出血性大肠杆菌（O157：H7）、单核细胞增生李斯特菌等项目
2002 年—2006 年 3 月	监测点覆盖 15 个省（区、市），人口 8.3 亿，占人口总数的 65.58%	消费量较大的 29 类食品中的 36 种常见化学污染物和 5 种重要食物病原菌污染情况，以及食源性疾病病因，流行趋势等进行监测和评估。初步查清我国食品中重要污染物和食源性疾病发病状况及原因
2007 年 7 月	监测点覆盖 15 个省，人口 8.3 亿，占人口总数的 65.58%	监测消费量较大的 54 种食品中常见的 61 种化学污染物和多种致病菌。基本掌握我国食品中常见污染物和重要致病菌的含量水平及动态变化趋势
2009 年 2 月	食品污染物监测网覆盖 16 个省（区、市），食源性疾病监测网覆盖 21 个省（区、市），占人口总数 80% 以上，监测数据 30 万个	监测 20 大类 400 余种食品约 120 项指标
2009 年 12 月	食品污染物监测网覆盖 17 省，食源性疾病监测网覆盖 22 省	消费量较大的 60 余种食品，常见的 79 种化学污染物和致病菌
2010 年 12 月	监测点覆盖 31 个省（区、市），监测技术机构 344 个，县级医疗技术机构 312 个，检测样品 12.36 万份	监测 29 类食品，132 个项目的化学污染物和有害因素，13 种食品种类中的 8 个主要食源性致病菌，初步形成了国家食品安全风险监测网络
2011 年 12 月	监测点覆盖 100% 省（区、市），73% 市和 25% 县，县级监测点 1 196 个，县级医疗技术机构 465 个；检测样品 15.55 万份	基本形成主动监测食源性疾病异常病例/异常健康事件报告子系统和食源性疾病报告子系统，初步形成国家食品安全风险监测网络体系
2012 年 12 月	监测点覆盖 100% 省（区、市），90% 市和 47% 县，县级监测点 1 400 个，县级医疗技术机构 570 个；检测样品 15 万份	完善主动监测疑似食源性疾病异常病例/异常健康事件报告子系统；食源性疾病（食物中毒）报告子系统
2013 年 12 月	监测点覆盖 100% 市（区、市），超过 50%县；监测数据 309 万多个	

2. 国家风险监测计划的特点与变化

依据《中华人民共和国食品安全法》的要求，我国自 2010 年开始，每年制定并实施"国家食品安全风险监测计划"省（区、市）实行"食品安全风险监测方案"。在计划制订、能力提高、数据库建设等方面更加规范化、科学化、系统化。

（1）风险监测计划的制定与实施流程

国家食品安全风险监测计划由国家卫生健康委员会负责，会同相关监管部门共同制定。每年的监测计划根据上一年的执行情况进行征求意见和专家研讨，下半年发布次年的国家风险监测计划。

国家食品安全风险监测计划的实施是由省级卫生部门会同有关单位承担，各省（区、市）在结合本地区食品安全突出问题基础上，制定出本地区的风险监测方案，且监测数量原则上不能减少。在监测计划实施的过程中，国家和各省（区、市）还将根据当年的监测结果和发现的食品安全风险信息，及时适当调整或增加风险监测项目。例如，2011 年 7 月的监测过程就增加了食源性疾病主动监测计划，调整了食品中化学污染物及有害因素的部分监测内容。

（2）年度风险监测计划的主要内容与变化

年度风险监测计划主要包含了 5 部分内容：目的、内容、方法、报告和质量控制。监测的目的主要在于了解国家食品中主要污染物及有害因素的污染水平和趋势，并确定危害因素的分布状况和可能的来源，尽可能及早发现食品安全隐患，从而科学掌握和分析食品安全的整体状况和区域差异，客观评价食品生产经营企业的污染控制水平，以及企业执行食品安全标准的效力状况。监测的项目和数据也为风险评估预警和食品安全标准制（修订）提供重要的科学依据。同时，开展疑似食源性异常病例/异常健康事件的监测、食源性疾病（包括食物中毒）的报告及主动监测，有助于提高我国食源性疾病的预防控制能力。

2010—2012 国家食品安全风险监测计划的主要内容为四大类：食品中化学污染物和有害因素监测、食源性致病菌监测、食源性疾病监测、食品中放射性物质。

在 2013 年国家食品安全风险监测计划的制定和实施研讨会上（2012 年 7 月、2013年 4 月），分类重新调整为两大类：食品污染及食品中的有害因素监测和食源性疾病监测，使分类更加科学。新的分类以及监测内容的示意见图 5-1。

食品污染及食品中有害因素监测

新的分类下，食品污染及食品中的有害因素监测包括 3 个方面内容：食品中化学污染物和有害因素监测的内容见表 5-4，食品中微生物及其致病因子监测见表 5-5 和表5-6，食品中放射性物质监测范围见表 5-7。

专项监测中增加婴儿配方食品的加工过程监控，一来因为近年一些突发的婴幼儿配方奶粉事件导致公众对婴幼儿食品的质量安全问题尤为关注，二来体现了过程监管理念。为了掌握我国婴儿配方食品中阪崎肠杆菌等致病菌的主要来源，以及生产过程如何控制等问题，在 2013 年婴幼儿配方奶粉加工过程设置专项监测，通过生产过程的实际调研，将监测与食品企业第一责任人关联起来，不是以发现问题为目的，为监测而检测，而是以直接有效地发现并在实际生产中解决问题为目的，促进我国婴儿食品的质量安全水平。

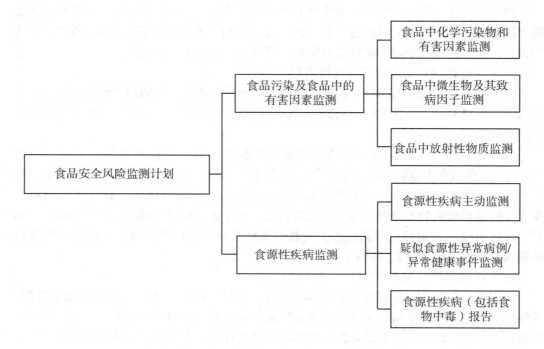

图 5-1　2013 年食品安全风险监测计划主要内容

表 5-4　2012 年和 2013 年食品中化学污染物和有害因素监测的变化

分类变化	2012 年	2013 年
常规监测	按照危害物类别划分	按照食品类别划分
		12 类食品：婴幼儿食品、肉及肉制品、粮食及粮食制品、水产品、乳及乳制品、蔬菜、水果、食用菌、茶及茶制品、坚果及籽类、饮用水
	五大类危害物：有害元素、真菌毒素、农药残留、有机污染物、食品添加剂	五大类危害物：有害元素、真菌毒素、农药残留、环境污染物、食品加工过程中形成的有害物质
监测内容		涉及禁用药物和违法添加的非食用物质
专项监测	8 类食品种类：包括肉及肉制品、水产品及其制品、乳及乳制品、豆及豆制品、调味料、含乳食品、婴幼儿食品、粮食及粮食制品	20 类食品种类：保留肉及肉制品、水产品及其制品、乳及乳制品、豆及豆制品、调味品、含乳食品、婴幼儿食品七大类；新增十三大类为蛋类、蔬菜、酒类、焙烤、油炸食品、糕点、淀粉及淀粉类制品、食用油、油脂及其制品、茶及茶制品、食品添加剂、加工中使用明胶的食品、食品包装材料及餐饮具、餐饮食品、保健食品等相关产品
		监测危害拓展为：有害元素、生物毒素、农药残留、禁用药物、食品添加剂、非法添加物和包装材料迁移物等指标

表5-5　食品中微生物及其致病因子监测的拓展

内容和范围	2012 年	2013 年
常规监测	10 类食品类别：婴幼儿食品、肉制品、生食动物性水产品、熟制米面制品、焙烤食品、凉拌菜、果蔬类、调味酱、其他	12 类食品类别：婴幼儿食品、肉及肉制品、水产品、速冻面米制品、蜂产品、乳及乳制品、餐饮食品、速冻饮品、饮用水、膨化食品、豆制品、地方特色食品
	食源性致病菌	卫生指示菌、食源性致病菌、病毒和寄生虫等指标
专项监测	2 类微生物指标	新增
	肉鸡中沙门氏菌及弯曲菌的监测	婴儿配方食品生产加工过程、城市流动早餐点、葡萄球菌肠毒素

表5-6　食品中微生物及其致病因子专项监测内容（2013 年）

专项监测	样品种类	监测项目	监测地区
婴儿配方食品加工过程监测内容	原料、包装、产品、工具、环境、人员、设备等	菌落总数、肠杆菌科、阪崎肠杆菌	甘肃、湖南、黑龙江、山东、浙江
城市流动早餐点监测内容	各种散装（包括自行简易包装）即食食品	菌落总数、大肠埃希氏菌计数、金黄色葡萄球菌、沙门氏菌、致泻大肠埃希氏菌	全国
葡萄球菌肠毒素的检测内容	生乳、散装熟肉制品、散装蛋糕或夹馅面包	金黄色葡萄球菌（定量）、葡萄球菌肠毒素	生乳：北京、黑龙江散装熟肉制品：北京、福建散装蛋糕或夹馅面包：河南、四川

表5-7　2012 年和 2013 年食品中放射性物质监测范围的变化

内容和范围	2012 年	2013 年
监测范围	辽宁、江苏、浙江、福建、山东、广东、广西、海南	
监测对象	针对已投入运行和在建核电站	针对已投入运行和在建的核电站，监测点拓展到核电站周边一定范围的放射性物质监测
	食品中放射性核素监测	8 类食品中放射性核素监测：生鲜乳、蔬菜（含根、茎、叶、果等）、茶叶、粮食作物（水稻、小麦、玉米等）、家畜家禽肉类、海水鱼虾蟹贝、淡水鱼虾蟹贝、海藻
		对江苏、浙江、广东已投入运行的核电站周边区域，进行食品中放射性水平监测
		对辽宁、浙江、山东、福建、广东、广西、海南的在建核电站周边区域，进行食品放射性本底监测

　　伴随着网购模式的快速发展，2013 年网购食品首次被纳入食品安全风险监测范围。

按照 2013 年国家食品安全风险监测方案的要求，各省（区、市）制定监测重点。

河南省网购食品监测种类包含婴幼儿食品、茶及茶制品、干果类、膨化食品、熟肉制品、葡萄酒、乳粉等，其中前 3 项为重点监测对象，监测范围涉及全国的 18 个省（区、市）以及大部分县（市、区）和乡镇，并首次将烧烤油炸食品也纳入了风险监测体系。

山东聊城的风险监测针对网购食品特点，选择销售量大的网络店铺和安全风险较高的热销产品，从淘宝网、当当网、京东商城等大型网站购买食品展开抽样监测，主要监测五大类食品，涉及婴幼儿配方食品和谷类辅助食品类、乳粉类、膨化食品类、熟肉制品类、生食动物性水产品类等，重点检测铅、镉、铝、总汞、农药残留等 40 余项化学污染物和有害因素，以及大肠菌群、沙门氏菌等 10 余项食品微生物及其致病因子。

北京市针对网购食品的监测注重包装的影响，采样分别选择散装食品和定型包装食品，且尽可能覆盖北京市生产销售的品牌监测。太原市从淘宝网等大型网站监测的网购食品种类包括：婴幼儿食品、水产品、粮食及粮食制品、乳及乳制品、食用油、油脂及其制品、酒类、调味品、蔬菜、水果、膨化食品、即食速冻面米等 20 余种。

食源性疾病监测及其成果

食源性疾病监测主要包括食源性疾病主动监测、疑似食源性异常病例/异常健康事件监测、食源性疾病（包括食物中毒）报告三大类。食源性疾病主动监测主要有哨点医院监测、实验室监测和流行病学调查。疑似食源性异常病例/异常健康事件的监测，是指与食品相关的异常病例和异常健康事件。食源性疾病（包括食物中毒）报告，是指所有调查处置完毕的食源性疾病（包括食物中毒）事件。食源性疾病监测主要内容示意见图 5-2。

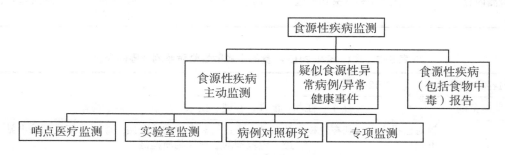

图 5-2　2013 年食源性疾病监测主要内容示意

依据优先配置原则，2013 年我国东部沿海省份的哨点医院建设，将覆盖到 60% 以上的县级行政区域，而中西部省份的哨点医院建设，覆盖 50% 以上的县级行政区域。2013 年成为我国哨点医院建设较快的一年，按照计划的实施，我国食源性疾病监测哨点医院的数量较 2012 年至少增加 60%，达到 1 600 余家，使食源性疾病主动监测更加细化和规范。主动监测内容变化见表 5-8。

表 5-8 2012 年和 2013 年主动监测内容变化

内容	2012 年	2013 年
相同内容	哨点医院监测、实验室监测、流行病学调查、国家食品安全风险评估中心发现的重大或有代表性的问题	
不同内容	人群调查：国家食品安全风险评估中心指定有条件的省级疾控中心开展急性胃肠炎疾病负担调查	病例对照研究：国家食品安全风险评估中心指定有条件的省级疾病预防疾控中心开展非伤寒沙门氏菌和副溶血性弧菌散发病例配对病例对照研究；阪崎肠杆菌和单核细胞增生李斯特氏菌感染病例专项监测；国家食品安全风险评估中心指定有条件的省份开展专项监测

针对食源性疾病的主动监测结果，国家规范监测报告，以及实施由哨点医院逐级上报的自下而上报告制度，食源性疾病主动监测报告流程如图 5-3 所示。

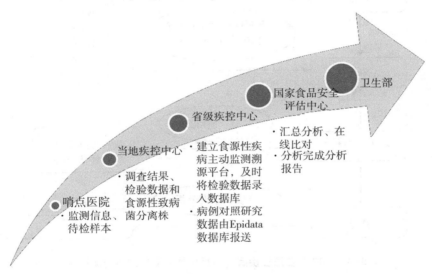

图 5-3 食源性疾病主动监测报告流程

针对疑似食源性异常病例/异常健康事件的监测与报告制度，按照流行病学的调查要求，由各级疾控中心负责，依据影响范围分为 4 类，即县（区）内发生类似病例 3～5 例，为县（区）级疾病预防控制调查；市内发生类似病例 10 例以上，或者辖区内 2 个或 2 个以上区（县）各发生 1 例及以上类似病例，由市级疾控调查；省（区、市）内发生类似病例 20 例以上，或者辖区内有 2 个或 2 个以上市各发生 1 例及以上类似病例，为省级疾控调查标准；如果全国发生类似病例 30 例以上或者 2 个以上省（区、市）各发生 1 例及以上类似病例，国家将进行全国范围的流行病学调查。

针对食源性疾病（包括食物中毒）报告制度与成果，根据食源性疾病监测计划规定，由县级以上卫生行政部门组织调查处置完毕的食源性疾病事件，发病人数在 2 人及以上时，就必须按照食源性疾病（包括食物中毒）报告制度逐级上报。2013 年对事件报告的条件进行了调整，新增"死亡人数为 1 人及以上"，使得食源性疾病事件启动报告的条件更加严格，不仅是 2 人发病需要报告，如果是发生 1 人死亡病例，同样必须报告。食源性疾病（包括食物中毒）的报告流程示意如图 5-4 所示。

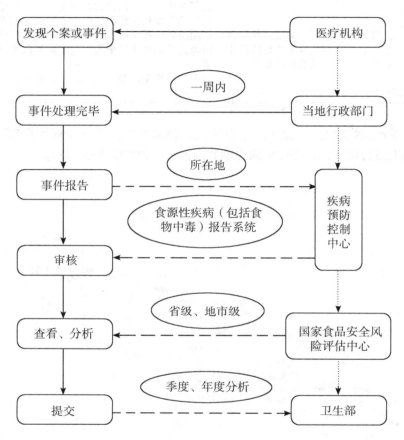

图 5-4　2013 年食源性疾病（包括食物中毒）的报告流程示意

　　近些年我国食物中毒报告起数和中毒人数总体呈下降趋势。2003—2004 年期间有小幅上升态势，主要原因是 2003 年国家出台了《突发公共卫生事件应急条例》，食物中毒报告制度的执行和审核更加严格，有效控制了瞒报、谎报的情况。2005—2013 年为低位波动的可控状况，尤其是 2010—2013 年中毒人数已经连续 4 年控制在 8 000 人以下，2013 年为 5 455 人，达到最低点。中毒死亡人数在 2002 年达到最低，发生 68 例，并自 2008 年以来，一直控制在 200 例以下，2013 年发生死亡 108 人，与 1999 年持平，成为中毒死亡人数次少的年份。

　　食物中毒的主要原因分为微生物性、化学性、有毒动植物及毒蘑菇、不明原因 4 种。2003 年卫生部通报把食物中毒原因分为微生物性、农药和化学物、有毒动植物、原因不明，2005 年通报将农药和化学物改为化学性，2010 年将有毒动植物改为有毒动植物及毒蘑菇，并加大有毒动植物鉴别知识的普及力度。微生物性食物中毒一直是导致食物中毒报告起数和中毒人数的首要原因，以沙门氏菌、大肠杆菌等肠道致病菌和葡萄球菌、肉毒杆菌等污染食物为主，多发生在夏秋炎热季节。化学性和有毒动植物及毒蘑菇是导致食物中毒死亡的主要原因，化学性食物中毒以农药、兽药、假酒、甲醇、硝酸盐及亚硝酸盐为主，有毒动植物及毒蘑菇食物中毒以河豚、扁豆、毒覃、发芽的马铃薯等为主。

食物中毒的发生场所主要为家庭、集体食堂、饮食服务单位和其他 4 类。2000 年以后，家庭成为食物中毒报告起数和死亡人数占比最多的场所，主要集中在贫困偏远地区，原因是食品安全意识薄弱、有毒动植物鉴别能力不强、不正确使用灭鼠剂、农药残留、兽药残留，加之当地医疗救助水平有限，所以容易发生较大规模的食品安全中毒事故。

从食物中毒发生的时间规律来看，呈现出明显的季节特征，主要以第三季度为主。一方面气温和湿度条件适宜副溶血性弧菌、沙门氏菌和蜡样芽孢杆菌等致病菌的生长繁殖，极易引起食物的腐败变质；另一方面，第三季度也是毒蘑菇等有毒植物的采摘期，饮食多以生鲜为主，易发生食物中毒事件。

（三）风险监测地区特色与实证

在国家食品安全风险监测体系中，各地尤其是省级层次的风险监测网络的建设具有非常重要的支撑作用。经过多年的努力，目前省级层次的食品安全风险监测体系建设进入了快速发展时期。

1. 北京市食品安全风险监测的发展

2000 年北京启动建设食品污染物监测网，当年监测 17 类 9 万件食品，获得了 1 367 个分析数据，2001 年、2002 则分别获取了 6 270 个和超过 1 万个的分析监测数据。监测了粮食、植物油、蔬菜水果、肉制品、奶、生食水产品、豆类和豆制品、蛋、罐头食品、调味品和冰激凌等最普通的食品种类。监测的污染物主要是食品中的微生物和化学性污染物，如铅、汞、六六六、有机氯、有机磷农药含量、大肠杆菌等细菌数量，共涉及 28 个指标。2008 年北京奥运会期间监测食品由 37 类 550 多种扩大到 65 类 3 900 种，总体合格率95%以上，猪肉、蔬菜、大米、小麦粉、食用油、豆制品 6 类重点食品总体合格率96%以上。经过 10 年的建设，2011 年北京市设立了 1 000 个风险监测点，常规监测样本量为 5 000 个，专项监测样本量为 10 000 个，临时性监测样本量为 5 000 个，食品安全统一监测抽查合格率达 97.37%，创历史新高，其中大米、小麦粉、食用植物油、猪肉、豆制品等 6 类重点食品的总体合格率达 98.23%。

2. 山东省食品安全风险监测的建设

山东是 2000 年国家食源性疾病监测网的试点地区，2007 年加入全国食品污染物监测网，2000—2009 年的 10 年间，山东省共抽查食源性致病菌监测样品 4 259 份，共检测出致病菌 568 株，总阳性率为 13.34%。根据国家要求，山东省在食品中污染物的监测中选取了有代表性的 10 个地市为监测区域，2007 年、2008 年和 2009 年山东省分别完成 55 种、51 种和 66 种化学物质的监测，而监测的食品包括 14 类 55 个品种，基本覆盖全省居民日常的主要食品。2007—2009 年连续监测共获得近 3 万个数据。2010 年山东省首次启动食品安全风险监测，风险监测涉及 17 类食品的 64 项化学污染物，8 类 13 种食品的 8 种主要食源性致病菌，监测区域覆盖人口总数占全省总人口的 53% 以上，全年共监测农产品、生产加工、流通、餐饮等环节食品 259 类 3 820 份，获得有效分析数据 27 175 个，并确定山东省立医院等 10 家省、市、县医疗机构为食源性疾病监测试点医院，开展食源性疾病（包括食物中毒）主动监测。

2011 年山东省初步建立省级食品安全风险监测网络，在制定省级风险监测方案时增加了部分产量大、影响面广的食品品种和项目的监测内容。在化学污染物和有害因素监测方面，增加了对水产品和茶叶中元素的监测；在食源性致病菌监测方面，增加了对生畜肉和生禽肉的监测。2011 年 6 月根据卫生部公布的第六批违法添加的"黑名单"，山东省随即将塑化剂列入 2011 年食品安全风险监测计划，而且针对发现的问题和新的要求调整省监测方案，增加了对海产品中紫菜和近海鱼类、肉制品中猪肝和鸡肝，以及乳制品的化学污染物专项监测，尤其是重金属铬等的监测，加大对消费量大的葡萄酒、啤酒、果汁中的违规添加剂和方便面中丙烯酰胺、饮料等食品中邻苯二甲酸酯类物质的监测。食源性致病菌增加了对蛋制品、糕点中沙门氏菌、大肠杆菌的监测。2011 年山东省对常见化学污染物和致病菌的常规监测增加到 79 种，比 2010 年增加了近 10%；共监测食品十五大类 167 品类 7 987 份，同比增幅 109%；获得有效分析数据 39 239 个，同比增幅 44.59%；监测范围覆盖扩大到全省总人口的 71%。

3. 上海市风险监测方案的特点

上海市食品安全风险监测经历了 2005—2007 年按项目分类的启动和探索阶段，2008—2009 年按食品消费量和指标危害性分类分级的监测阶段，2010—2012 年在整合国家风险监测计划基础上，进入到加强食品消费量和检测项目的针对性和科学性阶段。2012 年对三大类食品近 500 个项目进行监测，已积累了 150 万项次的数据，每年形成约 50 期的食品安全风险监测报告。

2012 年上海市食品安全风险监测主要关注高风险食品，如肉、蛋、奶等，以及消费量大的米、面、食用油等，集体性食物中毒事故报告发生率同比下降 27.60%，为 63/（$1×10^7$），创出上海市已有统计数据的历史新低，食品抽检数达到 8 件/ 1 000 人，远远高于世界贸易组织（WTO）推荐的 3 件/1 000 人。

上海市 2012 年风险监测方案将食品按消费量分为 3 类，Ⅰ类是指消费量大且与消费者关系密切的食品种类，Ⅱ类是经常性消费的食品种类，Ⅲ类是消费量较小的食品种类。风险程度分为 A、B、C 三类，A 类风险为危害较重、经济损失大、社会关注高的致病微生物、农兽药残留、非食用物质、真菌毒素等。B 类风险为慢性危害、社会关注度中等的持久性有机污染物、加工有害物质、食品添加剂等。C 类风险为卫生意义、关注度低或含量相对稳定的指示菌、重金属、营养指标、质量指标等。不同消费量的食品种类对应的风险监测频率也不同，分别有月度分析报告、季度分析报告、半年报告和年度报告。方案特点如表 5-9 所示。

表 5-9　2012 年上海市实施食品安全风险监测的方案特点

类别	食品种类	风险程度		
		A 类	B 类	C 类
I 类食品（12 类）	粮食（大米、面粉）、植物油、禽畜肉（猪肉、鸡鸭肉、猪肝肾）、鸡蛋、乳制品（巴氏杀菌乳、灭菌乳、调制乳、酸乳）、水产品（鱼虾、海贝）、叶类蔬菜、水果、非发酵豆制品、婴幼儿食品、熟食、盒饭等	12 次/年抽检量高月报	4 次/年抽检量较高季报	2 次/年抽检量中半年报
II 类食品（12 类）	其他粮食制品（玉米、花生等）、其他畜禽肉制品（牛羊肉、其他禽肉）、水产品（贝蟹、头足类）、蛋及其制品（鲜鸭蛋、咸蛋、皮蛋）、其他乳制品、其他蔬菜、食用菌、调味品（酱油、食糖、食盐、味精）、饮用水、饮料等	4 次/年抽检量较高季报	4 次/年抽检量较高季报	1 次/年抽检量低年报
III 类食品（14 类）	茶叶、酒类、餐具洗涤剂、蜂制品（蜂蜜、蜂王浆、蜂胶）、调味品（酱、食醋、辣椒酱）、冷饮（冰激凌、雪糕、冰棍）、饮料（碳酸饮料、乳酸菌饮料、植物蛋白饮料等）、酱腌菜、休闲食品、干制水产品、熏烤肉制品类等	2 次/年抽检量中半年报	1 次/年抽检量低年报	1 次/年抽检量低年报

　　优先监测项目主要针对流通范围广、消费量大的食品，以及危害较大、风险程度较高的、或污染呈上升趋势的食品污染物，如致病菌、黄曲霉毒素、违禁农药、兽药等，以及易于对婴幼儿、孕妇、老年人等造成健康影响的物质，如乳粉中阪崎肠杆菌。同时对曾经导致食品安全事故的物质（如火锅中罗丹明、饮料和牛奶等食品中的增塑剂等），或已在国外导致健康危害，且有证据表明在国内亦有可能存在的物质，如包装材料中的双酚 A、黄酒中的氨基甲酸乙酯等。

　　监测点的选择有 4 类。第一类是主要食用农产品集散地，如食用农产品批发市场和集贸市场；第二类是主要加工食品流通场所，如超市配送中心、大卖场等；第三类为主要餐饮服务场所，如中心厨房、配送中心、大中型餐饮单位等；第四类为其他高风险场所，如屠宰场、高风险企业、农村和城乡接合部的食品店、食品仓（冷）库等。

4. 西部地区的风险监测能力不断提高

　　2012 年，宁夏食品安全风险监测体系省级建设项目投入 1 388 万元，使省级监测检测仪器设备水平有了极大的提高；甘肃省财政拨付风险监测专项经费 100 万元予以保障。2012 年 6 月，甘肃省在实施 2012 年风险监测方案时，监测过程发现伊利婴幼儿配方食品汞含量异常问题，随即向国家食品安全风险评估中心进行了上报，卫生部依法组织国家食品安全风险评估专家委员会进行了应急评估。在国务院食品安全办的统一协调下，通报并迅速采取控制措施，不仅及时消除了甘肃的地区性安全隐患，也更体现了风险监测基层监测点的重要价值。

三、中国已开展的风险评估工作

食品安全风险评估以食品安全风险监测和监督管理信息、科学数据以及其他有关信息为基础，遵循科学、透明和个案处理的原则而进行的活动，是为食品安全标准提供科学支撑。我国在展开食品安全风险监测体系建设的同时，立足国情，借鉴国际经验，努力构建具有中国特色的食品安全风险评估与预警信息发布体系等，以有效预防和控制安全事件的发生，这是近年来我国食品安全管理机制创新与完善的重要特点。

常规评估：优先评估项目。

应急评估：应急评估项目。在优先评估项目这类常规评估方式之外，针对突发事件和社会高度关注的问题，国家还采用应急评估方式，迅速组织力量展开食品安全风险的应急项目评估。例如，2012 年 2 月 16 日央视《焦点访谈》曝光不锈钢锅的锰含量比国家标准高出近 4 倍事件，次日，国家食品风险评估中心立即开始应急评估，在基本摸清市场上主要品牌的不锈钢炊具锰迁移量情况下，2 月 24 日向媒体公布了不锈钢炊具锰迁移的初步评估结果，及时回应了社会的关注。2012 年还主动开展了铬污染、汞污染、黄曲霉毒素 M_1 污染的应急评估工作，将风险评估的科学性工作与社会的和谐稳定融合在了一起。

表 5-10 给出了 2005—2014 年国家卫生计生委已正式发布的食品安全风险评估报告的情况。

表 5-10　2005—2014 年中国发布的食品安全风险评估报告

时　间	风险评估报告
2005 年 4 月 6 日	《苏丹红危险性评估报告》
2005 年 4 月 13 日	《丙烯酰胺危险性评估报告》
2010 年 7 月 13 日	《我国食盐加碘和居民碘营养状况的风险评估》
2013 年 11 月 12 日	《中国居民反式脂肪酸膳食摄入水平及其风险评估》
2014 年 6 月 23 日	《中国居民膳食铝暴露风险评估》

（一）风险评估的基础性工作和优先项目

我国的食品安全风险评估工作实际上起步于 20 世纪 70 年代，国家卫生计生委先后组织开展了食品中污染物和部分塑料食品包装材料树脂及成型品浸出物等的危险性评估。加入 WTO 后，我国进一步加强了食品中微生物、化学污染物、食品添加剂、食品强化剂等专题评估工作，开展了一系列应急和常规食品安全风险评估项目。基于食品安全风险监测工作的不断深入，卫生计生委先后完成了食品中苏丹红、油炸食品中丙烯酰胺、酱油中的氯丙醇、面粉中溴酸钾、婴幼儿配方奶粉中碘和三聚氰胺、PVC 保鲜膜中的加工助剂、二噁英污染等风险评估的基础性工作。

2011 年国家食品安全风险评估优先项目包括开展对食品中铅、反式脂肪酸等 5 项风险评估工作。针对双酚 A 安全性问题这一新的风险，特别是对婴幼儿健康的影响，2011 年国家食品安全风险监测计划列入了"婴儿配方食品罐装容器和塑料奶嘴中双酚 A"，国家食品安全风险评估专家委员会将双酚 A 对人体的健康影响评估列入国家食品安全风险评估优先项目。此外，卫生部公布了两份征求意见，对拟批准的 116 种食品包装材料用树脂中含有双酚 A 的聚碳酸酯产品规定，不能用于接触婴幼儿食品，以及禁止双酚 A 用于婴幼儿食品容器。

截至 2012 年年底，国家食品安全风险评估优先项目的常规项目有 12 项，其中 2012 年新增邻苯二甲酸酯、鸡肉空弯菌等 5 项优先评估项目，铝和重金属镉的膳食暴露评估已经完成，反式脂肪酸的暴露风险评估工作已收尾（评估报告 2013 年发布），是继 2005 年完成苏丹红和二噁英的风险评估之后，完成的评估成果。表 5-11 列出了 2010—2012 年国家食品安全风险评估部分优先评估项目。

表 5-11　2010—2012 年国家食品安全风险评估部分优先评估项目

评估项目名称	立项时间
膳食镉暴露的风险评估	2010 年
膳食铝暴露的风险评估	2010 年
膳食铅暴露的风险评估	2011 年
膳食二噁英暴露的风险评估	2011 年
膳食反式脂肪酸暴露的风险评估	2011 年
鸡肉中沙门菌对健康影响的定量风险评估	2011 年
鸡肉中空弯菌对健康影响的定量风险评估	2012 年
膳食中邻苯二甲酸酯的风险评估	2012 年
瓶（桶）装水中溴酸盐的风险评估	2012 年
酒精饮料中氨基甲酸乙酯的风险评估	2012 年

资料来源：依据 2012 中国国际食品安全与质量控制会议资料整理。

2012 年在"食品安全风险评估关键技术"项目开展的重金属砷的膳食暴露评估工作基础上，项目还牵头起草了稻米中砷的限量标准，同时开始研究制定稻米砷的污染控制措施操作规范的国际标准。对塑化剂在食品接触材料中迁移的评估方法研究中，建立了以邻苯二甲酸酯类物质为模式化学物的毒理学关注阈值（TTC）决策树方法，该方法填补了我国食品接触材料风险评估技术的空白。同时，项目检测了谷类、乳类、水产品、饮用水、禽畜肉、根茎类和叶类蔬菜 7 类主要食品，获得了 7 类食品的邻苯二甲酸酯类物质的本底水平，为该类物质的限量标准制定以及风险评估提供了科学依据。2012 年这些优先项目的评估结果，为制定和修订我国相关的食品安全标准，提供了必要的科学依据，也为制定食品安全监管政策提供了重要的参考基础。

另外，对现行的食品标准进行跟踪评估，也是我国风险评估的一个新视角。2012

年国家实施的科研项目"婴幼儿食品安全国家标准跟踪评估研究",则对我国颁布并实施的两项重要食品安全国家标准 GB 10765—2010《婴儿配方食品》和 GB 10769—2010《婴幼儿谷类辅助食品》进行了系统的跟踪评估,这一项目的展开充分利用风险评估技术,对完善和及时更新国家食品安全标准,具有重要作用。

2013 年我国不仅完成了食品中镉、铝、沙门氏菌、邻苯二甲酸酯等的优先评估,还完成了白酒中塑化剂、奶粉中双氰胺等的应急评估。国家食品安全风险评估专家委员会确定的优先评估项目还包括《主要生食贝类中副溶血性弧菌污染对中国居民健康影响的全过程初步定量风险评估》和《中国居民即食食品中单核增生李斯特氏菌定量风险评估》。

(二) 具有特色的上海经验

以 2012 年上海市的工作为例。上海市的风险评估项目分为中长期项目、常规项目和应急项目 3 类。

中长期项目主要针对上海市消费量大的日常消费食品种类,以及通过风险监测发现的基础性问题,需要连续动态较长时期跟踪的项目。2012 年立项 13 项,主要开展了市售食品中镉污染、铝残留的风险评估,以及粮食、蔬菜、肉类、水产品等的风险评估。

常规项目主要针对日常风险监测发现的食品安全隐患,利用结构评估方法评判对健康的影响,为确定监管重点提供依据。2012 年立项 9 项,如市售蔬果中多菌灵、淡水产品中硫丹及其代谢物污染状况,糕点中单核细胞增生李斯特氏菌等的风险评估。

应急项目主要针对突发事故和社会高度关注的热点问题,采用定性或定点评估的方法在尽可能短的时间内,判断问题对人体的健康风险。2012 年开展了针对现制现售奶茶食用安全性评估、食品中酞酸酯类增塑剂的人群暴露量调查及风险评估等,形成了约30 期的风险评估报告。2012 年上海市风险评估立项见表 5-12。

表 5-12 上海市 2012 年食品安全风险评估项目

序　号	项目名称	项目类型
1	市售粮食及其制品安全风险概述	中长期
2	市售蔬果安全风险概述	中长期
3	市售猪肉及其产品的风险概述	中长期
4	市售乳及乳制品安全风险概述	中长期
5	市售婴幼儿食品风险概述	中长期
6	市售水产品安全风险概述	中长期
7	市售动物性食品中主要兽药残留的风险概述	中长期
8	市售海产品中贝类毒素的风险评估	中长期
9	市售粮食及其制品中呕吐毒素的风险评估	中长期

（续表）

序　号	项目名称	项目类型
10	即食食品中主要食源性致病菌的风险概述	中长期
11	市售食品中铝残留的风险评估	中长期
12	市售食品中镉污染的风险评估	中长期
13	市售食品中铅污染的风险评估	中长期
14	市售蔬果中多菌灵的风险评估	常规
15	淡水产品中硫丹及其代谢物污染状况的风险评估	常规
16	食品中氨基甲酸酯类和有机磷农药残留的累积风险评估	常规
17	糕点中单核细胞增生李斯特氏菌的风险评估	常规
18	餐饮凉拌菜中金黄色葡萄球菌的风险评估	常规
19	海产品中副溶血性弧菌污染的定量风险评估	常规
20	现制饮料食品安全性评价	常规
21	饲料中游离棉酚污染对畜禽产品质量的影响和风险评估	常规
22	食品中酞酸酯类增塑剂的人群暴露量调查及风险评估	常规

资料来源：依据上海市食品药品监督管理局网站信息整理。

四、中国食品安全预警体系建设的问题、机遇、思考

（一）中国食品安全预警体系建设的问题

目前我国对食品安全风险监测评估的工作已经取得阶段性进展，但与国际发达国家相比，尚处于起步阶段。尤其面对中国国情，风险评估的技术数据储备不足，影响风险评估结果，风险监测网点的数量、监测范围、监测技术机构数量和能力还不能满足要求，食品安全的实验室覆盖面不够，人力、物力和经费投入明显不足，食品安全风险监测评估与预警工作仍面临极大的挑战，具体表现在以下几方面。

第一，政府作为应急管理的重要主体之一，其动员社会参与的意识有待加强，维护社会公共利益，动员社会力量对社会生活公共领域进行管理，进行社区建设，提升人民群众和社区组织的自我服务和自我管理能力是政府基本的社会职能，但是，政府对社会力量的参与没有给予足够的重视与支持。当爆发食品安全危机时，社会组织、媒体和公众需要参与危机应对的有效路径，需要有保证其参与权力的有效制度保障。政府应注重培养多元主体的危机意识和危机应对能力。政府在信息资源的获取上具有绝对的优势，作为重要的信息源，应该对各类食品安全信息及时公布、预警，对食品安全危机事件的处理进行及时准确的跟踪报道，让公众能在第一时间了解最新的危机处理动态，做好预防、应对工作。

第二，社会主体参与意识转化为参与行为的较少。我们可以看到非政府组织、媒体、公众等的危机参与意识日益强烈，参与的主动性也不断提升，但真正将意识转化为

参与行为的还比较少，当爆发食品安全危机时，公众和媒体往往将责任完全归咎于政府的监管不力，言辞激烈地批评政府办事能力，公众通过这种口头的方式来表达自己的政治诉求是可以理解的，但是当真正有机会让其主动参与到危机应急管理中时，很多人往往又退却了，有一种"事不关己、高高挂起"的心理，认为食品安全危机的解决和善后处理都是政府的职责，社会组织、团体和公众的参与对解决危机起不了多大的作用。这一思想的盛行使得社会即使对政府危机处理的能力感到不满，但在危机爆发的时候也只会听从政府的指挥，被动接受政府的安排，很少主动采取参与行动，只有当危机危害到自己的切身利益时，才会选择行动起来。这归根到底在于社会力量对参与公共服务创新并不十分积极，参与意识薄弱，保障多元主体参与的制度还不健全，社会参与缺乏必要的制度保障。例如，雀巢在婴儿奶粉中添加转基因原料的事件早在 2002 年 12 月就曾在新浪网上掀起轩然大波，引起众多中国消费者的强烈抗议，但是直到 2005 年才有消费者站出来，向雀巢公司提起诉讼，在这期间我们看到的只是消费者的口头讨伐或者退货要求，鲜有消费者愿意站出来争取自己的利益。

第三，在多元主体的食品安全危机治理能力方面也存在不足。多元主体的危机应对能力和水平直接影响到总体的危机治理效果。目前，我国非政府组织的数量较少，规模也比较小，危机治理能力有限，成立门槛高、法律地位不明，都使其在食品安全管理中对企业的规范引导作用，对政府的监督作用显得力不从心，难以有效开展工作；营利组织由于危机管理意识不足，认为危机管理就是危机产生后的应对，只重处理，不重预防，加之具有营利的特性，社会沟通机制匮乏，使其很难在食品安全应急管理中积极发挥作用；媒体不能及时有效地对危机事件进行及时、准确的跟踪报道。另外，媒体也有可能由于自身利益的诉求，夸大事实或进行不实报道，引起新的社会动荡，这都不利于危机事件的解决。社会公众由于危机意识淡薄、责任意识不强、组织化程度不高等原因，应急管理能力也比较薄弱，在危机治理过程中难以形成整合力量。

第四，信息不对称导致各方在思想、行动等方面不一致。危机信息及时、准确的传递是影响政府危机决策水平的重要因素之一，也能促进信息在政府内部各职能部门的流动，为决策者提供信息支持；同时，及时的信息沟通可以向民众传递最新的信息，避免小道消息蔓延，促进政府与社会的沟通。由于担心食品安全信息的公布会引起的社会的不安，导致报喜不报忧的情况时有发生。另外，当食品安全危机爆发时，政府应急管理部门会从各个不同的信息源进行数据搜集，以期能最大限度地掌握进行危机决策所需的信息。

第五，信息发布不及时。近年来我国食品安全事件可以划分为两类，一是国际性的食品安全事件，二是我国国内的食品安全事件。在全球性食品安全信息的发布上，我国会有发布滞后的现象；在国内的食品安全事件中，政府相关部门的反应机制尚有提升空间。

食品安全应急管理是一项浩大的工程，需要多元参与主体的相互协助、彼此依赖、权责分担。然而从现实情况来看，由于多元参与主体在危机预警、处理、善后 3 个阶段的分工不明晰导致在不同阶段多元主体"无序参与"和多主体"不作为"情况时有发生。

在食品安全危机预警阶段，大多数危机事件包括食品安全危机事件都有一个从量变到质变的过程，当危机处于量变阶段时是解决危机最容易的时期。危机媒体在这一时期缺少信息来源，加之信息公开预警工作不足导致无法进行及时准确的报道，开展危机预警工作。

在食品安全危机处理阶段，食品安全危机的爆发打破了正常的社会秩序，整个社会陷入恐慌之中，多元参与主体的危机参与就呈现出一种"无序参与"的状态。这主要表现在两个方面，一方面是在危机信息的传播上。主要表现为多元主体口径不一、信息分散，甚至可能发生危机信息瞒报、谎报；非政府组织由于规模小，缺乏独立性，往往依附于政府进行应急活动；人民群众无法获得准确、可靠的消息，导致情绪更加紧张，一些恶化形势的小道消息肆意蔓延，影响社会稳定。另一方面是在资源上的无序。快捷、高效的资源调配对食品安全危机的治理效果起着至关重要的作用，但由于我国公众和社会组织的组织化程度不高，组织效率低，存在资源浪费与重复配置的问题，这都对我国总体的危机治理水平产生了不利影响。

在食品安全危机善后阶段，这一阶段的主要工作是使社会经济和生活恢复到原来状态，总结经验教训，对危机事件进行反思，以期能最大限度减少此类危机再发的诱因。在这一阶段，多元参与主体表现为"不作为"状态，认为处理善后工作是政府的职责，抱有一种事不关己的态度，这都不利于危机事件善后处理工作的有效开展。

综合以上分析可以看出，我国目前食品安全应急管理中多元参与主体的法律地位还不明晰，参与程度不高，参与意识也很淡薄，多元参与主体间的信息沟通渠道也不顺畅，信息发布不及时，加之多元参与主体间分工的不明晰，这都直接影响到我国的食品安全应急管理水平和全社会的危机应对能力。

（二）中国食品安全预警体系建设的机遇和已取得的成绩

风险预警机制一般涉及以下两个方面，即何种情形下应实行预警以及如何实行预警。具体而言，食品安全预警工作的内容应包括风险信息的收集、针对收集信息的风险分析以及预警信息的发布（图5-5）。

图5-5　食品安全预警工作体系

1. 风险信息收集渠道已建立

我国早期曾对食品安全实行分段监管，国家食品药品监管总局、卫生计生委（国家食品安全风险评估中心）、农业部、国家质量监督检疫总局和国家粮食局均依托各自的资源建立了侧重点不同的食品安全风险信息收集工作，其中主要用于食品安全预警工作的是国家食品药品监管总局和卫生计生委（国家食品安全风险评估中心）组织的食品安全风险监测和监督抽检工作。这些工作为目前的食品安全预警的信息收集奠定了良好的基础，使得以国家市场监督管理总局为领导的风险信息收集路径基本完善。

（1）国家食品安全风险评估中心信息收集渠道

为加强食品安全监管，自 2010 年起至 2013 年，国家卫生计生委会同有关部门每年制定国家食品安全风险监测计划并组织实施，初步形成了以国家食品安全风险评估中心和各级疾病预防控制机构为主体的风险监测网络，开展食品安全风险监测、评估的职能，配合国家市场监督管理总局参与制定食品安全风险监测计划，根据食品安全风险监测计划开展食品安全风险监测工作。

食品安全风险监测工作已在 31 个省（区、市）和新疆建设兵团全面开展。涵盖了全国 90%以上的区县，参与食品安全风险监测的技术机构近千家。

（2）国家市场监督管理总局信息收集渠道

自 2013 年起，国家食品药品监管总局组织开展了本系统食品安全风险监测和监督抽检工作。由省级食品药品监管部门按要求组织完成总局部署的抽检监测工作任务并报告；由总局指定机构设立食品安全抽检监测工作秘书处，承担抽检监测数据汇总、分析等日常事务性工作。并于 2014 年 3 月制定发布《食品安全监督抽检和风险监测工作规范（试行）》，内容包括 36 个食品大类。2018 年机构改革之后，划归国家市场监督管理总局负责。

食品安全风险监测与监督抽查之间有着密切的联系，原因有 3 个方面，一是基本特征相同。风险监测和监督抽检均具有系统性和连续性，通过连续性的监测和分析才能够发现具有规律性问题，从而避免系统性的风险。抽检监测工作的系统性和连续性体现在，政府每年都会下发抽检监测的工作要求，各省份每年按计划开展，且每季度会抽检体现季节性的产品。二是风险监测与监督抽检工作均按照政府下发的工作规范开展，保证采集样品的食品种类和技术规范符合要求。三是风险监测与监督抽查的信息数据在有效整合的情况下，能够为未来的食品安全保障方向提供指导。

2. 风险评估分析工作已全面展开

（1）风险评估

依照《中华人民共和国食品安全法》规定，风险评估是指对食品、食品添加剂、食品相关产品中生物性、化学性和物理性危害因素进行风险评估，包括危害识别、危害特征描述、暴露评估和危险性特征描述 4 个步骤。

我国食品安全风险评估工作起步较早，2009 年 12 月组建了国家食品安全风险评估专家委员会，加强食品安全风险评估工作，又于 2012 年 10 月成立了国家食品安全风险评估中心，承担风险评估专家委员会秘书处职责，并负责风险评估基础性工作，包括风险评估数据库建设，技术、方法、模型的研究开发，以及风险评估项目的具体实施等。

"十三五"期间，我国已组织实施了 30 余项重点和应急风险评估项目，完成食品中镉、铝、铅、邻苯二甲酸酯类物质、反式脂肪酸、沙门氏菌、氨基甲酸乙酯、硫氰酸盐、甲醛、硼 10 项优先风险评估项目，以及食盐加碘、婴幼儿奶粉中三聚氰胺、不锈钢锅中锰迁移、白酒中塑化剂等 20 余项应急评估任务。

（2）抽检监测数据分析

每年国家市场监督管理总局组织开展的食品安全抽检监测工作都会产生大量的数据。这些数据由各类食品抽检数据分析牵头单位和各承担单位进行汇总分析。将抽检数据按照不同食品种类、产地、不合格指标等因素汇总分析，并形成年度食品安全抽检监测总报告和不同食品分类分报告，上报国务院。通过抽检监测数据汇总分析得到的相关风险信息，会及时向农业和卫生部门以及和地方政府通报。

抽检监测数据具有数据量大、类型多、时效快、价值密度高等特点。通过进一步完善优化数据统计分析系统和共享系统，向相关部门和行业组织按需开放抽检数据，邀请权威专家参与数据分析，深入挖掘数据价值，可以在调整监管重点、规范企业生产、把握趋势规律、开展预警交流、制定修订标准、提高监管决策科学化水平方面，发挥重要作用。

3. 风险信息发布

在国家市场监督管理总局的官方网站上（http：//www. samr. gov. cn）可以看到，专门负责食品安全预警和风险交流工作的部门，从国家层面加强对食品安全风险交流的指导协调，推进风险交流机制建设，搭建风险交流工作体系，组建食品安全风险交流专家组，发挥第三方平台作用，创新风险交流载体，强化人员培训和队伍建设，拓展国际合作交流。国家市场监督管理总局、食品安全协调司、食品安全抽检司、食品生产安全监督管理司、特殊食品安全监督管理局等各部门协调合作，逐步完善了沟通、协调和联动机制，形成了风险交流的工作体系，建立了互联网食品安全官方宣传网页和手机App，官方网站较高频率发布食品安全消费提示和风险解析并被地方政府部门网站转载，每年举行食品安全宣传教育活动，以及在食品安全事故发生后组织各级食品药品监管部门积极进行应急交流等一系列工作。

在 2018 年国家机构改革之前，国家食品药品监督管理总局已累计公布过多期风险提示或消费提示，有的以动漫视频形式发布，内容涵盖 30 余类重点食品品种、节令食品以及野菜、野生毒蘑菇等，生动形象，让人印象深刻。另外，还有多期如"诺如病毒""氯丙醇酯和缩水甘油酯""硫黄熏蒸玫瑰花"等食品安全风险解析，对媒体热点、社会关注、突出问题和境外动态等进行了回应。

4. 我国食品安全预警工作体系已基本建立

食品安全预警是食品安全管理的重要组成部分，其主要作用在于对食品质量安全风险的预防预测，实现食品安全问题的早发现、早预防、早控制和早处理。新修订的《中华人民共和国食品安全法》第二十二条要求"国务院食品药品监督管理部门应当会同国务院有关部门，根据食品安全风险评估结果、食品安全监督管理信息，对食品安全状况进行综合分析。对经综合分析表明可能具有较高程度安全风险的食品，国务院食品药品监督管理部门应当及时提出食品安全风险警示，并向社会公布"。《国家食品安全监管体系"十三五"规划》中也提出要"重点研发食品安全预警系统"。

5. 国际食品安全情况通报系统已经建立

国际食品安全网络（INFOSAN）通过向各成员国通报国际食品安全信息，帮助各国加强其处理食品安全紧急事件的能力，在近年来的国际食品安全预警中发挥出越来越重要的作用。

对于中国这样的一个食品贸易大国来说，积极研究并参与食品安全监管的国际合作具有非常重要的实践指导意义。我国已经同食品贸易伙伴国以及国际有关食品安全工作组织开展了交流与合作，通过双边或多边协议来解决食品安全问题，提高我国食品安全水平，保障我国进出口食品的安全，促进国际食品贸易的健康发展。

食品安全风险信息的收集是风险预警工作的第一步。我国目前的食品安全风险数据收集工作，应在加强风险监测和抽检监测工作能力、完善监测指标、优化资源配置、加强国际事情安全信息沟通方面进一步完善工作体系（图5-6和图5-7）。

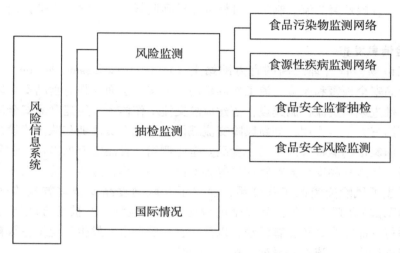

图5-6　完善中国食品安全风险信息系统

（三）中国食品安全预警体系建设的思考

食品安全预警是食品安全管理的重要组成部分，其主要作用在于对食品质量安全风险的预防预测，实现食品安全问题的早发现、早预防、早控制和早处理。《中华人民共和国食品安全法》第二十二条要求"国务院食品药品监督管理部门应当会同国务院有关部门，根据食品安全风险评估结果、食品安全监督管理信息，对食品安全状况进行综合分析。对经综合分析表明可能具有较高程度安全风险的食品，国务院食品药品监督管理部门应当及时提出食品安全风险警示，并向社会公布"。《国家食品安全监管体系"十三五"规划》中也提出要"重点研发食品安全预警系统"。

我国食品安全预警工作依然有许多方面需要完善。在食品安全新的潜在风险不断出现的情况下，预警工作体系的建立尚待完善，基层技术支撑仍显薄弱，使得我国面临的风险监测评估与预警的难度增加。同时我国食品安全预警的分级分类指标体系的建设仍需要进一步规范和明确。因此，加强国家层面的食品安全预警分析和预警机制建设，是今后较长一段时间内我国食品安全管理工作的重点。

1. 加强针对高风险食品监测预警的主动性

依据《中华人民共和国食品安全法》推进我国食品安全预警体系的建设工作，从

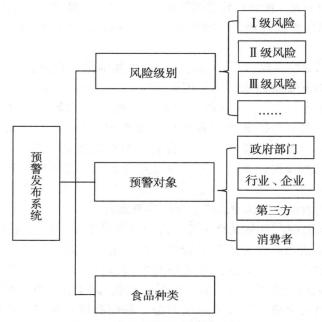

图 5-7　提升中国预警信息交流能力

"被动应对"转变为"主动预防"，仍然有很多监管工作困难需要解决。2011 年，我国台湾塑化剂事件曝光后，卫生部立即采取了相应的预防措施，将邻苯二甲酸酯类物质的 17 种添加物列为第六批黑名单，开展应急监测，并颁布了食品及食品添加剂中塑化剂类物质的残留限量规定。2012 年又列为风险监测专项项目，并要求有关的食品行业展开自查工作。然而在一系列风险防控措施实施后，我国白酒行业再次爆发了塑化剂事件，问题的延续和发展，也考验了国家风险监测预警的承载力。

白酒的生产、储存过程中常会用到塑料制品，而塑化剂作为一种常见的塑料制品软化剂是否会迁移到白酒中，企业自检结果和预防控制措施成为关键的影响因素。然而在 2012 年 8 月 20 日中国酒业协会发布的《关于白酒产品塑化剂有关问题的说明》表明，白酒产品显然都含塑化剂成分，平均含量 0.537 mg/kg，最高达到 2.32 mg/kg。白酒行业塑化剂事件成为跨年度影响的食品安全危机事件，对消费者和资本市场产生极大的影响。

反思塑化剂事件，我们应当考虑为什么在国家重点监测塑化剂的情况下，依然出现白酒塑化剂问题。在对我国台湾塑化剂污染运动饮料、方便面等食品的启示下，应监测更多种类的食品，在容易发生塑化剂迁移的加工储存环节发布警示信息，加强自查和督查。

尽管我们一直在不断加强对风险食品的监测，监测点和监测项目毕竟有限，食品安全的利益相关者自查和督查，无疑也是重要的环节，只有提出有针对性的自查提醒，落实存在警情状况下的控制措施，并予以有效的督查，才有可能将潜在的风险提前化解，将显见的风险降到最小。所以，白酒塑化剂事件提示我们：利用技术手段提升风险监测水平是科学能力的体现，而加强利益相关者的自觉预防风险意识和能力，是更大范围的食品安全风险监测预警的需要，风险的技术监测和社会的信用预警，需要更高层次的融合。

另外，在食品安全风险监测计划的连续实施基础上，在数据库不断丰富的同时，如果能够发布"国家食物污染监测年度报告"，犹如国家自 2009 年连续发布的"国家药物滥用监测年度报告"、欧盟食品与饲料快速预警系统自 2001 年连续发布的年度报告、欧洲食品安全局依据欧盟合作计划发布的 2008 年"食品农药残留年度报告"等，不仅能够对年度风险状况进行分析，对监测的污染变化与趋势进行研判，而且随着大量信息的及时、客观、透明地公开公布，也能科学引导全民正确关注和警惕食品中的高风险。

2. 进一步提升食品安全风险因子的分析检测能力

食品安全风险监测与评估是食品安全监管的重要手段，也是监管部门做决策的有力技术支持和科学依据。作为风险监管中的技术要点，高效精确的分析检测技术是保障食品原料、生产加工、运输储存等环节中内部自我监控和外部监督检查的基本前提。正如美国 FDA 食品官员 Michael Taylor 所言，减少食源性疾病风险的检测技术进展，是实施食品安全战略的重要组成部分。目前我国食品安全检测技术已得到很大发展，但面对非食用物质问题，风险的监测以及风险因子的检测方法和技术突破，迫在眉睫。

非食用物质中"地沟油"回流餐桌问题，成为近年整治打击的重点。为严厉打击非法生产销售"地沟油"行为，2010 年 7 月国务院办公厅发布"地沟油"整治和餐厨废弃物管理意见，2011 年 12 月，国家食品安全风险评估中心组织开展"地沟油"检验方法的研究与论证工作，会同有关部门成立由油脂加工、食品安全、卫生检验、化学分析等领域专家组成的"地沟油"检验方法论证专家组，公开征集"地沟油"的检测方法。2012 年 5 月，卫生部从征集到的 315 种检测方法中初步确定 7 种方法，由于"地沟油"来源复杂，单一检测指标难以确定，检测方法仍在进一步验证和完善中。

由于"地沟油"事件的监测检测技术处于突破时期，一些不法分子甚至利用高科技手段添加，使食品中非食用物质的隐蔽性更强，检测分析方法与犯罪分子胆大妄为的"创造力"的博弈，使非食用物质风险监测遭遇前所未有的困难。尽管依靠法律规制的作用，对地沟油犯罪可以起到震慑作用和严厉惩罚，但是"地沟油"等非食用物质的监测难、检测难问题，凸显了中国现阶段违法使用非食用物质的深层次问题。

不断加大对风险监测预警的财政投入，提高监测仪器设备和检测技术的分析精度，仍是今后较长时期需要不断加强的。尽管我国食品安全的国家财政投入是在逐年增长的，但是相对于食品的检测量以及问题食品的风险监测，财政投入依然捉襟见肘，美国食品药品管理局（FDA）的一份报告可能对我们有所启示。2012 年 FDA 发布的 2011 年度活动报告表明，尽管 FDA 遭受到对 2011 年 1 月食品安全现代化法案（FSMA）生效的推动工作不力的批评，但是 2011 年依然监测了市值 4 660 亿美元的食品，用于设备检测的费用达到 1.895 亿美元，相当于国内每台检测设备的平均花费为 1.765 万美元，对国外高风险设备的每台检测费则达 2.488 万美元。

3. 加强以风险评估为基础的风险交流预警工作

食品安全风险评估是制定食品安全标准、开展风险交流和预警的科学依据，是风险分析中最具科学性也是最核心的部分，国际上关于食品安全的仲裁问题往往以各国出具的风险评估报告为主要依据，我国是粮食出口大国，如果不具备良好的风险评估实力，势必会在与发达国家的进出口贸易中处于劣势。而大米也是我国消费量最大的主要和重要食品，对一些消费者而言，甚至具有不可替代性。因此，我国应该进一步加强食品安全风险评估的检测能力和技术力量，加快对消费量大的主要食品的安全性评估，对可预警的污染问题和食品安全事件，应改善评估数据和评估结果的可信度和独立性，同时，注意风险评估信息的交流和公众分享，在适度范围及时分类通知或发布有关信息。借鉴欧盟食品安全局（EFSA）正在推行的一项数据透明化项目，该项目倡导发挥官方的主导作用，将 EFSA 的风险评估技术数据向民众适度开放，使学术界和有关各方更易获取相关数据。EFSA 认为信息公开使得所开展的风险评估结果更可信，更有助于增加理解、加强监督和建立公众信心。

4. 强化新媒体时代风险信息的真实性和准确性

食品安全风险交流是贯穿整个风险管理的重要环节，也是我国的薄弱环节。随着通信技术的发展和现代网络庞大的功能环境，微博、微信、抖音等新媒体的第三方监管的影响力也越来越大，有利的正面影响和不利的负面影响都在信息传播过程呈"中子裂变"方式爆炸，食品安全风险交流的最大价值，就是能够利用新媒体引导正面的舆情和降低负面的影响，能够向消费者积极宣传和指导正确的食品安全知识和风险防控，能够为政府公信力和企业责任沟通交流信息，在风险交流的平台上，利益相关者获得共赢。

2012 年 4 月 9 日微博爆料的"老酸奶工业明胶事件"仅 8 小时即被转发 13 万次，网民评论超过 8 万条。次日，中国乳制品工业协会表态，伊利、新希望等企业也进行回应，均声明企业不存在生产过程非法添加行为。但由于缺乏权威释疑，公众对老酸奶的信任明显下降。5 天后，中央电视台《每周质量报告》曝光药用胶囊问题，因同为使用工业明胶，致使事件再次升温。调查发现，46.20% 的民众相信事件的真实性，65.34%的民众表示会不再购买或食用老酸奶。仅仅一条微博，就将中国乳企再次推向风口浪尖，多数乳企老酸奶销量下滑。虽然博主、网红的名人效应会一定程度的放大信息效应，然而互联网新媒体的舆论影响力足可窥一斑。

随着现代科学的快速发展，信息技术的革命不断为信息传播提供创新平台，尤其是新媒体中的自媒体的应用，舆情信息的环境变化对政府的风险交流工作提出新的挑战。例如，用户群体数量的与日俱增，可能会削弱政府的舆论引导情况；发布信息快速、方便等特点加快了风险爆发和传播的速度；内容无须核实、相应把关人的缺失，以及利用消费者恐慌的心理，使谣言和错误信息得到广泛的传播等。新媒体如同一把双刃剑，加快了信息尤其是负面信息的传播速度和影响范围。相比传统媒体，新媒体更容易放大实际风险并引导社会舆论导向，导致社会恐慌，风险交流面临更大力量和更多形式的沟通和解读。例如，建立国家、省和市的三级专家库，承担风险交流的专家释疑工作。推动第三方力量建立食品安全风险交流网络平台，方便网民浏览和互动。增加更多次数更大范围的城市社区、乡镇农村的开放日活动，把风险交流和食品安全的宣传教育融为一体，降低风险交流部门的成本，鼓励民间第三方组织的参与，并借助地方政府的力量，以提高全民的风险交流认知，基本满足他们的诉求。学习香港的食品安全风险评估中心，每两个月公开发布监控检测结果，定期发布食物安全的焦点问题，让科学数据提升政府公信力。

5. 新体制新法制环境下的新机遇

随着我国食品安全风险监测评估和风险交流工作的不断深入展开，我国整体的风险防控能力正在得到快速的提高，但是风险评估实力的不足，风险交流工作的滞后，以及自媒体时代下舆论监督导向的巨大挑战，都使得食品安全风险的监测预警工作面临着极大的困难和挑战。2013年食品安全监管体制改革，2014年《中华人民共和国食品安全法》的修订草案的征求意见，以及2018年的机构改革等，不仅为国家食品安全风险评估奠定了法制基础，也为提高食品安全的风险评估带来新的机遇和挑战。今后如何更好更及时回应社会的反应，如何促进我国与国际先进水平的接轨，如何采取有效方法提高公众风险防范能力和科学认知水平，新体制下的协调、应急机制如何完善，食品安全风险较高等级的信息发布与公众信心保护的矛盾如何化解，诸多问题不断出现，值得深思，我们需要在高层次上定位进一步努力的基础和方向。

第二节　中国香港地区食品安全预警体系建设

中国香港地区负责食品安全工作的政府部门是食物环境卫生署下辖的香港食物安全中心（Centre for Food Safety，简称CFS）。香港食物安全中心成立于2006年5月2日，其理想是致力于成为各方信赖的食物监管领导机构，保障市民健康；其使命是通过政府、食物业界和消费者3方面合作，确保在香港出售的食物安全和适宜食用；其核心价值观是正直诚信、公平公正、追求成效、专业敬业、积极回应和公开透明。

香港食物安全中心下设食物监察及管制科、风险评估及传达科、食物安全中心行政科等科室（食物安全中心组织架构图见图5-8），食物安全风险预警工作主要由风险传达科负责。

一、工作内容及方式

香港食物安全中心通过成立委员会和举办论坛（即食物安全专家委员会、业界咨询论坛及消费者联系小组），就食物风险问题与各专家、学者、食物业界人士、消费者和市民进行定期沟通。香港食物安全中心的风险传达组（Risk Communication）会为定期举行的论坛提供支援服务、举办不同形式的活动项目、编订刊物和制备各类培训及公众学习资料，以及筹备其他风险传达活动，从而与市民和业界建立和维系积极互信的三方关系。此外，该组致力向业界宣传食物安全重点控制的各项原则，协助业界制订积

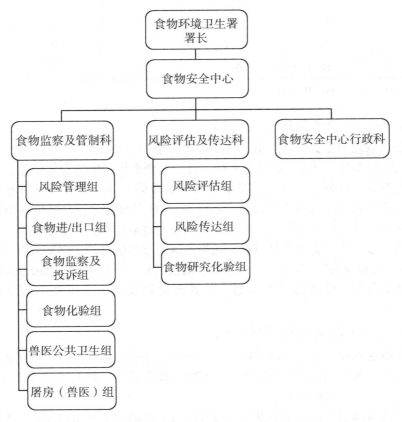

图 5-8　中国香港食物安全中心组织架构

极的食物安全保证系统。食物安全"诚"诺在 2008 年开始推行，旨在进一步加强业界对推广食物安全工作的参与。风险传达组辖下的传达资源小组则站在最前线，业界和市民可通过多媒体资料库，在小组同事的悉心协助下，了解香港食物安全监控的情况。

风险传达组下设食品安全警报系统（Alert Systems），包括食物警报（Food Alerts）、给业界的快速警报（Rapid Alert to Trade）、订阅食物安全电子信息服务（Subscription to E-news）。

（一）食物警报

香港食物安全中心持续留意海外各地的食物安全事故，并评估这些事故对本地公众卫生的影响。如事故有可能影响本地，食物安全中心会尽快向业界及公众发放有关资讯，以便他们能够采取及时行动。自 2006 年 12 月 21 日发布第一个食物警报以来，截至 2016 年香港食物安全中心已经累计发布了 244 个食物警报（表 5-13）。

表 5-13　香港食物安全中心发布的食物警报

年　份	数量（个）	年　份	数量（个）	年　份	数量（个）
2006	14	2010	12	2014	27
2007	38	2011	27	2015	42
2008	32	2012	19	2016	12
2009	11	2013	10	合计	244

注：数据统计截至 2016 年 6 月 20 日。

（二）向业界快速警报

为了更高效地向业界传达资讯，香港食物安全中心于 2007 年 9 月试行"快速警报系统"，2008 年 2 月 1 日正式推行该系统。通过这个系统，快速警报信息会经电邮或传真系统大量发送。此外，接收者如提供手提电话号码，亦可通过短讯服务接收提示信息。据此，业界可及早采取适当行动，如停售/回收问题食品，以减低对市民健康造成的影响。同时，业界如果有相关产品，亦应主动与香港食物安全中心联络。

业界如欲接收快速警报信息可登记成为快速警报系统用户。这要求食品从业者填写《快速警报系统登记表》，提供联络人姓名、商会名称、手机号码（如欲接收短讯）、电邮地址、传真号码、业务类别等信息，传真至食物安全中心风险传达组办理，费用全免。

（三）订阅食物安全电子信息服务

公众可以通过登记电子信箱获取有关食物安全电子信息服务，包括食物警报、期刊目录、活动资料及中心网页内刚发布或更新的其他资讯等。如果登记时注明职业或专业类别，还可以提供相关的资料。

资料发送时间如下：电子信息——每月的第一及第三个星期四发放；食物警报——发出当天；与职业或专业相关的资料——适时发放。

二、工作流程

香港食品安全预警工作流程如图 5-9 所示。从图 5-9 可以看出，香港食品安全预警始于信息收集工作，信息来源包括新闻媒体、业界食品事故报告、食品监测、其他国家和地区的食品安全通报。上述信息经过进一步的调查评估，被认为会影响到香港居民的食品安全问题会进入快速预警环节，主要包括两个方面：一是发布预警提示，发布途径包括电邮传真、事故报表、食物警报、新闻公告等；二是要采取控制措施，包括禁止进口、禁止供应、召回等。

三、案例：食物警报——不要食用两批可能受李斯特菌污染的预先包装冷藏青豆及蔬菜

香港食物安全中心发布的食物警报都有固定的格式，这样一方面便于内部信息的处理，另一方面也便于公众一目了然抓住主要信息。食物警报示例如表 5-14 所示。

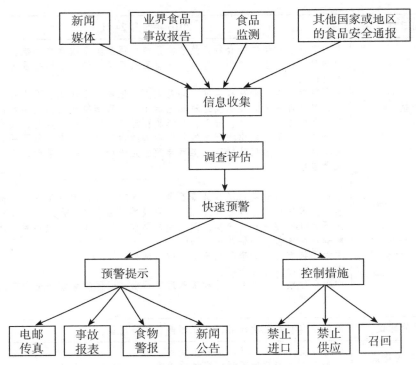

图 5-9 香港食品安全预警工作流程

表 5-14 香港食物安全中心发布的食物警报示例

发出日期	2016 年 5 月 24 日
资料来源	食物安全中心（中心）
食 品	预先包装冷藏青豆及蔬菜
产品名称及资料	产品名称：TV ORGANIC GREEN PEAS 产品品牌：AEON TOPVALU 来源地：日本 进口商：AEON Topvalu（Hong Kong）Co. Ltd. 批号：4901810005444 净重：每包 250 克 此日期前最佳：2017 年 6 月 4 日、2017 年 6 月 17 日 产品名称：TV GE MIXED VEGETABLES 产品品牌：AEON TOPVALU 来源地：日本 进口商：AEON Topvalu（Hong Kong）Co. Ltd. 批号：4901810005420 净重：每包 250 克 此日期前最佳：2017 年 6 月 14 日、2017 年 6 月 15 日、2017 年 6 月 17 日、2017 年 7 月 4 日

（续表）

发出日期	2016 年 5 月 24 日
发出警报原因	中心早前透过恒常的食物事故监察系统，得悉国家质量监督检验检疫总局发出通告，指上述两款预先包装冷藏青豆及蔬菜可能受李斯特菌污染而在日本进行回收 李斯特菌可在一般烹煮温度下轻易消灭，但能在冷藏低温下生存和繁殖。大部分身体健康的人在感染这种细菌后不会出现病征或只出现轻微病征，如发烧、肌肉疼痛、头痛、恶心、呕吐及腹泻等，但对初生婴儿、长者和免疫力较低的人，则可能出现严重的并发症如败血症及脑膜炎，甚至死亡。孕妇感染李斯特菌一般症状轻微，但可导致胎儿流产、夭折、早产，或引致新生婴儿严重感染
食物安全中心采取的行动	中心已与日本有关当局及涉事香港进口商联络。根据有关进口商提供的资料显示，曾进口上述冷藏青豆 330 千克及冷藏蔬菜 70 千克，小部分已供应予旗下 AEON 超级市场售卖，而该商户早前接获日本方面通知后，已将所有受影响产品停售、下架及进行回收 中心已将有关食物事故报表上载中心网页 中心会知会业界有关事件 中心会继续密切跟进事件和采取适当行动，以保障食物安全和市民健康 调查仍然继续
给业界的建议	如仍持有有关批次产品，应立即停售和停用
给消费者的建议	如购入上述受影响产品应停止食用 如食用有关产品后不适，应尽快求医
更多资料	中心发出的新闻公报 市民可于办公时间致电 AEON 热线（2884-6888），查询上述产品的回收事宜

第三节　中国台湾地区食品安全预警体系建设

中国台湾地区负责食品安全工作的政府部门主要是"行政院"下属的"食品安全会报"、"卫生署"下设的"食品药物管理署"，如图 5-10 所示。

一、中国台湾《食品安全卫生管理法》

中国台湾于 2015 年 12 月 16 日发布了《食品安全卫生管理法》，其中有关食品安全预警工作的条文如下。

中国台湾《食品安全卫生管理法》第二条之一规定：

为加强食品安全事务之协调、监督、推动及查缉，"行政院"应设食品安全会报，由"行政院"院长担任召集人，召集相关部会首长、专家学者及民间团体代表共同组成，联司跨部会协调食品安全风险评估及管理措施，建立食品安全卫生之预警及稽核制度，至少每三个月开会一次，必要时得召开临时会议。召集人应制定一名政务委员或部会首长担任食品安全会报执行长，并由主

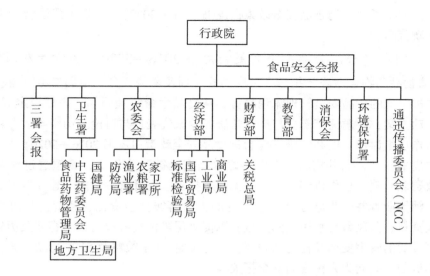

图 5-10　中国台湾主管食品安全工作的政府部门

管机关负责幕僚事务。

各级政府应设食品安全会报，由各级政府首长担任召集人，联司跨局处协调食品安全卫生管理措施，至少每三个月举行会议一次。第一项食品安全会报决议之事项，各相关部会应落实执行，"行政院"应每季追踪管考对外公告，并纳入每年向"立法院"提出之施政方针及施政报告。

第一项之食品安全会报之组成、任务、议事程序及其他应遵行事项，由行政院定之。

中国台湾《食品安全卫生管理法》第五条规定：

各级主管机关依科学实证，建立食品卫生安全监测体系，于监测发现有危害食品卫生安全之虞之事件发生时，应主动查验，并发布预警或采取必要管制措施。

前项主动查验、发布预警或采行必要管制措施，包含主管机关应抽样检验、追查原料来源、产品流向、公布检验结果及揭露资讯，并令食品业者主动检验。

中国台湾《食品安全卫生管理法》第六条规定：

各级主管机关应设立通报系统，划分食品引起或感染症中毒，由"卫生福利部食品药物管理署"或"卫生福利部疾病管制署"主管之，搜集并受理疑似食物中毒事件之通报。

医疗机构诊治病人时发现有疑似食品中毒之情形，应于二十四小时内向当地主管机关报告。

二、《台湾食品安全政策白皮书 2016—2020》

鉴于食品安全为公共卫生及民众所关心之民生重点，"台湾卫生福利部"于 2016

年 1 月 6 日发布了《台湾食品安全政策白皮书 2016—2020》，规划了我国台湾未来食品安全管理新蓝图。

（一）制定《台湾食品安全政策白皮书 2016—2020》的背景及原因

"台湾食品药物管理署"担任本白皮书的规划及幕僚任务，他们参考欧盟、美国与日本等先进国家的食品安全管理流程趋势，从食品生命管理周期，规划拟定五大目标、策略及行动方案，并邀请跨部会与产官学研等专家代表参与讨论。历经 4 次专家会议及数十次工作小组讨论，以共同研订《台湾食品安全政策白皮书 2016—2020》。

该白皮书以"协力共构农场至餐桌之食品安全链"为使命，希望透过整合政府跨部会行政资源、建立合作机制、倒入咨询沟通技术、提升管理效能、建立客观的风险评估机制、辅导业者并逐步增强其自主管理能力与落实社会责任、经营公私协力伙伴关系、开放资料、公民参与善用民间力量，以促进保障消费者权益。内容涉及历年食品安全相关事件后的管理变革及检讨问题所在，并拟定 19 个策略及 51 项行动方案，整合跨部会合作机制，共同为人民食品安全把关。

我国台湾食品安全管理者认识到：2010 年真空包装肉毒杆菌中毒事件、2012 年连锁餐厅生蚝诺罗病毒事件、2014 年黑心油品事件等都显示了食品安全预警机制之不足，造成消费者健康及生命受损。他们分析原因指出，食安事件发生时，未能善用资讯管理系统，在最短事件时间内互相勾稽与分析，追溯源头及掌握下游贩卖业者，除成为食品安全隐患外，更易造成民众疑虑以及对政府政策之不信任。目前虽有许多通报机制，然而各机制系统尚未能完全整合并发挥功能，导致紧急时间的启动，未能及时消弭事件原因，造成政府资源的浪费并影响行政效率。当食品药物消费安全事件发生时，坊间充斥不实的传言与错误报道，造成民众误解，甚至引发民众不必要之恐慌，故透过舆情监测分析，将有效建立危机之预警机制，使民众对于"台湾食品药物管理署"推动之政策及作为有所了解。

（二）《台湾食品安全政策白皮书 2016—2020》给出的与食品安全预警相关的目标与策略

《台湾食品安全政策白皮书 2016—2020》给出的与食品安全预警相关的目标与策略包括以下几个方面。

一是围绕"目标 1：统合农场餐桌之管理"给出的"策略 1-1：统合政府部门间之食品安全管理机制"，包括两个行动方案："强化跨部会分工治理与合作沟通机制"和"整合跨部会食品安全管理与通用资源"。后者指出，随着云端资讯科技之演进与发展，食品管理的放心亦从人为的稽查检验机制，提升到资讯化的预警防御机制，并透过各部会之稽查检验、来源追溯与流向追踪、资讯勾稽及巨量资料分析机制，以提升食品管理效率。为整合散布在各部会之管理资讯，政府已逐步发展"食品云"资料汇流平台。未来将透过整合各部会之管理资源，包括稽查、检验及处理资料等，建立分享机制，运用"食品云"进行跨机关之勾稽，并进行分析处理，将经验程序化，发掘可疑问题，发挥预警功能，以利采用必要行动及推动新的管理政策。

"策略 1-2：建置整合跨部会食品资讯管理系统"，给出的行动方案"强化并巩固食品云核心运作"指出，"台湾卫生福利部"持续强化运用食品资讯管理系统，包括食品业者登录系统（非登不可）、边境检验系统（非报不可）、追踪追溯系统（非追不可）、检验系统（非验不可）、稽查系统（非稽不可）"五非"系统等，并建置食品勾稽监控网页，掌握全国食品业者名单及产品资讯、进口报关资讯、供应链上下游关系、检验及稽查结果，透过资讯共享、资讯串联、资讯整合，提升风险管理与预警之目的。

行动方案"促进跨部会资讯整合之运用"指出，各部会持续优化食品资料系统功能与资料库数据，并透过食品云平台逐步整合跨部会食品相关资讯，加强跨部会资料之勾稽串联机制，包括财政部门之港贸系统、"农委会"之农产品溯源系统以及饲料与饲料添加物追溯追踪资料、"环保署"之化学云平台、"经济部"之食品产业企业内部追溯追踪系统、"教育部"之校园食材登录系统等，串联食品生产供应链，并防堵化工原料、化学品及饲料流入食品生产供应链，强化整体食品安全之管控网络。未来，倘发生食品安全事件时，可借助食品云平台掌握之资讯，迅速查明上下游问题产品，加强来源追溯与流向追查；平时则可辅助建立预警机制，提升管理效能，并提供食品履历资讯，使民众能够安心选购，校园食品安全有保障。

二是围绕"目标2：建构源头物流之控管"提出"策略2-2：促进国产与输入食品及其原料安全之溯源管理"，其中行动方案"建立国际食品安全警讯联系与咨商平台"指出，为掌握国际最新食品安全消息，"台湾食品药物管理署"建立国际食品警讯联系平台，每日监控国际间食品回收警讯，以进行国际间输出输入食品之资讯交流，即时处理并实施加强输入查验之管控措施。若有输入类似或疑似回收警讯产品或相关产品，业者应立即向国外原厂或出口厂商查证，并依据自主管理原则，暂停已进口之疑似回收产品贩售；若获原厂通知已进口之产品为需回收产品，应立即主动下架回收，通知消费者退换货，并通知公司所在地卫生局与食品药物管理署。

针对"策略2-3：健全食品致病原安全监测制度"提出的行动方案"完善食品致病原监测与预警系统"明确指出，跨部会建立"台湾食因性病原监测防护网"，负责办理食媒性疾病流行病学调查课程，食媒性病原农渔畜产品源头监测，食品源头检验监测，疾病监测、调查、检验与防治等计划，以完善食品致病原监测与预警系统。行动方案"建置食媒性疾病监测网络"强调，为健全食媒性疾病之监测，由"台湾食品药物管理署"依据食品安全卫生管理法相关规定，建立"产品通路管理资讯系统"，受理食品中毒事件通报；而"台湾疾病管制署"则依据传染病防治法设置"法定传染病监视通报系统"及"症状监视及预警系统"，接受霍乱、伤寒及杆菌性痢疾等经由污染食品传播之法定传染病或腹泻群聚疫情通报，即时掌控生物病原相关食媒性疾病发生状况，作为卫生单位进行防疫措施介入及流行病学分析之依据。

针对"策略2-4：落实边境管理措施与强化快速紧急应变预警制度"提出的行动方案"完备紧急应变预警制度"指出，应食品安全事件，将强化及适时启动紧急应变机制，整合跨部会资讯，强化海关管制与省内查核之联系，落实紧急事件通报及相关应变措施，消弭民众疑虑，维护食品安全。同时扩大海关管制效能与省内查核之应用，作为市场监测之依据，并利用市场监测结果回馈海关进行食品风险调控，完备预警机制。

  三是围绕"目标 5：发展风险预知之能力"提出的"策略 5-1：完善食品风险评估机制"，在行动方案"强化舆情监控"中强调，透过舆情分析，可有效建立预警机制，除了能早期调查相关案件，防患于未来外，更能将正确资讯传达予民众，发挥风险沟通之最大效益并提升食品安全资讯之监测预警机制。

第六章 中国食品安全预警体系的满意度、信任与期待——基于消费者调研

第一节 研究方法及创新

本研究采用问卷调查法，对全国范围内的公众进行调查，获取数据，采用基本统计方法和有序 Logistic 回归模型两种定量分析方法进行研究。

一、调查方法

1. 文献调查法

本研究运用文献法，搜集和分析研究国内外学者对食品安全预警体系和信任解释理论的文献资料，总结出理论基础，并形成指导框架。

2. 问卷调查法

本研究采取访问问卷调查和网络自填问卷调查相结合的方式，获得目标人群数据和相关资料。

3. 微信干预法

根据"认知调查"结果分析，从国家食品药品监督管理总局编写的《如何吃得更健康——食品安全消费提示》及《2016 年中国膳食指南》中选取有关添加剂、豆制品、鸡蛋、果蔬、保鲜膜五大类的科普知识，转换为图文材料。

在"认知调查"的 2 336 名被调查对象中，有 976 人（41.78%）愿意以微信群的方式接收定期食品安全预警信息。采用随机数的方法从中抽取 279 名调查对象进入科普环节。从 2017 年 4 月 5 日开始，为期一周，每天中午 11 时 30 分一对一发放科普资料，并微信交流科普效果。

二、分析方法

1. 基本描述统计

对调查数据进行描述性统计分析，以发现各个指标的基本分布，并计算其信度和效度。

2. 有序 Logistic 模型

有序 Logistic 回归模型适用于因变量为有序变量的回归分析。有序 Logistic 回归模型是研究分类变量统计分析的一种重要方法。研究多水平（且水平间不存在等级递减或

递增的关系）反应变量与其影响因子间关系的回归分析。该模型是一种概率模型，通常以某结果发生的概率为因变量，影响结果的因素为自变量建立的回归模型。

三、研究路线图

项目整体研究思路及框架如图 6-1 所示。

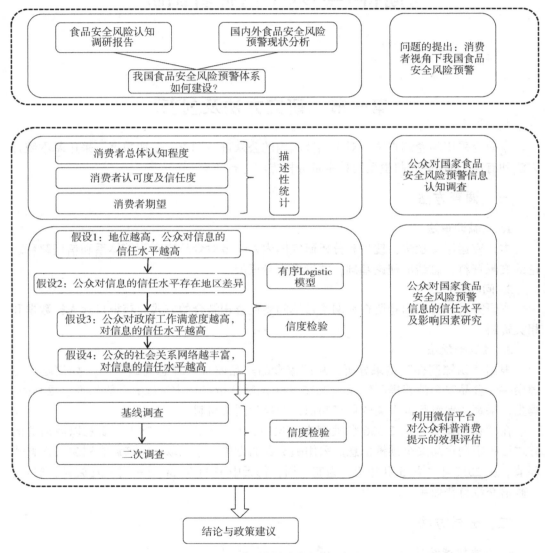

图 6-1 项目整体研究思路及框架

四、创新点

查阅我国食品安全预警体系的现有资料可发现，研究多从指标优化和预警宏观政策描述与体系改进入手，但是忽略了信息对接公众的环节，本研究系国内首次开展食品安全预警为主题的消费者认知调研，内容包括消费者对我国食品安全预警的认知程度、对我国在食品安全预警方面已开展的相关工作的认可度及信任度、对我国食品安全预警工作的期望等。同时，为深入研究预警信息传达的有效性，本研究基于信任解释理论，还研究了公众对信息的信任水平与影响因素。

探讨了食品安全预警信息交流的适宜模式，充分利用互联网优势打破空间的限制开展科普教育活动，基于微信平台使科普活动更便捷、更有效。

第二节　文献综述

一、概念界定

（一）食品安全

根据世界卫生组织（WHO）的定义，食品安全（Food Safety）是指"食物中有毒、有害物质对人体健康影响的公共卫生问题"。这一概念实际是将食品安全绝对化为对人体健康造成急性或慢性损害的所有危险都不存在。实际上，绝对安全或者不存在丝毫的危险很难做到，食品安全更应该是一个相对的、广义的概念。因此，评价一种食品或者其成分是否安全，不能单纯地看它内在固有的"有毒、有害物质"，更要紧的是看它是否造成实际危害。从目前的研究情况来看，在食品安全概念的理解上，国际社会已经基本形成共识，即食品的种植、养殖、加工、包装、贮藏、运输、销售、消费等活动符合国家强制标准和要求，不存在可能损害或威胁人体健康的有毒、有害物质致消费者病亡或者危及消费者及其后代的隐患。

广义的食品安全概念是持续提高人类的生活水平，不断改善环境生态质量，使人类社会可以持续、长久地存在与发展。食品安全是结果安全和过程安全的完整统一，其科学内涵包括三大层面：食品数量安全、食品质量安全和食品可持续性安全。

1. 食品数量安全

食品数量安全即一个单位范畴（国家、地区或家庭）能够生产或提供维持其基本生存所需的膳食需要，从数量上反映居民食品消费需求的能力，以发展生产、保障供给为特征，强调食品安全是人类的基本生存权利，要求人们既能买得到又能买得起生存生活所需要的基本食品。食品数量安全问题在任何时候都是各国，特别是发展中国家，所需要解决的首要问题。目前，全球食品数量安全问题从总体上基本得以解决，食品供给已不再是主要矛盾，但不同地区与不同人群之间仍然存在不同程度的食品数量安全问题。评价指标主要有产量水平、库存水平、贫苦人口温饱水平等。

2. 食品质量安全

食品质量安全包含食品卫生安全、食品营养安全和食品生物安全3个要素，要求食品在卫生、营养和生物安全性方面满足和保障人群的健康需要。食品质量安全涉及食物的污染、是否有毒、添加剂是否违规超标、标签是否规范等多个方面的问题，需要在食品受到污染界限之前采取措施，预防食品的污染和遭遇主要危害因素侵袭。

首先，食品卫生指的是为了防止食品在生产、收获、加工、运输、贮藏、销售等各个环节被有害物质污染，所采取的使食品有益于人体健康的各项措施，是食品安全的基础。食品卫生的目的在于创造和维持一个有益于人类健康的生产环境：在清洁的生产加工环境中，由身体健康的从业人员加工食品，防止因微生物污染食品而引发的食源性疾病；同时，使引起食品腐败微生物的繁殖减少到最低程度。

其次，食品营养是食品安全的充分不必要条件，即食品有营养则肯定是安全的，但安全的食品不一样是有营养的。卫生安全主要关注毒害，营养安全与之不同的是，营养安全主要关注的是营养品质，包括营养素数量和品质。联合国粮食及农业组织（FAO）对食物营养安全十分关注，认为不仅仅是针对儿童，包括成人的营养安全问题也很突出，重要特征是营养不足、过剩、不均衡导致的免疫力低、发育不足、肥胖、亚健康人群数量越来越大。

最后，生物安全是指现代生物技术的研究、开发、应用以及转基因等生物产品的跨国、跨境转移，不存在可能损害或威胁生物多样性、生态环境以及人体健康和生命安全的物质。

3. 食品可持续安全

食品可持续安全从发展角度要求食品的获取需要注重生态环境的良好保护和资源利用的可持续。

（二）食品安全预警

在我国食品安全预警研究领域，常见的概念包括食品安全预警、食品安全预警、食品安全风险监测预警、食品安全信息预警、食品安全监测预警、食品安全消费警示、食品安全风险公告、食品安全风险警示、食品安全危机预警、食品供应链安全预警、食品安全突发事件风险预警、食品质量安全风险预警等，但是上述研究并未对食品安全预警有一个统一的概念界定，相关概念也缺乏法理上的明确阐释。

传统的食品安全预警是指对食品安全风险的预先警示，对应《中华人民共和国食品安全法》中的"食品安全风险警示"，属于食品安全信息的范畴。

《中华人民共和国食品安全法》（2018年修正）第二十二条指出"国务院食品安全监督管理部门应当会同国务院有关部门，根据食品安全风险评估结果、食品安全监督管理信息，对食品安全状况进行综合分析。对经综合分析表明可能具有较高程度安全风险的食品，国务院食品安全监督管理部门应当及时提出食品安全风险警示，并向社会公布"。根据该法第一百一十八条规定，食品安全风险警示信息由国务院食品安全监督管理部门统一公布，如果食品安全风险警示信息的影响限于特定区域的，也可以由有关省、自治区、直辖市人民政府食品安全监督管理部门公布。《食品安全信息公布管理办法》（卫监督发〔2010〕93号）第7条以列举的方式规定了其含义，即"食品安全风险警示信息包括对食品存在或潜在的有毒有害因素进行预警的信息；具有较高程度食品安全风险食品的风险警示信息"。

食品安全预警不仅包括风险警示的发布，还应包括食品安全信息平台的建立、食品安全风险信息的收集（包括进口食品风险信息）、食品安全风险监测与评估、应对风险应采取的管理措施（比如问题食品的召回）、食品安全事故应急处置、食品安全风险分级管理等，是一项系统工程。《中华人民共和国食品安全法》中虽然并未出现"食品安全预警"的字眼，但是食品安全预警所涉及的环节都有表述，具体如表6-1所示。

表6-1　《中华人民共和国食品安全法》中"食品安全预警"相关法条

法　条	内　容
第十四条	国家建立食品安全风险监测制度，对食源性疾病、食品污染以及食品中的有害因素进行监测
第十七条	国家建立食品安全风险评估制度，运用科学方法，根据食品安全风险监测信息、科学数据以及有关信息，对食品、食品添加剂、食品相关产品中生物性、化学性和物理性危害因素进行风险评估
第二十一条	经食品安全风险评估，得出食品、食品添加剂、食品相关产品不安全结论的，国务院食品安全监督管理等部门应当依据各自职责立即向社会公告，告知消费者停止食用或者使用，并采取相应措施，确保该食品、食品添加剂、食品相关产品停止生产经营
第二十二条	国务院食品安全监督管理部门应当会同国务院有关部门，根据食品安全风险评估结果、食品安全监督管理信息，对食品安全状况进行综合分析。对经综合分析表明可能具有较高程度安全风险的食品，国务院食品安全监督管理部门应当及时提出食品安全风险警示，并向社会公布
第四十二条	国家建立食品安全全程追溯制度
第六十三条	国家建立食品召回制度
第九十五条	境外发生的食品安全事件可能对我国境内造成影响，或者在进口食品、食品添加剂、食品相关产品中发现严重食品安全问题的，国家出入境检验检疫部门应当及时采取风险预警或者控制措施，并向国务院食品安全监督管理、卫生行政、农业行政部门通报。接到通报的部门应当及时采取相应措施
第一百条	国家出入境检验检疫部门应当收集、汇总下列进出口食品安全信息，并及时通报相关部门、机构和企业：（一）出入境检验检疫机构对进出口食品实施检验检疫发现的食品安全信息；（二）食品行业协会和消费者协会等组织、消费者反映的进口食品安全信息；（三）国际组织、境外政府机构发布的风险预警信息及其他食品安全信息，以及境外食品行业协会等组织、消费者反映的食品安全信息；（四）其他食品安全信息
第一百零二条	国务院组织制定国家食品安全事故应急预案……食品安全事故应急预案应当对食品安全事故分级、事故处置组织指挥体系与职责、预防预警机制、处置程序、应急保障措施等作出规定
第一百零九条	县级以上人民政府食品药品监督管理、质量监督部门根据食品安全风险监测、风险评估结果和食品安全状况等，确定监督管理的重点、方式和频次，实施风险分级管理
第一百一十八条	国家建立统一的食品安全信息平台，实行食品安全信息统一公布制度。国家食品安全总体情况、食品安全风险警示信息、重大食品安全事故及其调查处理信息和国务院确定需要统一公布的其他信息由国务院食品安全监督管理部门统一公布。食品安全风险警示信息和重大食品安全事故及其调查处理信息的影响限于特定区域的，也可以由有关省、自治区、直辖市人民政府食品药品监督管理部门公布。未经授权不得发布上述信息 县级以上人民政府食品安全监督管理、农业行政部门依据各自职责公布食品安全日常监督管理信息 公布食品安全信息，应当做到准确、及时，并进行必要的解释说明，避免误导消费者和社会舆论

早在 2012 年，《进出口食品安全信息及风险预警管理实施细则》（国质检食〔2012〕98 号）就规定：进出口食品安全预警是指为使国家和消费者免受进出口食品中可能存在的风险或者潜在危害，而依法采取的预防性安全保障措施和处理措施。由此可见，食品安全预警的概念有了进一步的扩展。尽管现有文献也对食品安全预警进行了定义，但是没有形成一个统一的认识。

钟凯、韩蕃璠等（2012）指出，我国政府机构的食品安全预警信息提供，概括起来可分为 5 种方式和渠道。一是传统方式的信息发布，例如关于预警信息、食品监督抽检信息和食品安全事件解读的新闻发布会和新闻通稿等；二是开设投诉举报渠道，公开征求意见；三是信息咨询；四是举行健康教育活动；五是开设新媒体交流渠道。

总之，随着食品安全预警实践工作的发展，符合我国食品安全工作趋势的食品安全预警工作应该包括运用数据综合分析与风险评估，及早预测或发现食品安全隐患，及时发出食品安全信息，积极采取干预措施，避免风险演化为食品安全事故，保障公众健康。食品安全预警信息包括消费提示、科学解读、警示信息、食品监督抽检信息等。

二、理论基础

（一）食品安全管理中的信息不对称问题

食品安全问题产生的重要原因是食品行业中的信息不对称问题，针对食品行业的信息不对称产生的原因，学界存在多种解释。根据 Nelson P.（1970）、Darby M. 和 E. Kami（1973）的研究，按照消费者与厂商的信息不对称程度从低到高排列，可以将产品分为搜寻品、经验品和信任品。具体来说，搜寻品的信息不对称程度最低，因为消费者可以在购买行为进行之前便掌握许多的关于产品质量的信息，有针对性地搜索自己需要的产品；经验品的信息不对称程度次之，因为其往往只能在消费后才能被判断质量；信任品的信息不对称程度最高，信任品即使在消费之后，也难以评判质量。据此，岳中刚（2006）指出，综合食品安全要素的品质特性来看，食品可能是经验品也可能是信任品，消费者可以感知其包装、口味等，但又无法获取农药残留量等信息，所以，食品行业的信息不对称情况较为严重。王俊豪和孙少春（2005）认为，消费者和生产者之间存在巨大的信息不对称来源于 3 个方面。第一，由于食品生产与消费的分离，食品信息在供给与消费之间必然存在着不对称分布；第二，由于质量差的物品往往原料价格较低，生产者为控制成本通常会使用较差的原材料，最终，消费者因此产生"逆向选择"，食品市场出现"柠檬效应"；第三，对于食品安全信息的获取需要付出巨大的搜寻成本，还可能面临着由于企业对信息的垄断而没有收获的局面，所以消费者往往不会主动寻求食品安全信息。周德翼和杨海娟（2002）提出，食品行业信息表不对称问题严重存在五大原因：一是在环境污染与新型生产技术的新形势下，食品行业的各个主体，例如生产者、管理者、消费者，都对更多、更明确的食品质量安全信息具有较高需求；二是食品生产经营者处于食品的供给端，相比于需求端的消费者，享有更多的信息；三是生产经营者与管理者互相隐藏信息；四是供应链上的上下游（委托人和代理人）存在信息不对称；五是由于政府是监管者，相比于消费者，能获取更多信息。

关于食品安全信息缺失的危害和解决办法，学界通常会从消费者和政府（监管部门）两个主体讨论。Henson S. 和 Caswell J.（1999）等指出消费者行为受到政府监管部门和食品生产企业行为的影响，相关食品安全政策是多个相关利益方博弈的结果。马琳（2014）发现，食品安全监管部门和食品生产者经常实施不同策略以达到食品安全监管的均衡，可能的情况是，食品生产者为追求短期的利益，生产具有食品安全问题的食品，通过向政府行贿躲避监管，政府部门在其中可能玩忽职守，滥用权力。在这之中，消费者处于对食品安全信息和生产者与政府间活动信息的双重信息缺失中。宋慧宇（2013）指出，在传统的食品监管命令控制模式中，存在着单向性、垄断性及对抗性的弊端，本身就可能引发食品安全监管的失灵。所以，进一步创新食品安全监督管理模式，解决信息不对称问题，成为当前食品安全治理的重要方式。

（二）国家食品安全预警信息

国家食品安全预警就是对可能的食品安全状况作出评断和预测，提前发布预告，以便相关部门采取合理措施，最小化风险。这是在源头上减少食品安全危险因素对公众影响的新模式，一般由国家、地方政府或其委托或派出性机构完成。

当前，国内外对于食品安全预警的研究主要集中在 3 个方面。第一，在预警分析方法与评估指标上的不断完善。创新德尔菲方法、蒙特卡洛方法、模糊综合评价法、模糊层次分析法、贝叶斯网络等，研究可能的更具有代表性的指标重新测度食品安全风险，并加以实证研究，从而提高评估风险的准确性。但是，随着新的经济形势和科技的不断发展，食品安全预警又面临着来自供应链各个环节把控等新挑战，评估更加复杂。因此，学界逐步基于新形势开发食品安全预警体系。例如，刘刚（2016）提出的信息工具视角下互联网与预警体系的融合，即利用互联网的社群，推动多元参与，促进多个主体形成食品安全风险认知的共识。第二，构建国家预警管理体系。食品安全预警体系是按照预警的功能特点设计，以风险预警系统为核心，包括 4 个功能模块的系统，每个系统之间又依据功能分类和分级，分为若干类别或子模块，相互嵌套关联。基于体系建立的现状，综合新的经济形势与技术发展情况，提出进一步强化食品安全预警体系的预警效果的举措。例如，张书芬（2013）基于供应链背景构建了新的食品安全预警体系与预警信息系统的具体方案设计。第三，食品安全预警体系的有效性探究。但是这方面的研究仅有 1 篇，王世琨和李光宇（2013）研究指出，可以从预警预报信息的准确性、预警是否具有时间提前量、预警系统的最终结果 3 个方面来确定国家食品安全预警信息是否有效。

国家食品安全预警体系通过提供预警信息来最终影响公众进行食品消费决策。预警信息应当包括两个重要方面，一是通过风险交流达成对风险认知的共识，二是缓解风险放大效应。当前的食品安全预警信息的提供上存在许多挑战，一个很重要的方面就是公众的信任的建立。Slovic P.（1993）提到，依据不对称原则，信任在信息传播过程中具有易失而不易得的属性，即在向公众传递食品安全预警信息时，无法确认其对信息的信任度，以保证预警的有效性。此外，撤销信息比发布信息更不容易建立信任。刘刚（2016）指出，有损信任的负面事件比增强信任的正面事件往往更易受到关注，公众更可能对发布的预警信息产生信任，而缺乏对撤销的预警信息的信任。与此同时，负面信息在传播过程中可能因为"涟漪效应"，被人为放大，谣言四起，而对相关食品企业和行业产生巨大的影响。钟凯和韩蕃璠等（2012）指出，我国政府机构不仅要运用合理的信息渠道发布信息，还要开设渠道，便于消费者咨询与投诉，了解消费者所需。

（三）信任解释理论

1. 个体信任解释理论

研究以信任作为因变量，探究信任从何而来。然而，信任在不同个体间，不同社群内一定存在区别，研究这样个体间信任水平差别的理论分为 7 个方面。第一，利他性理论。Mansbridge Jane（1999）提出，信任有两种形式，基于可信度的估计后做出的是否信任决策或者即使对象可信度不高，处于仍愿意让他人获利的想法而产生的利他性信任。差序格局的强命题说明，不同社群中存在着不同程度的信任差别，所以即使确实存在利他性信任，也是避免不了差序格局中可信度差异。所以，我们在研究中可以先忽略利他性信任，首先了解公众进行可信度估计的指标。第二，信任文化论。一些研究指出，不同国家质检存在着个体普遍信任感的区别，Putnam R. D. 和 Leonardi R. 等（1993）进一步研究发现，以意大利南北部为例，一个国家内部也可能存在不同的信任文化。信任文化可以解释不同国家、不同社会或者不同地区的信任差别，但是无法解释一个社会内部的信任文化差异。第三，信任的认识发生论。信任度都是从自身的经验习得的，可能受到个人生活环境等诸多影响。第四，理性选择论。理性选择理论基于理性人的假设，认为人们的信任能否建立取决于是否能获取对象关于动机和能力充分的信息。第五，制度论。政府是否有效，将决定是否创造更好的制度环境。由于不同制度环境间存在着不同信任感产生的制度土壤，会导致不同社会的信任程度差别，所以有效的政府和有效的制度管理是信任产生的重要基础。第六，道德基础论。对熟人的策略性信任与对陌生人的道德性信任。这很好地弥补了理性解释论对陌生人产生信任的解释空白，但是由于个体性格具有难以量化等特征，而且无法确定道德基础是否只是个人社会经济资源影响到信任建立的中间变量，所以存在进一步探讨的空间。第七，相对易损性。Giddens A.（1991）提出，因为对大量资源的占有，人们就可以形成更加开放、乐观和富有同情心的心态，这种自在的人生态度会使得人们更信任他人。相反的是，如果人们缺少资源，则可能更加怀疑他人，因为假如他人失信，造成的损失对他们自身而言是灾难性的。Luhmann N.（1993）进一步研究指出，这里有一条"灾难线"，灾难线的高低与人们所有的资源多少有关，一个人掌握越少的资源，"灾难线"就会越低，而相对易损性越高，所以，他越不可能冒险信任别人；一个人掌握越多的资源，"灾难线"就会越高，而相对易损性越低，所以，他更愿意冒险信任别人。王绍兴和刘欣（2002）基于失信可能性与相对易损性，进一步构建了信任建立模型，即甲对乙的信任程度＝1－（乙失信的可能性×甲的相对易损性）。

2. 消费者信任解释理论

彼得·什托姆普卡曾指出："信任，与希望和信心的不同在于它属于行动论，积极地参与并面对未知的未来。"所以，信任属于社会行动的范畴。从这个语意上考虑，由于公众在获取预警信息后将做出消费行动决策，我们需要基于消费者信任考虑公众对于预警信息的信任。在消费者信任理论中，Mayer RC.，Davis JH. 等（1995）定义了"消费者信任"的概念，即"不管买方或卖方其中之一是否有能力监视或控制另一方的行为，仍愿意相信另一方会履行交易或原预期的行为"。

基于消费者理论中生产者与消费者两个主体，学界对于消费者信任研究存在从两个主体出发的不同体系。从生产者角度来看，以 Doney PM.，Barry JM. 等（2007）提出的信任建立两个侧面为代表。一是信息机制，如果生产者能够提供更多可以给消费者的参考的产品和服务信息，则消费者会更相信生产者。二是关系运作，如果生产者能够经常性地与消费者进行人际互动，开放沟通，表示关怀，会使得消费者产生更多信任。从消费者角度来看，信任程度的变化和信任对象的变化相关，依据消费者偏好理论，消费者对于不同的产品或服务和不同的生产者会存在不同的信任水平。例如，陈卫平和李彩英（2014）从消费者信任角度探究消费者对食品安全信任的影响因素。

3. 政治信任解释理论

政治由于依托社会文化背景和公众意愿进行制度设定与管理，所以学界关于政治信任解释的研究，多依托于个体信任解释理论进行理论探讨与实证研究。例如，田北海和王彩云（2017）在研究农民对基层自治组织信任时提出，政治信任可以从制度论、社会心理学派和文化学派及关系信任理论出发，分为理性信任、感性信任和关系信任三个研究方面。仇焕广和黄季焜等（2007）从政府信任出发解释消费者对待转基因食品信任程度。

第三节　公众对国家食品安全预警信息认知调查

课题组结合国内外食品安全预警情况及食品安全风险认知调研报告（国家食品药品监督管理总局项目），设计预调研问卷，于 2016 年 11 月开展预调研。发放问卷 100 份，回收有效问卷 93 份，回收修改建议 32 条。根据修改建议修改问卷，形成正式调研问卷，于 2016 年 12 月至 2017 年 3 月在全国范围内开展正式调研，共回收有效问卷 2 336 份。

一、问卷的发放与回收情况

本次调查以访谈问卷及网络问卷形式，共发放问卷 2 365 份，回收 2 365 份，经过问卷筛查与数据校验，有效问卷 2 336 份，有效回收率为 98.77%。参考《食品安全风险认知报告》所提到的"农村地区人口食品安全风险认知度低"，故本次食品安全预警信息认知调查对象主要为城镇住户，抽样地区分布见表 6-2。

表 6-2　样本抽样地区分布情况

抽样地区	人数（人）	百分比（%）
一线城市：北京、上海、广州、深圳	812	34.76
二线发达城市：天津、杭州、南京、济南、重庆、青岛、大连、宁波、厦门	287	12.29
省会城市	455	19.48
地级市	363	15.54
县级市	262	11.22

（续表）

抽样地区	人数（人）	百分比（%）
乡　镇	71	3.04
自然村及以下	86	3.68

二、被调查者基本情况

（一）被调查者个体情况

由表6-3可知，在2 336位被调查者中男女比例均衡，女性稍多于男性（女性比男性多7.80%）；多为汉族，仅62人（占2.65%）为少数民族；约3/4的被调查者无食品专业背景（1 837人，占78.64%）。

表6-3　被调查者的性别、常住地和食品背景情况

人员情况		人数（人）	百分比（%）
性　别	男	1 077	46.10
	女	1 259	53.90
民　族	汉族	2 274	97.35
	少数民族	62	2.65
食品背景	有食品专业背景	499	21.36
	无食品专业背景	1 837	78.64

（二）年龄及文化程度分布

由图6-2可见，在接受调查的2 336人中，18岁以下者27人（1.16%），18～25

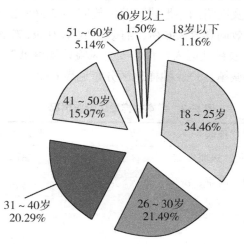

图6-2　被调查者年龄分布情况

岁者 805 人（34.46%），26～30 岁者 502 人（21.49%），31～40 岁者 474 人（20.29%），41～50 岁者 373 人（15.97%），51～60 岁者 120 人（5.14%），60 岁以上者 35 人（1.50%）。18～50 岁各年龄段分布均衡，与网络接触最频繁、接受新鲜事物能力最强的 18～25 岁的被调查者最多。

由图 6-3 可知，在 2 336 位被调查者中，文化程度为本科（大专）的有 1 006 人（占 43.07%），硕士及以上者有 836 人（占 35.79%），两者之和占 78.86%，这与社会教育发展水平相吻合，证明代表人群的抽样具有代表性。

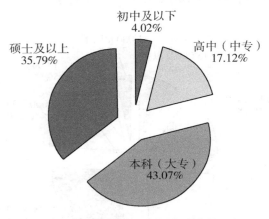

图 6-3　被调查者文化程度分布情况

（三）职业类型及收入与支出情况

从图 6-4 可以看出，在接受调查的 2 336 人中，工作单位为政府或事业单位者最多

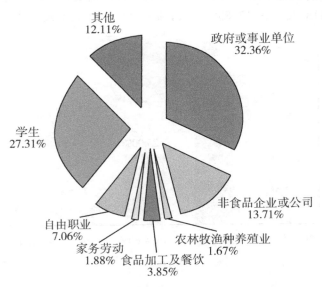

图 6-4　被调查者职业类型分布情况

（756 人，占 32.36%），学生（638 人，占 27.31%）、非食品企业或公司员工（321 人，占 13.71%）位居第二、第三，农林牧渔种养殖业者 39 人（1.67%），食品加工及餐饮行业者 90 人（3.85%），从事家务劳动及自由职业者分别为 44 人（1.88%）和 165 人（7.06%），其他职业 283 人（12.11%）。

由图 6-5 可知，在 2 336 位被调查者中，家庭人均月收入在 1 000 元以下的有 88 人，占 3.77%；1 000~1 999 元的有 146 人，占 6.25%；2 000~2 999 元的 323 人，占 13.83%，3 000~4 999 元者 635 人，占 27.18%，5 000~7 999 元者 536 人，占 22.95%，8 000~14 999 元者 378 人，占 16.18%，15 000 及以上者 230 人，占 9.85%。

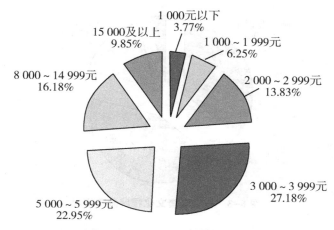

图 6-5　被调查者家庭人均月收入分布情况

由图 6-6 可知，调查者所在家庭 2016 年购买食物的支出，在家庭总支出中所占比例为 20% 以下者 418 人（占 17.89%），21%~40% 者 1 138 人（占 48.72%），41%~

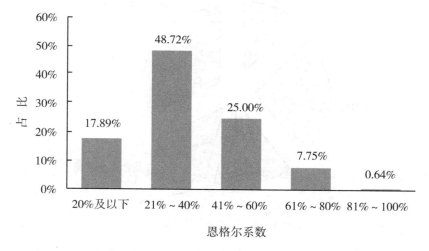

图 6-6　被调查者家庭 2016 年恩格尔系数分布情况

60%者 584 人（占 25.00%），61%~80%者 181 人（占 7.75%），81%以上者 15 人（占 0.64%）。

（四）血型情况

对于血型分布，2 336 位被调查者多分布在 A 型、B 型、AB 型与 O 型，人数依次为 507 人（21.70%）、601 人（25.73%）、235 人（10.06%）与 585 人（25.04%），另外有 400 位（17.12%）被调查者不清楚个人血型（图 6-7）。

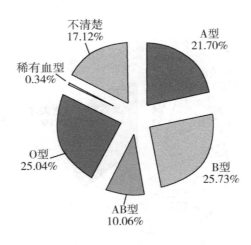

图 6-7　被调查者血型分布情况

（五）健康状况

由图 6-8 可知，健康状况自评中 2 336 位被调查者，有 1 078 人（46.15%）认为自己的健康状况较好，而较好与一般分别为 586 人（25.09%）和 614 人（26.28%），仅有 58 人（2.48%）认为自己的健康状况较差。约 3/4 的消费者对自身的健康状况态度持有乐观态度。

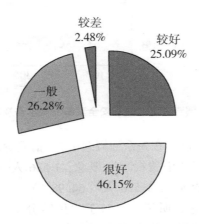

图 6-8　被调查者健康状况自评分布情况

三、预警信息了解度分析

（一）食品安全关注度

由图 6-9 可知，在接受调查的 2 336 人中，822 人（35.19%）表示非常关注食品安全，1 089 人（46.62%）比较关注，327 人（14.00%）选择有些关注，而有 87 人（3.72%）不太关注，11 人（0.47%）完全不关注。关注食品安全问题的人数占 95.81%。

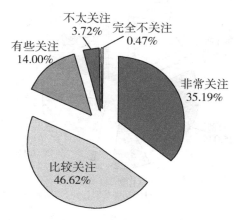

图 6-9　被调查者食品安全关注度分布情况

（二）"预警"概念普及程度

由图 6-10 可知，在 2 336 位被调查者中，987 人表示在本次调查之前听说过食品安全预警，占 42.25%；没有听说过的人数为 1 349 人，占 57.75%。

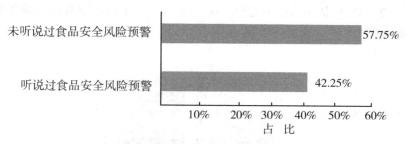

图 6-10　被调查者对"食品安全预警"概念普及程度分布情况

调查结果显示（图 6-11），在一系列概念中，"消费提示""风险提示"和"风险评估"的普及度最高。对于"消费提示"概念，1 586 人（67.89%）选择听说过带此概念的消息；对于"风险提示"，1 518 人（64.98%）认为其听说过；对于"风险评估"，1 563 人（66.91%）选择听说过。对于"风险分析""风险预警"和"风险管理"，这些概念的普及率较好，分别有 1 013 人（43.46%）、1 113 人（47.65%）及 1 088 人（46.58%）听说过。然而，被调查者对于"风险交流"概念的消息接触较少，

1 967 人（84.20%）表示未曾听过带此概念的消息。

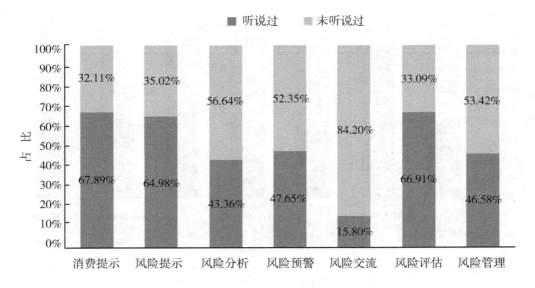

图 6-11 概念普及率分布情况

被调查者对于"食品安全预警"类信息的辨识情况如图 6-12 所示。2 336 位被调查者中，能够完全正确分辨问卷中 7 条信息是否属于"食品安全预警"类者，只有 40 人（1.71%），仅有 2 人（0.09%）错误判断全部 7 条信息。

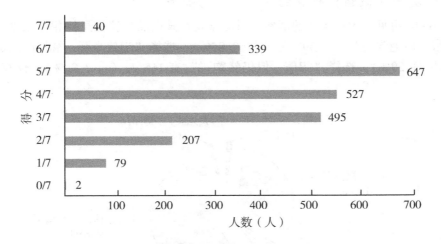

图 6-12 食品安全预警信息判断得分情况

对食品安全预警信息判断各题得分分布情况进行分析（图 6-13），"苹果含有丰富的有机酸，可刺激胃肠蠕动，多吃可以促使大便通畅"信息，正确判断的被调查者最多，达 1 920 人（82.19%），而对于"某地食药监召回 11 批次不合格食品，玫瑰花茶检出二氧化硫"信息判断正确率最低，仅 1 051 人（44.99%）。

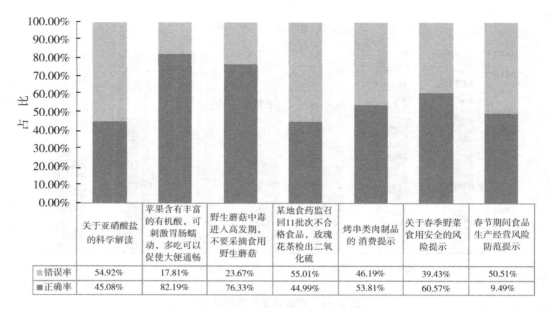

	关于亚硝酸盐的科学解读	苹果含有丰富的有机酸，可刺激胃肠蠕动，多吃可以促使大便通畅	野生蘑菇中毒进入高发期，不要采摘食用野生蘑菇	某地食药监召回11批次不合格食品，玫瑰花茶检出二氧化硫	烤串类肉制品的消费提示	关于春季野菜食用安全的风险提示	春节期间食品生产经营风险防范提示
错误率	54.92%	17.81%	23.67%	55.01%	46.19%	39.43%	50.51%
正确率	45.08%	82.19%	76.33%	44.99%	53.81%	60.57%	9.49%

图 6-13　食品安全预警信息判断各题得分分布情况

四、预警信息感知分析

（一）发布（撤销）信息的接受度及影响力

由图 6-14 可见，超过半数的消费者对国家发布某产品预警信息持相信态度，选择"非常相信，拒绝购买"有 1 398 人（占 59.85%）；选择"半信半疑，视情况而定"有731 人（占 31.29%），选择"相信，但仍然购买"有 165 人（占 7.06%）。仅有 26 人

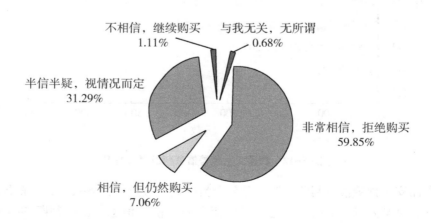

图 6-14　食品安全预警信息发布的信任度分布情况

（占 1.11%）不相信国家发布的预警信息，16 人（占 0.68%）认为国家发布的食品预警信息与自身无关。由此可知，绝大多数消费者相信政府发布的食品安全预警信息，这些信息会对消费者食品选购行为产生影响。

由图 6-15 可见，对于撤销食品安全预警信息，有 1 137 人（48.67%）表示完全相信或比较相信，有 974 人（41.70%）持半信半疑的态度，有 225 人（9.63%）认为不太相信或完全不信。消费者对信息撤销的信任度不及对信息发布的信任度。

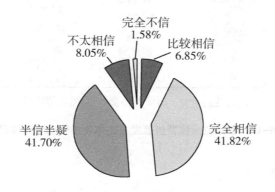

图 6-15　食品安全预警信息撤销的信任度分布情况

由图 6-16 可见，有 15.97% 的被调查者对表示食品安全预警对日常生活有很大影响，60.19% 的被调查者认为有一定影响，仅有 3.25% 的人认为对日常生活没有影响。

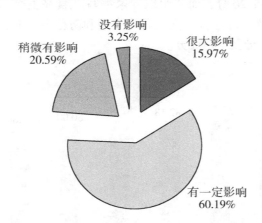

图 6-16　食品安全预警信息对日常生活影响程度分布情况

（二）消费者对信息发布主体信任程度

如图 6-17 可知，对于不同平台发布的食品安全预警信息，被调查者表示不同程度的信任。2 336 位被调查者中，1 922 人（82.28%）相信政府相关部门的信息发布，依次是食品行业协会、消费者协会，以及电视、报纸、门户网站等传统媒体，仅有 389 人（16.65%）相信微信、微博等主体来源于个人或来源不明的信息。

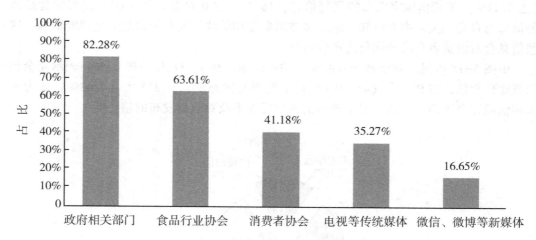

图 6-17　食品安全预警信息发布主体信任程度分布情况

五、消费者期望

(一) 预警信息内容

如图 6-18 所示，政府已经开展了关于食品安全风险交流预警的多项工作，被调查者对于它们的重要性评分，以 100 分为满分来计算，"完善食品安全预警法规制度"一项，得分最高，达到 85.20 分，而"组织专家编写'食品安全风险解析'宣传页，印刷分发给社区居民"及"针对食品安全风险类型和防范要点制作动漫短视频"两项得分最低，分别为 76.12 分及 76.03 分。

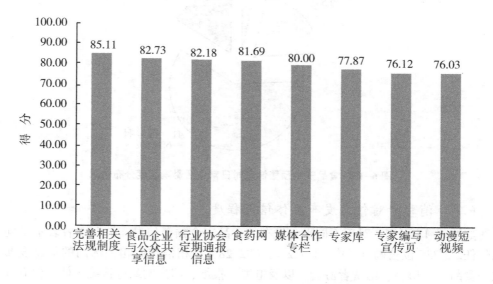

图 6-18　被调查者对于政府各项工作重要性打分情况分布

如果提供食品安全风险信息，2 236 位被调查者对于信息大致可以分为 3 类：想了解、比较想了解及无所谓。如图 6-19 所示，有超过 50.00% 的消费者想获知包括食品添加剂（79.58%）、农兽药残留（75.90%）、重金属残留（74.96%）、致命性细菌、病毒、寄生虫（70.46%）和转基因食品（59.67%）的相关信息。想获知过敏原信息的有 38.87%，想获知辟谣信息的有 32.58%，想获知食品包装材料信息的有 32.02%，想获知食品营养信息的有 29.24%，希望获得饮食习惯指导的有 28.64%，想获知保健食品信息的有 28.21%。食品添加剂、农残、重金属残留是消费者关注的热点话题。

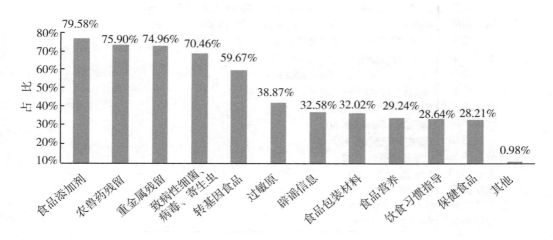

图 6-19　食品安全风险信息类别偏好分布情况

由图 6-20 可知，对于农产品从农田到餐桌的过程中所经历的环节，在 2 336 位被调查者中，1 863 人（79.75%）关注农产品的种植、养殖环节；1 650 人（70.63%）关注原材料的加工环节；对销售、购买环节的关注最少，仅有 805 人（34.46%）。种养殖

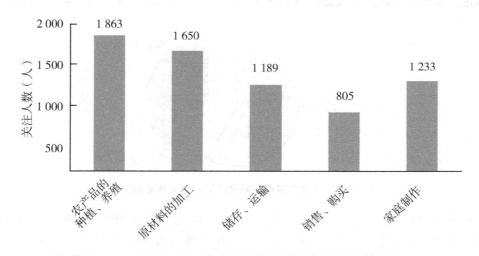

图 6-20　被调查者农产品从农田到餐桌关注环节分布情况

与加工环节是食物生产—销售—食用链中消费者最为关注的两个环节。

（二）预警信息发布渠道及形式

由图 6-21 可知，在 2 336 位被调查者中，在可获得可靠食品安全预警信息下，被调查者最多选择电视节目作为信息获取途径（1 776 人，76.03%），而排名第二、第三的分别是微信（1 426 人，61.04%）和网页新闻（1 401 人，59.97%）。

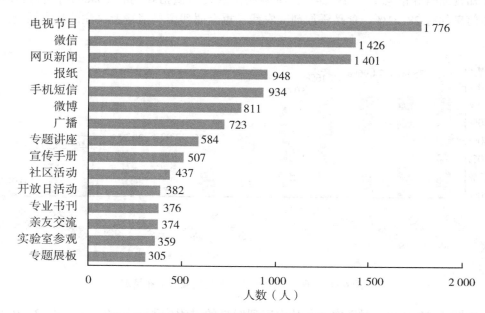

图 6-21 获取食品安全预警信息不同途径选择情况

由图 6-22 可知，关于以微信群的方式接收定期食品安全预警信息，对 2 336 位被调查者进行意愿的调查，结果显示，1 360 人（58.22%）不愿意，976 人（41.78%）愿意。

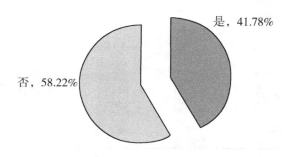

图 6-22 接收微信群定期食品安全预警信息意愿情况

由图 6-23 可知，进一步在关于微信群接收的食品安全预警信息之编辑形式偏好调查中，被调查者最倾向于以小游戏的方式，接收微信群的食品安全预警信息（2 067 人，88.48%），此外依次选择的是语音（1 874 人，80.22%）、视频（1 311 人，56.12%）、图片和文字（192 人，8.22%）。

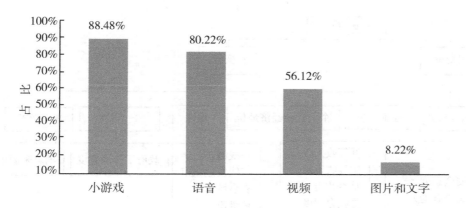

图6-23　微信群接收的食品安全预警信息编辑形式偏好分布情况

六、调查结论

第一，关注食品安全问题的消费者占被调查人数的95.81%，其中非常关注的人群占35.19%。

第二，消费者对食品安全预警的认知程度较低，大多数消费者对"食品安全预警信息"的认知存在偏差。在2 336位被调查者中，在本次调查之前听说过食品安全预警的占42.25%；没有听说过的人数占57.75%。能够完全正确分辨问卷中7道题是否属于"食品安全预警"类者占1.71%。

第三，消费者对政府发布的食品安全预警的认可度及信任度很高，非常相信和相信的消费者人数比例占66%以上，对信息发布主体为政府的食品安全预警信任度为82.28%。

第四，消费者希望可以通过电视节目、微信和网页新闻等传播渠道不定期获取有关食品添加剂、农兽药残留、重金属残留等相关内容的消费提示。

第四节　公众对国家食品安全预警信息的
信任水平及影响因素研究

为进一步研究信任水平及影响因素，本研究依据前期"公众对国家食品安全预警信息认知调查"，形成两个筛选条件：一是被调查者听过"食品安全预警"；二是被调查者对分辨国家食品安全预警信息7道题目，正确率低于或等于3/7。

据此筛选出可用于信息水平研究的问卷670份，采用有序Logistic回归模型两种定量分析方法进行研究。

有序Logistic回归模型适用于因变量为有序变量的回归分析。本研究的因变量即"公众对于预警信息的信任水平"，我们使用李克特5级量表，将信任水平从低到高分为1、2、3、4、5，分别代表"完全不信任""比较不信任""半信半疑""比较信任"和"完全信任"。我们把自变量分为五大类：控制变量、个人社会经济特征变量、政治信任变量、消费者信任层面的社会关系网络变量和地区变量。具体如图6-24所示。

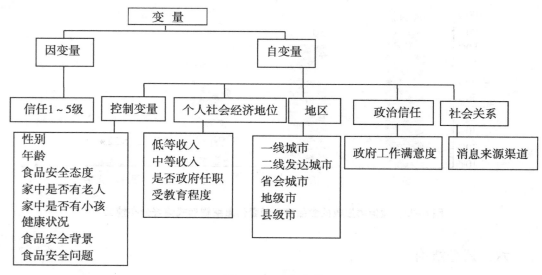

图 6-24　回归变量

一、研究假设

基于国家食品安全预警理论进行的预警信息管理环节的归类和信任解释理论，尝试进行如下研究：第一，探讨公众对国家食品安全预警信息的信任处于何种水平；第二，探讨公众对国家食品安全预警信息的信任受到哪些因素的影响。

在已有研究的基础上，共提出 4 个假设。其中，假设 1 和假设 2，在个人信任层面，检验公众对信息的信任是否受个人社会经济地位和地区变量的影响；假设 3，在政治信任层面，检验公众对信息的信任是否受到对政府工作满意度的影响；假设 4，在消费者信任层面，检验公众对信息的信任是否受到社会关系网络的影响。

假设 1：基于个体普遍信任解释理论考虑，个体社会经济地位越高，对收入财富、工作、权力、教育和社会网络的资源占有越多，其"灾难线"越高，相对易损性越低，他越愿意冒险信任别人。所以，一般认为，较高的社会经济地位有助于形成理性的信任态度。本研究提出假设：个体社会经济地位越高，公众对信息的信任水平越高。

假设 2：基于个体普遍信任中"失信可能性"考虑，信任是社会文化密码的一部分，以某种神秘的方式世代相传的。所以，各个地区由于其不同的社会文化背景和经济政治发展情况，存在不同的社会信任度。本研究假设：公众对信息的信任水平存在地区差异。

假设 3：基于政治信任考虑，个体认为自己对政治的可参与行为将影响其对政治体系的感觉，而 Yang K. 和 Holzer M.（2006）提出，这种感觉在本质上是公民对政府表现的评价结果，所以以公众对政府工作满意度来反映公众的政治参与感，进一步反应公众的信任程度。一般认为，公众的政治参与感越高，对政府工作满意度越高，则对发布预警信息的主体的信任水平越高。由此，本研究提出假设：公众对政府工作满意度越高，对信息的信任水平越高。

假设 4：基于消费者信任考虑，我们认为公众的信息来源渠道可以反映其社会网络的规模，一般来说，信息来源渠道越多元，社会关系越丰富，说明其信息获取率越高，对发布信息主体的动机和能力具有更好的判断，所以对信息的信任度越高。由此，本研究提出假设：公众的社会关系网络越丰富，对信息的信任水平越高。

二、分析模型与变量设置

根据前文的假设，本研究将公众对国家食品安全预警信息的信任水平设为有序分类的因变量，将个体信任感层面的个人社会经济地位、地区变量和政治信任层面的政府工作满意度以及消费者信任层面的社会关系网络 4 个方面的 11 个变量作为自变量，将性别、年龄、食品安全态度等作为控制变量，构建有序 Logistic 回归模型如下：

$$Y_i = \beta_0 + \beta_1 LINC + \beta_2 MINC + \beta_3 GOV + \beta_4 EDU + \beta_5 SATGOV + \beta_6 SOCNET + \beta_7 LOC1 + \beta_8 LOC2 + \beta_9 LOC3 + \beta_{10} LOC4 + \beta_{11} LOC5 + \beta_{12} MALE + \beta_{13} AGE + \beta_{14} ATTI + \beta_{15} OLD + \beta_{16} CHILD + \beta_{17} HEALTH + \beta_{18} BAC + \beta_{20} EXP + \varepsilon_i$$

式中，β_0 是常数项，β_1、$\beta_2 \cdots \beta_i$ 为各自变量的回归系数，变量定义如表6-4中所示，ε_i 是随机扰动项。

表6-4 变量基本统计情况

变量类型及名称		变量定义	平均值	标准误	最小值	最大值
自变量	家庭人均月收入	低等收入=1 999元及以下（参照组）	0.100	0.300	0	1
		中等收入=2 000-7 999元，二元变量，1=是，0=否	0.640	0.480	0	1
		高等收入=8 000元及以上，二元变量，1=是，0=否	0.260	0.439	0	1
	政治地位	家中是否有人在政府任职，二元变量，1=是，0=否	0.324	0.468	0	1
	受教育水平	被调查者最高受教育程度，分类变量，1=初中及以下，2=高中或中专，3=本科或大专，4=硕士及以上	3.106	0.824	1	4
	政治信任	政府工作满意度，连续变量	4.011	0.962	1	5
	社会关系网络	消息来源渠道，连续变量	4.856	2.966	1	15
	地区变量	一线城市，二元变量，1=是，0=否	0.348	0.476	0	1
		二线发达城市，二元变量，1=是，0=否	0.123	0.328	0	1
		省会城市，二元变量，1=是，0=否	0.195	0.396	0	1
		地级市，二元变量，1=是，0=否	0.155	0.362	0	1
		县级市，二元变量，1=是，0=否	0.112	0.316	0	1
		乡镇及以下，二元变量，1=是，0=否	0.067	0.250	0	1

（续表）

变量类型及名称		变量定义	平均值	标准误	最小值	最大值
	性别	二元变量，1=男性，0=女性	0.461	0.499	0	1
	年龄	分类变量，1=18岁及以下，2=18岁<年龄≤25岁，3=25岁<年龄≤30岁，4=30岁<年龄≤40岁，5=40岁<年龄≤50岁，6=50岁<年龄≤60岁，7=60岁以上	3.369	1.341	1	7
	食品安全态度	分类变量，1=完全不关注，2=不太关注，3=有点关注，4=比较关注，5=非常关注	4.123	0.817	1	5
控制变量	家中是否有老人	二元变量，1=是，0=否	0.593	0.491	0	1
	家中是否有小孩	二元变量，1=是，0=否	0.375	0.484	0	1
	健康状况	分类变量，1=较差，2=一般，3=较好，4=很好	2.938	0.781	1	4
	食品安全背景	二元变量，1=是，0=否	0.214	0.410	0	1
	食品安全问题	近半年是否有因为食品引发呕吐、腹泻等，二元变量，1=是，0=否	0.844	0.363	0	1
因变量						
	信息总体信任水平	有序分类变量，1=完全不相信，2=比较不相信，3=半信半疑，4=比较相信，5=完全相信	4.243	0.979	1	5

对个人社会经济地位的测量主要参考韦伯的"三位一体"社会分层标准设置变量。通过"是否在政府或事业单位任职"测量被调查者的政治地位；通过"受教育程度"测量其文化地位；通过"家庭人均月收入"测量其经济地位。

在地区变量设置上，本研究参考2016中国城市等级划分和行政区划，设计为"一线城市：北京、上海、广州、深圳、天津""二线发达城市：杭州、南京、济南、重庆、青岛、大连、宁波、厦门""其他省会城市""地级市""县级市""乡镇及以下"。

对政治信任的测量用"对政府开展的食品安全预警工作的满意度评价"进行测量，题干设置为"政府已经开展了以下工作，请以满意度进行政府工作评价"（分数越高，满意度越高），使用从"1"到"5"的李克特量表，综合所有题目得到平均分。

对社会关系网络的测量通过"获取食品安全预警信息途径"变量进行测量，以代表样本获取信息的社会关系网络的规模。

三、结果分析

（一）公众对国家食品安全预警信息信任水平的描述性分析

1. 公众对预警信息的总体信任水平

如表6-5所示，样本对预警信息的总体信任水平的均值为4.24（标准差为0.98）；在95%的置信水平上，公众对预警信息总体信任水平均值的置信区间为（4.20，4.28），介于比较信任与完全信任之间。统计结果显示，2 336位被调查者，选择"完全相信"（1 398人，59.85%）最多，其次是"半信半疑"（731人，31.29%）和"比较相信"（165人，7.06%）。

表6-5 公众对国家食品安全预警信息的总体信任程度分布

项　目	完全不相信	比较不相信	半信半疑	比较相信	完全相信
人数（人）	16	26	731	165	1 398
占比（%）	0.68	1.11	31.29	7.06	59.85

2. 公众对预警信息信任的结构特征

如表6-6所示，通过本研究证明，在对预警信息的结构性信任，即发布信息与撤销信息两个侧面上，公众对于预警信息撤销的信任度低于预警信息发布的信任度。公众对于发布的预警信息的信任水平均值为3.84，而对于撤销的预警信息信任水平均值为3.44，进一步说来，分别有10.74%和64.90%的人，看到发布的食品安全预警信息时，会"完全相信"或"比较相信"，仅有0.47%的人"完全不信"食品安全预警信息。对于撤销食品安全预警信息，有1 137人（48.67%）表示完全相信或比较相信，有225人（9.63%）认为不太相信或完全不信。可能的解释是，预警信息本身就是有损公众信任的负面事件，要公众对于负面事件重新建立信任，往往比较困难。

表6-6 公众对国家食品安全预警信息的信任结构特征

项　目	完全不相信		比较不相信		半信半疑		比较相信		完全相信	
	人数（人）	占比（%）	人数（人）	占比（%）	人数（人）	占比（%）	人数（人）	占比（%）	人数（人）	占比（%）
发布信息	11	0.47	40	1.71	518	22.17	1 516	64.90	251	10.74
撤销信息	37	1.58	188	8.05	974	41.70	977	41.82	160	6.85

（二）公众对国家食品安全预警信息的信任影响因素分析

根据前文假设，本研究设置了5个回归方程。其中，方程1考察控制变量对公众对预警信息信任的影响；方程2至方程5分别考察在回归方程中依次加入个人社会经济地位变量、地区变量、政治信任变量、社会关系网络变量后影响因素作用的变化，而方程5的拟合优度为0.0749，回归结果见表6-7。

表 6-7　回归结果

变　量		方程 1	方程 2	方程 3	方程 4	方程 5
控制变量	性别（参照组：女性）	0.099	0.113	0.118	0.150 *	0.169 *
	年龄	0.284 ***	0.288 ***	0.291 ***	0.306 ***	0.314 ***
	食品安全态度	0.505 ***	0.491 ***	0.493 ***	0.468 ***	0.450 ***
	家中老人（参照组：无）	0.041	0.053	0.061	0.043	0.037
	家中小孩（参照组：无）	0.273 **	0.310 **	0.330 ***	0.328 ***	0.312 **
	健康状况	0.056	0.049	0.047	0.035	0.041
	食品安全背景（参照组：无）	-0.102	-0.151	-0.159	-0.153	-0.149
	食品安全问题（参照组：无）	0.296 **	0.296 **	0.299 **	0.289 **	0.278 **
个人社会经济特征	低等收入（参照组：否）	—	-0.082	-0.044	-0.021	-0.014
	中等收入（参照组：否）	—	0.191 *	0.234 **	0.230 **	0.232 **
	政府任职（参照组：否）	—	0.054	0.074	0.056	0.052
	受教育程度	—	0.139 **	0.116 *	0.145 **	0.137 **
地　区	一线城市（参照组：否）	—	—	0.194	0.146	0.158
	二线发达城市（参照组：否）	—	—	0.126	0.085	0.078
	省会城市（参照组：否）	—	—	0.016	-0.022	-0.046
	地级市（参照组：否）	—	—	-0.053	-0.079	-0.086
	县级市（参照组：否）	—	—	0.119	-0.069	0.080
政治效能感	政府工作满意度	—	—	—	0.310 ***	0.295 ***
社会网络	消息来源渠道	—	—	—	—	0.043 ***

　　由方程 1 估计结果可知，控制变量年龄、食品安全态度、家中是否有小孩、食品安全问题对于公众对国家食品安全预警信息的信任水平有显著正向影响。

　　方程 2 主要探讨个人社会经济地位的作用，个人社会经济地位从经济地位、政治地位与受教育水平考虑，对社会经济资源占有降低了公众的相对易损性，提高了人们理性的信任感。由估计结果可以看出，相比于"低等收入"及"高等收入"的公众，中等收入对公众的信任水平起到在 90% 的置信区间上的显著正向影响；与此同时，受教育程度越高，公众对信息的信任水平也就越高。可见，个人社会经济地位对提升公众对国家食品安全预警信息的信任水平有显著正向作用。因此，假设 1 得到了证实。

　　方程 3 主要探讨地区变量的影响，回归结果可以看出，在加入地区后，控制变量、社会经济地位对公众信任水平作用方向保持一致。就地区变量而言，均对公众信任没有显著影响。可能的解释是，中国还是拥有较为统一的信任文化，所以各个地区的差别不大。因此，假设 2 在此研究中得到了相反的结果。

方程 4 探讨政府信任的影响，估计结果得知，在加入政治信任变量后，控制变量中，性别变量首次出现在 90% 显著水平上对信任水平的正向影响，即相比于女性，男性对信息的信任水平更高。与此同时，对政府工作的满意度越高，对信息的信任水平越高。因此，假设 3 得到了证实。

方程 5 探讨社会关系网络的影响可知，在加入社会关系网络变量后，方程 4 中对因变量有显著影响的各变量的影响都保持不变。与此同时，消息来源渠道变量在 99% 的置信水平上显著，即公众的消息来源渠道越丰富，对信息的信任水平越高。公众对信息的信任同时受到社会关系网络水平的影响，信息渠道越多元，说明关系网络规模、强度与广度越大，人们主动获取信息的意识越强烈，反复核实信息的能力越夯实，在某种层面上，主观地减少了个人对食品安全的信息不对称情况，对提升信任水平有显著正向影响。因此，假设 4 得到了证实。

四、研究结论

了解公众对国家食品安全预警信息的信任水平、结构特征及其影响因素，对指导我国的食品安全预警信息管理有着重要作用。本研究基于信任解释理论，综合信任来源指标，探究公众对于国家食品安全预警信息信任水平的不同及其产生的原因，主要得到以下结论。

第一，公众对国家食品安全预警信息信任水平呈现"较为信任"的状态，即介于"比较信任"与"完全信任"之间，且趋向于"比较信任"。与此同时，公众对于撤销预警信息的信任明显低于发布预警信息。这说明，我国公众对预警信息信任水平较高，国家对于提高公众对预警信息信任水平的后续工作有较好的前期基础，但发布与撤销两端的信任失衡，国家需要予以重视。

第二，个人社会经济特征、政治信任水平和社会关系网络水平都对公众对预警信息的信任水平有着显著正影响，但是地区变量不显著。一方面，国家可以从提高公众个人社会经济水平、公众政治信任和促进公众社会关系网络多元化 3 个角度增加公众对于预警信息的信任水平，以保证预警工作的有效性，从而更好地在源头减少食品安全问题；另一方面，由于地区变量不显著，所以预警信息系统可以实现全国统一管理，以在不影响预警工作有效性的前提下，控制国家食品安全预警工作的成本。

第五节　利用微信平台对公众科普消费提示的效果评估

一、干预对象基本情况

从 2016 年 12 月至 2017 年 3 月正式调研的 2 336 个调查对象中，选取 279 名有意向参与干预教育的对象进行干预实验，其基本情况见表 6-8。性别构成方面，男女较为均衡；年龄构成方面，20~29 岁居多，约占 59%；民族方面，汉族占到了 95.7%；常住地为城镇的有 244 人，占到 87.5%；中共党员和共青团员的占比分别为 37.3% 和31.5%；职业方面，学生、企业职员、政府或事业单位职员的比例分别为 34.8%、

22.2%和20.1%；82.4%的干预对象的职业与食品无关，79.6%的干预对象没有接受过食品专业教育；具有本科学历的干预对象有122人，占比最大为43.7%；50.5%的干预对象对自己的健康状况评价较好，有79名干预对象评价自己的健康状况一般，约占28.3%，详见表6-8。

表6-8 干预对象的一般人口学特征（$n=279$）

项　目		人数（人）	比例（%）
性　别	男	138	49.5
	女	141	50.5
年　龄	20岁以下	5	1.8
	20~29岁	165	59.1
	30~39岁	48	17.2
	40~49岁	32	11.5
	50~59岁	25	9
	60岁以上	4	1.4
民　族	汉族	267	95.7
	其他	12	4.3
常住地是否为城镇	是	244	87.5
	否	35	12.5
常住城市	一线城市	88	31.5
	二线城市	21	7.5
	三线城市	170	60.9
政治面貌	中共党员	104	37.3
	共青团员	88	31.5
	无党派人士	82	29.4
	其他民主党派	5	1.8
职　业	政府或事业单位	56	20.1
	企业职员	62	22.2
	个体经营户	21	7.5
	自由职业者	19	6.8
	学生	97	34.8
	其他	24	8.6
职业是否与食品有关	是	49	17.6
	否	230	82.4

（续表）

项　目		人数（人）	比例（%）
是否接受过食品专业教育	是	57	20.4
	否	222	79.6
最高学历	小学	4	1.4
	初中	18	6.5
	高中（包括中专、高职）	27	9.7
	大专	28	10
	本科	122	43.7
	硕士	69	24.7
	博士	11	3.9
您对自己的健康状况评价如何	很好	50	17.9
	较好	141	50.5
	一般	79	28.3
	较差	9	3.2
	非常差	0	0

在 279 名干预对象中，家庭人均月收入金额在 3 000~5 000 元区间的有 75 人，约占样本总体的 26.9%，5 000~8 000 元区间的有 67 人，约占 24%；家庭人均月消费金额在 2 000~3 000 元区间的有 79 人，约占 28.3%；家庭人均月消费金额在 3 000~5 000元区间的有 58 人，约占 20.8%。食品支出占家庭人均月消费金额比例为 21%~40% 和41%~60% 的分别为 127 人和 86 人，约占 45.5% 和 30.8%。和父母、子女共同生活的干预对象中，39.8% 的干预对象的父母大于或等于 60 周岁，19.4% 的干预对象的子女小于或等于 16 周岁，详情数据见表 6-9。

表 6-9　干预对象的家庭情况（n=279）

项　目		人数（人）	比例（%）
家庭人均月收入金额	1 000 元以下	9	3.2
	1 000~2 000 元	20	7.2
	2 000~3 000 元	42	15.1
	3 000~5 000 元	75	26.9
	5 000~8 000 元	67	24.0
	8 000~15 000 元	42	15.1
	15 000 元以上	24	8.6

（续表）

项　目		人数（人）	比例（%）
家庭人均月消费金额	1 000 元以下	30	10.8
	1 000~2 000 元	71	25.4
	2 000~3 000 元	79	28.3
	3 000~5 000 元	58	20.8
	5 000~8 000 元	26	9.3
	8 000~15 000 元	11	3.9
	15 000 元以上	4	1.4
食品支出占家庭人均月消费金额的比例	0%~20%	43	15.4
	21%~40%	127	45.5
	41%~60%	86	30.8
	61%~80%	18	6.5
	81%~100%	5	1.8
家中的父母是否大于或等于 60 周岁	是	34	12.2
	否	111	39.8
家中的子女是否小于或等于 16 周岁	是	54	19.4
	否	38	13.6

二、干预效果评估

干预实验中，基线调研让 279 名干预对象填写干预前调查问卷，随后干预组成员通过微信平台分次发放科普材料，学习周期结束后干预对象再次填写问卷，如表 6-10 和表 6-11 显示了干预对象在学习科普材料之前和之后针对同样的问题时给出答案的变化情况。所有调查数据经逻辑检错后，采用 spss 13.0 统计软件计算干预前后的 t 值、相关性和显著性水平，检验水准 $\alpha = 0.05$。其中当 P 小于 0.05 时，说明干预前后差异具有统计学意义；当 P 大于或等于 0.05 时，说明干预前后差异无统计学意义。从表 6-9 数据可以看出，只有"鸡蛋中含有较高的胆固醇，外源性的胆固醇就会诱发血脂升高，因此高胆固醇的消费者应该拒绝蛋黄""家庭自制豆浆时，煮至沸腾，便可关火""豆浆和牛奶主要成分都是蛋白质，可以相互替代，并且亚洲人的体质更适合饮用豆浆"这 3 个问题的回答干预前后 P 值大于 0.05，干预前后差异无统计学意义；其余针对科普材料和认知程度的问题，干预前后各个选项的选择比率变化大，干预前后差异具有统计学意义。对 3 个干预前后差异不明显的问题，可能的原因是干预对象在接受干预教育之前，对这 3 个知识点已经比较了解，并且这 3 个知识点和人们日常生活联系比较紧密，所以干预前回答的正确率比较高，影响了实验结果的一致性。

表6-10 干预前后调查对象的认知变化情况 (n=279)

问题	选项	干预前 人数(人)	干预前 比例(%)	干预后 人数(人)	干预后 比例(%)	比例变化(%)	t值	相关性	显著性
蛋壳的颜色有白色、红色、青色、褐色等，与产蛋鸡的品种有关，也与鸡蛋的营养价值有关，红色蛋壳的鸡蛋营养价值最高	对	63	22.6	18	6.5	-16.1	-5.911	0.137	0.022
	错	216	77.4	261	93.5	16.1			
鸡蛋中含有较高的胆固醇，外源性的胆固醇会诱发血脂升高，因此高胆固醇的消费者应该拒绝蛋黄	对	154	55.2	32	11.5	-43.7	-12.791	0.075	0.209
	错	125	44.8	247	88.5	43.7			
"土鸡蛋"与普通鸡蛋相比具有更高的营养价值	对	139	49.8	28	10.0	-39.8	-12.640	0.216	0.000
	错	140	50.2	251	90.0	39.8			
《中国居民膳食指南（2016版）》建议，每周食用蔬果的种类应在（ ）种以上	5种	64	22.9	21	7.5	-15.4	-0.183	0.235	0.000
	10种	123	44.1	198	71.0	26.9			
	15种	66	23.7	42	15.1	-8.6			
	20种	26	9.3	18	6.5	-2.9			
《中国居民膳食指南（2016版）》推出的餐盘中，蔬菜水果占一半左右，建议普通消费者每天应该食用300~500g蔬菜，其中（ ）蔬菜应占一半以上	深色	59	21.1	212	76.0	54.8	16.103	0.145	0.016
	浅色	27	9.7	9	3.2	-6.5			
	绿色	193	69.2	58	20.8	-48.4			
水果和蔬菜的营养成分相近，可以用吃水果代替吃蔬菜	对	34	12.2	8	2.9	-9.3	-4.479	0.133	0.026
	错	245	87.8	271	97.1	9.3			
由于生鲜菜叶含有一定量的硝酸盐，在腌渍过程中，硝酸盐也会还原成亚硝酸盐。比如家庭腌制酸菜，通常情况下，亚硝酸盐含量会在第六天达到最高，但随后会逐渐降低，（ ）天后基本分解，所以家庭腌渍蔬菜要注意食用时间	10	62	22.2	14	5.0	-17.2	-7.659	0.230	0.000
	15	118	42.3	50	17.9	-24.4			
	20	56	20.1	205	73.5	53.4			
	30	43	15.4	10	3.6	-11.8			

（续表）

问题	选项	干预前		干预后			t值	相关性	显著性
		人数（人）	比例（%）	人数（人）	比例（%）	比例变化（%）			
《食品安全国家标准 食品添加剂使用标准》（GB 2760—2014）中的添加剂，只要按照规定使用，有益无害	对	117	41.9	176	63.1	21.1	5.706	0.199	0.001
	错	162	58.1	103	36.9	-21.1			
我国的食品添加剂种类比美国和欧盟的多	对	164	58.8	46	16.5	-42.3	-12.695	0.195	0.001
	错	115	41.2	233	83.5	42.3			
"不含防腐剂""零添加"的食品更安全	对	145	52.0	33	11.8	-40.1	-13.455	0.330	0.000
	错	134	48.0	246	88.2	40.1			
苏丹红、三聚氰胺是食品添加剂	对	93	33.3	29	10.4	-22.9	-7.786	0.257	0.000
	错	186	66.7	250	89.6	22.9			
速生鸡是激素催大的	对	219	78.5	54	19.4	-59.1	-18.253	0.102	0.089
	错	60	21.5	225	80.6	59.1			
家庭自制豆浆时，煮至沸腾，便可关火	对	67	24.0	22	7.9	-16.1	-5.626	0.116	0.054
	错	212	76.0	257	92.1	16.1			
豆浆和牛奶主要成分都是蛋白质，可以相互替代，并且亚洲人的体质更适合饮用豆浆	对	118	42.3	65	23.3	-19.0	-5.165	0.112	0.062
	错	161	57.7	214	76.7	19.0			
下列哪种材质的保鲜膜质量最好	PVC	103	36.9	33	11.8	-25.1	-0.899	0.289	0.000
	PVDC	75	26.9	202	72.4	45.5			
	PE	101	36.2	44	15.8	-20.4			

表6-11　干预前后调查对象的行为变化情况 （n=279）

问题	选项	干预前 人数（人）	干预前 比例（%）	干预后 人数（人）	干预后 比例（%）	比例变化（%）	t值	相关性	显著性
您对食品安全的关注程度	非常关注	52	18.6	124	44.4	25.8			
	比较关注	153	54.8	111	39.8	-15.1			
	有些关注	55	19.7	36	12.9	-6.8	7.516	0.375	0.000
	不太关注	18	6.5	7	2.5	-3.9			
	完全不关注	1	0.4	1	0.4	0.0			
您听说过食品安全预警吗？	是	141	50.5	204	73.1	22.6	6.529	0.257	0.000
	否	138	49.5	75	26.9	-22.6			
国家食品药品监督管理总局在门户网站上设置了"食品安全预警交流"专栏，会发布"食品安全风险解析"与"食品安全消费提示"的内容，您是否知晓这一情况？	知道	63	22.6	156	55.9	33.3	9.475	0.186	0.002
	不知道	216	77.4	123	44.1	-33.3			
您是否会主动查阅国家食品药品监督管理总局的门户网站？	是	46	16.5	98	35.1	18.6	5.587	0.159	0.008
	否	233	83.5	181	64.9	-18.6			
当您看到国家发布某产品的预警信息时，您会怎么做？	非常相信，拒绝购买	151	54.1	154	55.2	1.1			
	相信，但仍然购买	31	11.1	31	11.1	0.0			
	半信半疑，视情况而定	88	31.5	80	28.7	-2.9	-0.047	0.291	0.000
	不相信，继续购买	3	1.1	6	2.2	1.1			
	与我无关，无所谓	6	2.2	8	2.9	0.7			

（续表）

问 题	选 项	干预前 人数（人）	干预前 比例（%）	干预后 人数（人）	干预后 比例（%）	比例变化（%）	t值	相关性	显著性
当您看到撤销销售安全风险预警信息时，您会相信吗？	完全相信	39	14.0	67	24.0	10.0			
	比较相信	101	36.2	114	40.9	4.7			
	半信半疑	112	40.1	78	28.0	-12.2	4.285	0.280	0.000
	不太相信	23	8.2	17	6.1	-2.2			
	完全不信	4	1.4	3	1.1	-0.4			
您更相信谁发布的信息？	政府相关部门	155	55.6	175	62.7	7.2			
	食品行业协会	58	20.8	52	18.6	-2.2			
	消费者协会	22	7.9	21	7.5	-0.4	2.245	0.310	0.000
	电视、报纸、门户网站等传统媒体	18	6.5	14	5.0	-1.4			
	微信、微博等新媒体	7	2.5	4	1.4	-1.1			
	与食品有关的公益团队	19	6.8	13	4.7	-2.2			
当您在朋友圈看到有关食品不安全的消息时，您会如何做？	向专业人士求证	108	38.7	155	55.6	16.8			
	不管真假，直接转发	24	8.6	23	8.2	-0.4	4.866	0.265	0.000
	不转发，但不再购买提及的食品	147	52.7	101	36.2	-16.5			
听到周围有人谈论食品安全的谣言，您是否会主动上前解释？	是	117	41.9	148	53.0	11.1	3.199	0.319	0.000
	否	162	58.1	131	47.0	-11.1			

第六节　政策建议

一、加强科普宣传，提高消费者对食品安全风险的认知程度和有效性，提升政府工作满意度

调查结果显示了解食品安全预警的消费者比例很低，在农村地区比例更低。同时对食品安全越重视的人，越信任国家食品安全预警信息。目前消费者获取的食品安全信息主要为发生食品安全事件后的新闻报道，很少有消费者主动去获取关于食品安全科普类知识，这也为预警交流设置了一定的障碍。因此，政府应加强传达基于风险评估的科学性较强的食品安全预警信息，可以在电视、路口（包括地铁站）等处布置关于食品安全预警的公益广告，印发关于食品安全预警的小册子、宣传单对大众进行食品安全基本知识的科普教育。同时，政府部门应通过改进宣传方式，让消费者更多了解已经开展的相关工作，并针对消费者的期望完善工作，满足消费者的需求，从而提高消费者对政府的认可度及信任度，提升政府工作满意度。

二、创新交流形式，提升消费者参与度

由于公众对食品安全预警信息的信任嵌入在社会网络之中，特别是信息网络中，近年来新媒体（如微信、微博、手机 App 等）传播形式的出现极大冲击了消费者获取信息的数量与模式，利用新媒体，定期推送食品安全风险信息，拓宽信息发布渠道，让消费者在日常生活中，逐渐提升自身食品安全知识素养，提高食品安全预警的认知水平，提升消费者在食品安全预警工作中的参与度。

三、选择重点人群预警，以部分带动整体

由于年龄越大、近期曾经历过食品安全问题以及中等收入人群对预警信息越信任。这说明政府可先对年长，以及出现过食品安全问题的公众有针对性地发布时效性的预警信息，提升预警信息的参考价值，再以部分人带动全体公众，以提升对国家食品安全预警信息的信任度。

四、完善食品安全隐患处置通报信息

调研发现有 47% 的公众对食品安全隐患处置撤回信息半信半疑，极大影响了政府工作的信任度，建议根据具体情况，对存在质疑或确定已可以排除的风险通过多渠道及时通报，让消费者尽早消除疑虑，并探究影响信任原因，进一步完善食品安全预警体系。

参考文献

白茹, 2014. 基于信号分析的食品安全预警研究 [J]. 情报杂志, 33 (9): 13-16, 32.

包大跃, 2006. 食品安全危害与控制 [M]. 北京: 化学工业出版社.

彼得·什托姆普卡, 2005. 信任: 一种社会学理论 [M]. 程胜利, 译. 北京: 中华书局出版社.

蔡苑乔, 2010. 日本农产品质量安全管理概况及启示 [J]. 广东科技 (4): 43-45.

陈君石, 2003. 危险性评估与食品安全 [J]. 中国食品卫生杂志 (1): 3-6.

陈廷贵, 黄波, 2010. 日本良好农业规范的实践与启示 [J]. 世界农业 (5): 62-65.

陈卫平, 李彩英, 2014. 消费者对食品安全信任影响因素的实证分析 [J]. 农林经济管理学报 (6): 651-662.

陈迎, 李勇, 2014. 论我国食品安全风险预警机制的完善 [J]. 中国商贸 (1): 183-197.

程景民, 2014. 食品安全预警体系研究 [M]. 北京: 经济日报出版社.

仇焕广, 黄季焜, 杨军, 2007. 政府信任对消费者行为的影响研究 [J]. 经济研究 (6): 65-74.

戴权龄, 刘起运, 胡显佑, 等, 1998. 数量经济学 [M]. 北京: 中国人民大学出版社.

戴行信, 2002. 预警的数学理论研究 [J]. 武汉理工大学 (交通科学与工程版) (2): 195-198.

丁燕, 2008. 英国食品标准局禁售 Sovio 低度葡萄酒 [J]. 中外葡萄与葡萄酒 (1): 73.

方秋莲, 贺伟奇, 刘再明, 2006. 大学毕业生综合素质的模糊综合评价 [J]. 运筹与管理 (4): 154-158.

付文丽, 孙赫阳, 杨大进, 等, 2015. 完善中国食品安全风险预警体系 [J]. 中国公共卫生管理, 31 (3): 310-312, 389.

高姗姗, 2013. 美国、欧盟与日本食品安全监管体系与机制 [J]. 世界农业 (3): 33-36.

高秀芬, 杨大进, 2014. 国内外食品安全风险预警比较研究 [J]. 中国卫生工程学, 13 (3): 254-256.

苟变丽, 2004. 食品安全预警框架构建 [D]. 北京: 中国人民大学.

顾军华, 赵文海, 2003. 基于改进 BP 神经网络的税收收入预测模型 [J]. 河北工业大学学报 (1): 39-43.

国家食品安全信息中心, 2014. 英国食品标准局发布 2014 年食品安全重点 [J]. 食品与机械 (1): 266.

韩春花, 李明权, 2009. 浅析日本的食品安全风险分析体系及其对我国的启示 [J]. 农业经济 (6): 71-73.

何平, 陈曦, 林建国, 等, 2013. 对我国食品安全风险监测和预警工作的分析建议 [J]. 中国酿造, 32 (10): 154-156.

胡金摈, 唐旭清, 2004. 人工神经网络的 BP 算法及其应用 [J]. 信息技术 (4): 1-4.

胡子义, 彭岩, 2005. 基于 AHP-Fuzzy 的智能决策模型建立及应用 [J]. 计算机系统应用 (5): 55-58.

黄亚莉, 2014. 美国食品安全监管体系及其对我国的启示 [D]. 西安: 陕西师范大学.

江金波, 2001. AHP 法在梅州旅游资源定量评价中的运用 [J]. 地理学与国土研究 (2): 92-96.

蒋定国, 李宁, 杨杰, 等, 2012. 2010 年我国食品化学污染物风险监测概况、存在问题及建议 [J]. 中国食品卫生杂志, 24 (3): 259-264.

靳景玉, 刘朝明, 韩斌, 2005. 区域风险投资环境的 AHP 模糊综合评价 [J]. 西南交通大学学报 (3): 379-384.

景军霞, 2010. 我国突发社会安全事件应急法制建设研究 [D]. 西北民族大学.

李彬, 李忠海, 2012. 地市级政府食品安全预警系统构建 [J]. 食品与机械, 28 (3): 104-107.

李聪, 2006. 食品安全监测与预警系统 [M]. 北京: 化学工业出版社.

李宁, 严卫星, 2011. 国内外食品安全风险评估在风险管理中的应用概况 [J]. 中国食品卫生杂志, 23 (1): 13-17.

李宁, 杨大进, 郭云昌, 等, 2011. 我国食品安全风险监测制度与落实现状分析 [J]. 中国食品学报, 11 (6): 5-8.

李文云, 纪双城, 2012. 英国食品标准局餐桌守护神 [J]. 标准生活 (6): 56-59.

李哲敏, 2004. 食品安全内涵及评价指标体系研究 [J]. 北京农业职业学院学报 (2): 18-19.

林雪玲, 叶科泰, 2006. 日本食品安全法规及食品标签标准浅析 [J]. 标准科学 (2): 58-61.

刘畅, 2010. 日本食品安全规制研究 [D]. 长春: 吉林大学.

刘刚, 2016. 基于互联网的食品安全风险治理研究——信息工具视角 [J]. 山西农业大学学报: 社会科学版, 15 (10): 740-744.

刘怀亮, 王东, 徐国华, 2002. Fuzzy-AHP 法评价 Intranet 安全 [J]. 计算机工程

（1）：50-52.

刘忠敏，回宝样，杨杨，2005. 企业竞争力的 AHP-Fuzzy 评价及诊断［J］. 山东工商学院学报（1）：69-72.

柳松青，2003. MATLAB 神经网络 BP 网络研究与应用［J］. 计算机工程与设计（11）：81-83，88.

楼文高，2002. BP 神经网络模型在水环境质量综合评价应用中的一些问题［J］. 水产学报（1）：90-96.

卢铁光，杨广林，付强，2003. 基于 AHP 方法的三江平原农业水资源供需状况评价与分析［J］. 农业系统科学与综合研究（1）：53-55.

罗斌，2006. 日本、韩国农产品质量安全管理模式及现状［J］. 广东农业科学（1）：72-75.

马琳，2014. 信息不对称情况下食品安全监管的博弈分析［J］. 江苏农业科学，42（9）：262-264.

麦乐，2011. 英国食品标准局发布新的国家食品安全发展战略规划［J］. 粮食与食品工业（3）：50.

梅灿辉，龙红，2013. 提高我国食品安全风险监测评估体系有效性的思考［J］. 农产品加工·学刊，325（8）：56-61.

农业部农业贸易促进中心政策研究所，中国农业科学院农业信息研究所情报研究室，2014. 英国食品标准局公布 2014 年科研重点［J］. 世界农业（1）：190.

潘杰，张冰，2012. 老酸奶再陷添加剂风波专家称食用级明胶安全无害［N/OL］.（2012-04-09）［2013-05-07］. http：//news. hexun. com/2012-04-09/140206048. html.

齐向东，1997. 日本的消费者教育［J］. 国外社会科学（3）：66-68.

任琳，2011. 英国食品标准局发布大肠杆菌预防指南［J］. 中国牧业通讯（8）：55.

任智华，2010. 日本农产品质量安全管理现状及对中国业的影响［J］. 农业科技与装备（1）：13-15.

上海市食品药品监督管理局科技情报研究所，上海市食品药品安全研究中心，2012. FDA 有关食品安全措施的议题快讯［J］. 国外食品安全动态（10）：19.

佘从国，席西民，2003. 我国企业预警研究理论综述［J］. 预测（2）：23-29.

施锦芳，2011. 日本农产品安全与业发展问题［J］. 日本研究（1）：18-22.

施京京，2008. 英国食品标准局研究面包盐分控制［J］. 中国质量技术监督（4）：76.

施用海，2010. 日趋严格的日本食品安全管理［J］. 对外经贸实务（2）：45-47.

石莉，2011. 加拿大召回制度严密、严格、严厉［J］. 农产品市场周刊（25）：32-33.

宋慧宇，2013. 食品安全监管模式改革研究——以信息不对称监管失灵为视角［J］. 行政论坛（4）：89-94.

宋稳成，单炜力，叶纪明，等，2009. 国内外农药最大残留限量标准现状与发展趋势 [J]. 农药学学报 (4)：414-420.

孙东川，林福永，2004. 系统工程引论 [M]. 北京：清华大学出版社.

唐民皓，2008. 食品药品安全与监管政策研究报告 (2008 年卷) [M]. 北京：社会科学文献出版社.

唐晓纯，2008. 多视角下的食品安全预警体系 [J]. 中国软科学 (6)：150-160.

唐晓纯，2008. 食品安全预警理论、方法与应用 [M]. 北京：中国轻工业出版社.

唐晓纯，2013. 国家食品安全风险监测评估与预警体系建设及其问题思考 [J]. 食品科学 (15)：342-348.

唐晓纯，苟变丽，2005. 食品安全预警系统框架构建研究 [J]. 食品科学 (12)：246-249.

唐晓纯，许建军，瞿晗屹，等，2012. 欧盟 RASFF 系统食品风险预警的数据分析研究 [J]. 食品科学，33 (5)：285-292.

唐幼纯，吴忠，王裕明，2005. 基于神经网络的商业街区形象满意度模型 [J]. 商业研究 (11)：48.

陶骏昌，陈凯，杨汭华，1994. 农业预警概论 [M]. 北京：北京农业大学出版社.

滕玮峰，2004. 旅游安全因素重要权值分析——AHP 及计算机分析软件的运用 [J]. 浙江万里学院学报 (5)：49-52.

田北海，王彩云，2017. 民心从何而来？——农民对基层自治组织信任的结构特征与影响因素 [J]. 中国农村观察 (1)：67-81.

王超，2010. 重大突发事件的政府预警管理模式研究 [M]. 北京：法律出版社.

王大宁，2004. 食品安全风险分析指南 [M]. 北京：中国标准出版社.

王金晶，2008. 食品安全管理预警机制研究 [D]. 南京：南京理工大学.

王菁，李崇光，2011. 食品安全风险监测的内涵、作用及相关建议 [J]. 中国食物与营养，17 (1)：10-13.

王俊豪，孙少春，2005. 信息不对称与食品安全管制——以"苏丹红"事件为例 [J]. 商业经济与管理 (9)：9-12.

王绍兴，刘欣，2002. 信任的基础：一种理性的解释 [J]. 社会学研究 (3)：23-39.

王世琨，李光宇，2013. 食品安全风险预警及影响其有效性的因素 [J]. 中国标准化 (11)：77-80.

王鲜华，2001. 英国食品标准局 (FSA) 保护公众健康和消费者利益的作法 [J]. 中国标准化 (12)：60-61.

王莹，2013. 食品安全预警系统关键技术研究 [D]. 武汉：武汉大学.

王振宇，2010. 欧洲食品安全局发布第二份食品中农药残留年度报告 [J]. 农药研究与应用，14 (4)：46.

魏益民，刘为军，潘家荣，2008. 中国食品安全控制研究 [M]. 北京：科学出版社.

魏益民，潘家荣，郭波莉，2009. 食品安全学导论 [M]. 北京：科学出版社.

魏益民，魏帅，郭波莉，等，2014. 食品安全风险交流的主要观点和方法 [J]. 中国食品学报，14（12）：1-4.

魏益民，徐俊，安道昌，等，2007. 论食品安全学的理论基础与技术体系 [J]. 中国工程科学，9（3）：6-10.

吴泽宁，崔萌，曹齿，等，2004. BP 网络模型在水资源利用方案评价中的应用 [J]. 南水北调与水利科技（3）：25-27.

肖进中，2012. 日本食品安全委员会组织结构及职能 [J]. 世界农业（12）：37-40.

徐谦，2005. 确定模糊评价综合因素权重的一个方法 [J]. 大学数学（1）：99-103.

许建军，周若兰，2008. 美国食品安全预警体系及其对我国的启示 [J]. 标准科学（3）：47-49.

许王斌，2012. 配套立法制度研究 [D]. 济南：山东大学.

杨澜，2008. 农产品安全监管问题研究 [D]. 重庆：西南政法大学.

叶军，杨川，丁雪梅，2009. 日本食品安全风险管理体制及启示 [J]. 农村经济（10）：123-125.

佚名，2005. 英国食品标准局宣布"苏丹一号"可致癌 [J]. 商品与质量（3）：6.

佚名，2010. 英国食品标准局发起双酚 A 咨询 [J]. 中国食品学报（6）：192.

佚名，2014. 英国食品标准局发布食物过敏原标签行业指南 [J]. 中国食品学报（8）：196.

佚名，2014. 英国食品标准局修订大肠杆菌交叉污染防控指南 [J]. 中国食品卫生杂志 26（4）：408.

佚名. 2006. 中国食品污染物和食源性疾病监测点覆盖 8.3 亿人 [N/OL].（2006-03-03）[2012-06-06]. http://www. ce. cn/xwzx/gnsz/gdxw/200603/03/t200603036256173. shtml.

佚名. 2013. "十二五"国家科技支撑计划"食品安全风险评估关键技术"项目取得显著进展 [N/OL].（2013-01-31）[2013-03-31]. http://news. hexun. com/2013-01-31/150788266. html.

于和之，辛绪红，2010. 赴日本参加农产品质量安全培训的启示 [J]. 农业经济（10）：93-94.

岳中刚，2006. 信息不对称、食品安全与监管制度设计 [J]. 河北经贸大学学报，27（3）：36-39.

曾利明. 我国已建成食品污染物和食源性疾病监测网络 [N/OL].（2007-08-10）[2012-06-06]. http://www. ce. cn/cysc/sp/200708/10/t20070810_12497316. shtml.

张风娟，李波，段铁英，2005. 基于模糊 AHP 的第三方物流企业服务质量评价研究 [J]. 工业工程（3）：108-112.

张金荣，刘岩，张文霞，2013. 公众对食品安全风险的感知与建构——基于城市公众食品安全风险感知状况调查的分析 [J]. 吉林大学社会科学学报（2）：

40-49.

张玲玲，张乃伟，王亮东，2005. 用 Fuzzy-AHP 评价南水北调东线水资源供应链柔性管理水平 [J]. 水利经济 (3)：22-24.

张敏，胡月珍，2011. 浅谈国外食品安全预警体系及其对我国的启示 [J]. 科技创新导报 (14)：230.

张勇安，黄运，2016. 食盐与健康的政治学：英国低盐饮食政策形成史论 [J]. 史学月刊 (6)：70-90.

赵丹宇，张志强，李晓辉，等，2001. 危险性分析原则及其在食品标准中的应用 [M]. 北京：中国标准出版社.

赵兴健，2013. 媒体曝光后城镇居民对问题食品的认知、态度及消费行为研究——以 "老酸奶" 事件为例 [D]. 北京：中国人民大学.

中国国家认证认可监督委员会，2004. HACCP 管理系统建立实施与认证论文集 [M]. 北京：中国科学技术出版社.

中华人民共和国国家卫生和计划生育委员会，2014. 食品安全风险交流工作技术指南 [EB/OL]. [2014-11-24]. http：//www. nhfpc. gov. cn/sps/s7885/201402/c73f0cf331234ef285c010fd1df5b915. shtml.

中华人民共和国卫生部，2002. 卫生部关于建立和完善全国食品污染物监测网的通知（卫法监发 [2002] 134 号）[EB/OL]. (2002-05-29) [2012-06-06]. http：//law. lawtime. cn/d613495618589_1_p4. hpml.

中华人民共和国卫生部，2003. 卫生部关于印发《食品安全行动计划》的通知（卫法监发 [2003] 219 号）[EB/OL]. (2003-08-14) [2012-06-06]. http：//www. moh. gov. cn/publicfiles/business/htmlfiles/mohbgt/pw10302/200904/33489. htm.

钟甫宁，易小兰，2010. 消费者对食品安全的关注程度与购买行为的差异分析——以南京市蔬菜市场为例 [J]. 南京农业大学学报：社会科学版，1 (2)：19-26.

钟凯，韩蕃璠，姚魁，等，2012. 中国食品安全风险交流的现状、问题、挑战与对策 [J]. 中国食品卫生杂志，24 (6)：578-586.

钟凯，伍竟成，牛凯龙，等，2012. 食品安全风险监测与监督抽检相关问题的探讨 [J]. 中国食品卫生杂志，24 (2)：148-151.

钟珞，绕文碧，邹承明，2007. 人工神经网络及其融合应用技术 [M]. 北京：科学出版社.

钟真，孔祥智，2012. 产业组织模式对农产品质量安全的影响：来自奶业的例证 [J]. 管理世界 (1)：79-92.

周德翼，杨海娟，2002. 食物质量安全管理中的信息不对称与政府监管机制 [J]. 中国农村经济 (6)：29-35.

周建民，刘娟娟，徐晟航，等，2011. 发达国家食品质量风险评估现状及对我国的启示 [J]. 中国农机化 (1)：95-98.

周开国，应千伟，钟畅，2016. 媒体监督能够起到外部治理的作用吗？——来自中国上市公司违规的证据 [J]. 金融研究 (6)：193-206.

朱大奇，史惠，2006. 人工神经网络原理及应用［M］. 北京：科学出版社.

Chantal Julia, Emmanuelle Kesse-Guyot, Mathilde Touvier, Caroline Mejean, Leopold Fezeu, Serge Hercberg, 刘轶群, 2014. 英国食品标准局的营养素度量法在法国食物成分数据库中的应用［J］. 营养健康新观察（43）：38-39.

Claudia Probart, 2014. Risk communication in food-safety decision making［EB/OL］. ［2014. 11. 24］. http：//www. fao. org/docrep/005/Y4267M/y4267m03. htm # TopOfPage.

Darby M., E. Kami, 1973. Free competition and the optimal amount of fraud［J］. *Journal of Law and Economics*（16）：67-88.

Doney PM., Barry JM., R. Abratt, 2007. Trust determinants and outcomes in global B2B services［J］. *European Journal of Marketing*, 41（9）：1096-1116.

FAO, 1996. Rome declaration on world food security and world food summit plan action［R］. Rome.

FAO, WHO, 2003. Assuring food safety and quality：Guidelines for strengthening national food control systems［R］//FAO Food and Nutrition Paper No. 76. Rome：FAO/WHO.

FAO, WHO, 2008. 食品安全风险分析国家食品安全管理机构应用指南［M］. 樊永祥，译. 北京：人民卫生出版社.

Giddens A., 1991. Modernity and self identity. Self and society in the late Modern age［M］. Stanford：Stanford University Press.

Henson S., Caswell J., 1999. Food safety regulation：an overview of contemporary issues［J］. *Food Policy*, 24（6）：589-603.

Luhmann N., 1993. Index：Risk a sociological theory［M］. New York：Aldine de Gruyter.

Mansbridge Jane, 1999. Democracy and trust：Altruistic trust［M］. New York：Cambridge University Press.

Mayer RC., Davis JH., Schoorman, 1995. An integrative model of organizational trust［J］. *Academy of Management Review*, 20（3）：709-734.

National Research Council, 1989. Improving risk communication［M］. Washington, D. C. ：National Academy Press.

Nelson P., 1970. Information and consumer behavior［J］. *Journal of Political Economy*（78）：311-329.

Putnam R. D., Leonardi R., Nonetti R. Y., 1994. Making democracy work：Civic traditions in modern Italy［M］. Princeton：Princeton University Press.

Slovic P., 1993. Perceived risk, trustand democracy：A systems perspective［J］. *Risk Analysis*, 13：675—682.

Stephen Breyer, 1982. Regulation and its reform［M］. Cambridge Massachusetts：Harvard University Press.

Yang K., Holzer M., 2006. The performance—trust link：Implications for performance measurement［J］. *Public Administration Review*（66）：114-126.